人工智能物联网应用（基于树莓派）

主　编　陈少锋　冯健明　郭晓花

副主编　石炽安　钟少佳　孟柳樊

中国水利水电出版社
www.waterpub.com.cn
·北京·

内 容 提 要

本书主要介绍树莓派在人工智能和物联网领域的应用，将理论与实践项目充分融合，助力读者扎实掌握相关技能并提升综合素养。

本书内容分为三个模块：模块一（编程思维）着重阐述编程思维的重要性，结合实例强化理解，同时详尽讲解 Python 编程基础，为后续实践筑牢根基；模块二（实训项目）通过八个具体项目（例如：点亮 LED 灯、用手机控制 LED 灯、搭建手机聊天服务器等），循序渐进地提升读者在树莓派硬件控制、物联网远程控制、网络编程、传感器数据应用等方面的能力；模块三（综合实践）主要通过物联网鱼塘、物联网温室种植、物联网电梯等实际场景的运用，使读者深入理解物联网在农业、城市管理等领域的具体实践应用。

本书适合电子信息工程、计算机科学与技术、物联网工程等相关专业的中职学生阅读，同时也可供对人工智能和物联网应用感兴趣、希望借助树莓派进行实践探索的爱好者参考。读者最好具备一定的计算机基础知识及对电子硬件有初步了解。

本书配有教案、课件、习题答案，读者可以从中国水利水电出版社网站（www.waterpub.com.cn）或万水书苑网站（www.wsbookshow.com）免费下载。

图书在版编目（CIP）数据

人工智能物联网应用 : 基于树莓派 / 陈少锋, 冯健明, 郭晓花主编. -- 北京 : 中国水利水电出版社, 2025. 8. -- ISBN 978-7-5226-3535-4

Ⅰ. TP18；TP393.4

中国国家版本馆 CIP 数据核字第 2025LA6357 号

策划编辑：石永峰　　责任编辑：魏渊源　　加工编辑：白绍昀　　封面设计：苏敏

书　名	人工智能物联网应用（基于树莓派） RENGONG ZHINENG WULIANWANG YINGYONG（JIYU SHUMEIPAI）
作　者	主　编　陈少锋　冯健明　郭晓花 副主编　石炽安　钟少佳　孟柳樊
出版发行	中国水利水电出版社 （北京市海淀区玉渊潭南路 1 号 D 座　100038） 网址：www.waterpub.com.cn E-mail：mchannel@263.net（答疑） 　　　　sales@mwr.gov.cn 电话：（010）68545888（营销中心）、82562819（组稿）
经　售	北京科水图书销售有限公司 电话：（010）68545874、63202643 全国各地新华书店和相关出版物销售网点
排　版	北京万水电子信息有限公司
印　刷	三河市鑫金马印装有限公司
规　格	184mm×260mm　16 开本　15.25 印张　371 千字
版　次	2025 年 8 月第 1 版　2025 年 8 月第 1 次印刷
印　数	0001—2000 册
定　价	49.00 元

凡购买我社图书，如有缺页、倒页、脱页的，本社营销中心负责调换

版权所有·侵权必究

编 委 会

主　　编：陈少锋　冯健明　郭晓花
副主编：石炽安　钟少佳　孟柳樊
参　　编：（按姓氏拼音首字母升序排列）
　　　　　陈润蓉　李金玉　梁达强
　　　　　廖石娇　汤水华　吴燕玉
　　　　　夏妙娴　谢泉清　朱艳玲

前　　言

随着科技的飞速发展，人工智能和物联网技术已经成为推动社会进步和产业升级的重要力量。在这个信息爆炸的时代，如何利用这些前沿技术解决实际问题，提升生活品质和工作效率，成为我们共同关注的课题。树莓派，作为一款小巧而强大的单板计算机，凭借其低成本、高性能和易于开发的特点，成为探索人工智能和物联网应用的理想平台。

本书通过一系列精心设计的实践项目和深入浅出的理论讲解，引领读者走进树莓派、人工智能和物联网的奇妙世界。书中不仅介绍了树莓派的基础知识和编程技巧，还通过多个实际案例，展示了树莓派在智能家居、环境监测、农业自动化等领域的广泛应用。

在内容编排上，本书注重循序渐进，从编程基础开始，逐步深入到复杂的项目实践。我们希望通过这种方式，帮助读者建立起扎实的理论基础，并逐步提升解决实际问题的能力。同时，本书还注重培养读者的创新思维和实践能力，鼓励读者在掌握基础技能后，勇于尝试新想法和新技术，不断探索未知领域。

此外，本书还特别强调科技发展与社会责任的关系。在探讨人工智能和物联网技术应用的同时，我们也引导读者思考这些技术对社会、环境和人类生活的影响，培养读者的环保意识和可持续发展理念。我们相信，只有具备高度社会责任感的科技工作者，才能创造出真正有益于人类社会的科技成果。

本书适合对树莓派、人工智能和物联网技术感兴趣的读者阅读，无论是电子爱好者、编程初学者，还是希望将这些技术应用于实际工作的专业人士，都能从本书中获得有价值的知识和启发。我们期待本书能成为您探索科技世界的得力助手，陪伴您在人工智能和物联网的征途中不断前行。

本书编写团队分工如下：模块一，项目一～项目三（冯健明）、项目四和项目五（石炽安）；模块二，项目一（汤水华）、项目二～项目四（孟柳樊）、项目五（郭晓花）、项目六～项目八（钟少佳）；模块三，项目一～项目三（陈少锋）；全书版式设计由郭晓花完成。

作为聚焦树莓派技术的实践型教材，本书构建了"三位一体"的内容体系：在知识维度系统梳理编程基础理论，在技能维度通过渐进式实训项目提升工程实践能力，在素养维度创新融入职业伦理与社会责任培养。编写团队充分发挥跨学科优势，将多年积累的教学智慧转化为从基础语法的精微阐释，到智能硬件项目的分层实现，直至智慧渔业、精准农业、智慧城市管理等产业级物联网方案的完整实现路径。

编　者

2025 年 5 月

目　录

前言

模块一　编 程 思 维

编程思维一　Python 与人机协作 ……… 2
　学习目标 ……………………………… 2
　背景材料 ……………………………… 3
　材料思考 ……………………………… 6
　知识结构 ……………………………… 7
　知识探索 ……………………………… 7
　　一、人机概念和人机交互的关系 …… 7
　　二、用 Python 实现人机交流的基础 … 12
　实践探索 ……………………………… 14
　　一、实践项目——菜单与购物车 …… 14
　　二、实践项目——锥度加工计算器 … 15
　知识检测 ……………………………… 17
　评价与反馈 …………………………… 19
编程思维二　Python 与机器执行和决策 …… 20
　学习目标 ……………………………… 20
　背景材料 ……………………………… 21
　材料思考 ……………………………… 24
　知识结构 ……………………………… 25
　知识探索 ……………………………… 25
　　一、机器替代 ………………………… 25
　　二、Python 与机器替代 ……………… 29
　实践探索 ……………………………… 31
　　一、实践项目——挑西瓜 …………… 31
　　二、实践项目——灌装饮料 ………… 32
　知识检测 ……………………………… 32
　评价与反馈 …………………………… 34
编程思维三　Python 与机器流程控制和重复劳动 ………………………………… 35
　学习目标 ……………………………… 35
　背景材料 ……………………………… 36

　材料思考 ……………………………… 39
　知识结构 ……………………………… 39
　知识探索 ……………………………… 40
　　一、流程化设计思维 ………………… 40
　　二、机器重复劳动替代 ……………… 42
　　三、Python 程序设计基础 …………… 42
　实践探索 ……………………………… 45
　　一、实践项目——空调温控器 ……… 45
　　二、实践项目——零件尺寸记录器 … 46
　知识检测 ……………………………… 47
　评价与反馈 …………………………… 48
编程思维四　Python 函数与模块化搭建思维 ………………………………… 50
　学习目标 ……………………………… 50
　背景材料 ……………………………… 51
　材料思考 ……………………………… 53
　知识结构 ……………………………… 53
　知识探索 ……………………………… 53
　　一、模块化搭建思维 ………………… 53
　　二、Python 的模块化编程基础 ……… 56
　　三、Python 库和模块的类型 ………… 57
　实践探索 ……………………………… 57
　　一、实践项目——零件检测程序 …… 57
　　二、实践项目——体重记录程序 …… 58
　知识检测 ……………………………… 60
　评价与反馈 …………………………… 61
编程思维五　Python 与机器中的数学模型 …… 63
　学习目标 ……………………………… 63
　背景材料 ……………………………… 64
　材料思考 ……………………………… 66

知识结构 ······ 67
知识探索 ······ 67
 一、数学建模编程思维 ······ 67
 二、建模编程实例（Python 弹道建模） ······ 69
 三、机器学习的模型 ······ 73

实践探索 ······ 74
 一、实践项目——汽车里程表程序 ······ 74
 二、实践项目——计算 BMI 指数 ······ 75
知识检测 ······ 76
评价与反馈 ······ 77

模块二　实　训　项　目

项目一　点亮 LED 灯 ······ 80
学习目标 ······ 80
背景材料 ······ 81
材料思考 ······ 82
知识结构 ······ 83
知识探索 ······ 83
 一、探秘树莓派 ······ 83
 二、探秘 LED 驱动电路 ······ 85
 三、探秘树莓派的 Python ······ 87
实践探索 ······ 88
 一、实践项目——控制 LED 灯闪烁 ······ 88
 二、实践项目——制作简单版 LED 流水灯 ······ 89
 三、实践项目——制作十字路口交通灯 ······ 90
知识检测 ······ 91
评价与反馈 ······ 93

项目二　用手机控制 LED 灯 ······ 95
学习目标 ······ 95
背景材料 ······ 96
材料思考 ······ 98
知识结构 ······ 99
知识探索 ······ 99
 一、探秘 App Inventor ······ 99
 二、探秘树莓派的 Python ······ 101
 三、探秘 Bottle 框架 ······ 102
实践探索 ······ 104
 一、实践项目——用手机控制 LED 灯 ······ 104
 二、实践项目——搭建简易网站 ······ 106
知识检测 ······ 107

评价与反馈 ······ 109

项目三　搭建手机聊天服务器 ······ 110
学习目标 ······ 110
背景材料 ······ 111
材料思考 ······ 113
知识结构 ······ 113
知识探索 ······ 113
 一、信息与网络 ······ 113
 二、树莓派与 Bottle 服务器 ······ 115
 三、App Inventor 的手机通信 ······ 117
实践探索 ······ 120
 实践项目——手机聊天服务器 ······ 120
知识检测 ······ 121
评价与反馈 ······ 123

项目四　手机获取超声波传感器信息 ······ 124
学习目标 ······ 124
背景材料 ······ 125
材料思考 ······ 126
知识结构 ······ 127
知识探索 ······ 127
 一、超声波原理 ······ 127
 二、超声波传感器应用 ······ 128
 三、手机 App 的编写 ······ 130
实践探索 ······ 132
 一、实践项目——超声波坐姿矫正器 ······ 132
 二、实践项目——超声波远程监测报警器 ······ 134
知识检测 ······ 135
评价与反馈 ······ 136

项目五　手机远程 PWM 调光 ·················· 138
 学习目标 ·················· 138
 背景材料 ·················· 139
 材料思考 ·················· 140
 知识结构 ·················· 141
 知识探索 ·················· 141
  一、PWM 调光原理 ·················· 141
  二、硬件电路搭建 ·················· 144
  三、Bottle 网络搭建 ·················· 145
  四、App 的程序编写 ·················· 146
 实践探索 ·················· 148
  一、实践项目——超声波远程监测报警器 ·················· 148
  二、实践项目——呼吸灯效果 ·················· 150
 知识检测 ·················· 151
 评价与反馈 ·················· 153

项目六　手机控制舵机与机械臂 ·················· 154
 学习目标 ·················· 154
 背景材料 ·················· 155
 材料思考 ·················· 158
 知识结构 ·················· 159
 知识探索 ·················· 159
  一、舵机基础知识 ·················· 159
  二、舵机的编程控制 ·················· 162
  三、舵机的应用 ·················· 164
 实践探索 ·················· 165
  一、实践项目——控制舵机开关门 ·················· 165
  二、实践项目——控制舵机机械臂 ·················· 166
 知识检测 ·················· 168
 评价与反馈 ·················· 169

项目七　人脸检测舵机开门 ·················· 171
 学习目标 ·················· 171
 背景材料 ·················· 172
 材料思考 ·················· 175
 知识结构 ·················· 175
 知识探索 ·················· 176
  一、人工智能基础 ·················· 176
  二、计算机矩阵的数学基础 ·················· 179
  三、OpenCV 与人脸检测 ·················· 180
  四、舵机开门 ·················· 181
 实践探索 ·················· 182
  一、实践项目——人脸检测舵机开关门 ·················· 182
  二、实践项目——人脸识别消防监控杆 ·················· 184
 知识检测 ·················· 185
 评价与反馈 ·················· 186

项目八　DHT11 温湿度传感器 ·················· 188
 学习目标 ·················· 188
 背景材料 ·················· 189
 材料思考 ·················· 191
 知识结构 ·················· 191
 知识探索 ·················· 191
  一、环境监测的意义 ·················· 191
  二、DHT11 的工作原理 ·················· 193
  三、DHT11 的控制 ·················· 194
  四、环境监测 App ·················· 197
 实践探索 ·················· 198
  一、实践项目——温湿度监测系统 ·················· 198
  二、实践项目——温控风扇 ·················· 200
 知识检测 ·················· 201
 评价与反馈 ·················· 202

模块三　综合实践

综合实践一　物联网鱼塘 ·················· 204
 学习目标 ·················· 204
 背景材料 ·················· 205
 材料思考 ·················· 207
 物联网系统拓扑结构 ·················· 207
 实现方式 ·················· 208
 手机端 App 程序 ·················· 209
 树莓派端 Python 控制程序 ·················· 209

评价与反馈……………………212
综合实践二　物联网温室种植……………213
学习目标……………………213
背景材料……………………214
材料思考……………………216
物联网系统拓扑结构…………216
实现方式……………………217
手机端 App 程序……………219
树莓派端 Python 控制程序……220
评价与反馈……………………221

综合实践三　物联网电梯……………223
学习目标……………………223
背景材料……………………224
材料思考……………………225
物联网系统拓扑结构…………226
实现方式……………………227
手机端 App 程序……………229
树莓派端 Python 控制程序……229
评价与反馈……………………234

参考文献……………………235

模块一　编程思维

编程思维一　Python 与人机协作

编程思维二　Python 与机器执行和决策

编程思维三　Python 与机器流程控制和重复劳动

编程思维四　Python 函数与模块化搭建思维

编程思维五　Python 与机器中的数学模型

编程思维一　Python 与人机协作

 学习目标

知识目标	编程思维	理解机器和机器网络（物联网）的本质； 理解人和机器的关系； 阐述人和机器协作的过程
	编程基础	学习 Python 的变量、输入、输出、基本运算、输出格式化的相关知识
技能目标		识别场景，发现身边机器的应用范围，进行拓展、迁移应用； 通过编程与机器协同，解决生活、工作、学习中的交流协作问题
素养目标		通过探讨人机协作和技术进步的关系，提升对创新和新兴技术的认知，激发创新思维和创造力； 理解人机交互、数据分析等技能，提升信息素养，能够更好地获取、评估和应用信息； 强调持续学习的重要性，在不断变化的技术环境下保持学习状态，适应新知识和技能的需求
思政目标		通过分析人机协作对社会和个人的影响，思考科技发展的社会责任，培养科学和技术应用态度； 从技术与社会关系的角度发现国家发展的本质，理解技术与政治、经济的互动关系

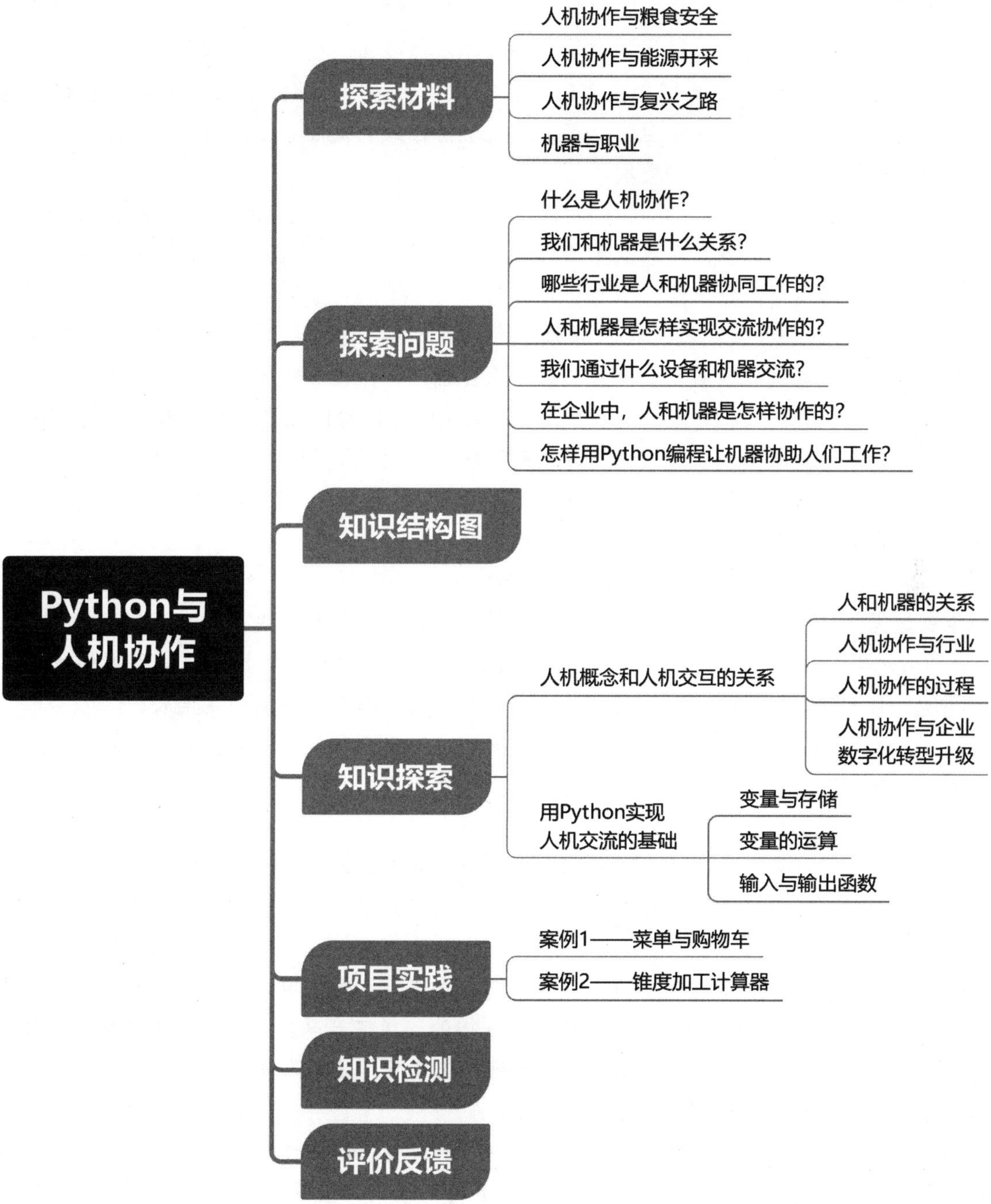

Python与人机协作

- 探索材料
  - 人机协作与粮食安全
  - 人机协作与能源开采
  - 人机协作与复兴之路
  - 机器与职业
- 探索问题
  - 什么是人机协作？
  - 我们和机器是什么关系？
  - 哪些行业是人和机器协同工作的？
  - 人和机器是怎样实现交流协作的？
  - 我们通过什么设备和机器交流？
  - 在企业中，人和机器是怎样协作的？
  - 怎样用Python编程让机器协助人们工作？
- 知识结构图
- 知识探索
  - 人机概念和人机交互的关系
    - 人和机器的关系
    - 人机协作与行业
    - 人机协作的过程
    - 人机协作与企业数字化转型升级
  - 用Python实现人机交流的基础
    - 变量与存储
    - 变量的运算
    - 输入与输出函数
- 项目实践
  - 案例1——菜单与购物车
  - 案例2——锥度加工计算器
- 知识检测
- 评价反馈

 背景材料

材料一　人机协作与粮食安全

1949年新中国成立后，我们进行了土地改革，实现了耕者有其田，但是农民的生活和现在相比依然十分艰苦。他们日出而作，日落而息，背上沉重的农具，肩挑扁担，面对的

是一片又一片连绵的田野。每当收割季节来临，农民们不分昼夜地劳作，也只能解决基本的温饱问题。当遇到自然灾害，如干旱、洪涝，依然要面临粮食短缺的危机。

确保粮食安全是一项长期和重要的任务。为什么我国从事农业生产的劳动者越来越少，但是依然能够保障粮食安全呢？答案是人机协作大大提高了生产力。

以下是一些具体的应用和案例。

（1）农机化耕作：传统的人力和畜力已经逐渐被现代农机取代，如拖拉机、插秧机、收割机等。这不仅大大提高了农业生产效率，还确保了在关键时期（如播种和收割季节）的及时作业，降低了气象风险。

（2）智能灌溉系统：利用物联网和自动控制技术，智能灌溉系统能够根据作物的需要和天气条件自动调整灌溉水量，既节省了水资源，又保证了作物的正常生长。

（3）无人机监测与施肥：现代农业中的无人机可以对田地进行高效监测，发现病虫害、土壤营养不足等问题，并实施精准施药、施肥，大大提高了农作物的产量和质量。

（4）智能仓储：为了降低粮食的损耗，现代化的粮仓采用了自动化和智能化技术，如湿度、温度自动调控，保证了粮食的长期储存。

（5）农业大数据：通过收集与分析各种农业相关数据，如气候数据、土壤数据、作物生长数据等，农民和农业企业能够更加科学地制定种植策略，提高粮食产量。

（6）农业生物技术：在研究机构和企业的努力下，通过生物技术研发了更加适应当地环境，且产量高、抗病虫害的新品种，进一步确保了粮食产量的稳定增长。

通过人与机器的协作，中国的农业生产得到了现代化和智能化的提升，大大提高了粮食的生产效率和质量，为我国的粮食安全提供了有力保障。

材料二　人机协作与能源开采

人类文明离不开能源，能源推动了现代社会科学技术、工业、信息的发展，有了能源保障，才有我们国家的生存和发展。

煤矿是我国工业化道路上不可或缺的能源。千家万户的用电，工厂的用电，煤炭同样不可或缺。中国70%的电力是通过煤炭发电获得的，煤矿开采支撑着整个工业化的进程。

为了获得更多的能源，煤矿工人如机器般往复工作，没有人知道他们持续工作了多长时间，然而他们一次只能拖出几十斤的煤矿。

2020年，华为5G通信技术的出现，完美地解决了以前的通信技术难以胜任矿井下高危环境的难题。通过5G通信技术，可以将矿井传感器的体型降到最小，矿机在连接到5G通信网络的时候，操控更加稳定，如图1.1.1所示。在5G技术支撑的高频率通信下，在华为数字视频压缩传输技术加持下，可以实现矿工通过人机协作方式远程低延时操控采矿机器下矿采集，将矿山的采集开发维持到最优水平，实现机进人退的场景，极大地保障了采矿工人的生命安全，如图1.1.2所示。在未来将有更多的人工智能物联网技术的行业应用保障能源安全。

图 1.1.1　矿井中的 5G 物联网

图 1.1.2　煤矿开采机进人退

材料三　人机协作与复兴之路

个体劳动生产率与国家竞争力息息相关。2020 年我国劳动生产率不足美国的 15%，大约为七分之一。劳动生产率就是劳动产生的社会价值，和机器设备（工具）应用水平息息相关，提升劳动生产率需要提升生产工具（机器）的熟练程度，即提升人机协作能力。

人机协作在当今已经成为推动技术进步、提高生产效率和劳动生产力的关键力量。在实现中华民族伟大复兴的道路上，人机协作展现了巨大的潜能和实际成果，助推国家实现了一系列重要目标，人机协作与中国复兴之路紧密关联。

（1）产业升级与转型：过去，中国被视为"世界工厂"，以低成本、劳动密集型产业为主。而现在，通过引入智能制造、机器人技术和自动化生产线，中国正快速实现从劳动密集型到技术驱动、高附加值的产业升级。

（2）农业现代化：在农业领域，无人机、智能灌溉系统、自动化农机等得到了广泛应用。这些技术的应用极大地提高了农作物的产量和质量，有助于确保国家粮食安全。

（3）医疗健康：通过人工智能、远程医疗和智能诊断技术，中国的医疗领域实现了飞速发展，为广大民众提供了更高效、准确的医疗服务。

（4）基础设施建设：随着技术的进步，例如在建筑领域的 3D 打印、自动化施工机械等，都显著提高了基础设施项目的建设速度和质量。

（5）研发与创新：中国致力成为全球创新的领导者。在这一过程中，人机协作如自动化实验平台、数据分析、模拟试验等，为研发人员提供了强大的工具，促进了技术创新。

（6）教育与培训：人机协作也正在革新教育方式。在线教育、虚拟实验室、智能教学助手等技术手段让教育资源得到更广泛地应用，提高了教育的效果和覆盖率。

（7）尖端科技：人工智能、物联网、芯片制造设备等机器制造和应用技术，是推动我们未来发展的关键。

总的来说，人机协作在中国复兴之路上发挥了不可或缺的作用，不仅推动了经济的快速发展，也加速了社会各领域的现代化进程。面对未来，我们国家将继续深化人机协作，助力国家走向更加繁荣和创新的未来。

材料四　机器与职业

机器会取代人们的工作吗

关于机器替代人类劳动的讨论已经存在了几个世纪。从历史的角度看，技术进步和产业升级确实改变了生产方式和劳动模式，这不仅是一种替代，更是一种产业变革带来的改变。当一种职业被取代的时候，新的产业会产生更多的职业和岗位。毫无疑问的是，未来将有更多的新的职业和产业。

（1）农业革命：当机械化农业工具，如拖拉机和收割机被引入时，手工劳动的需求显著减少，释放的大量劳动力进入其他产业，特别是制造业，为工业革命铺路。

（2）工业革命：19世纪初，蒸汽机和其他自动化设备引发了制造业的巨大转变。许多传统的手工劳动被机械化生产取代。然而，新的工作岗位也应运而生，如机器操作员、机械工程师等。

（3）第二次工业革命：20世纪初，电力和内燃机的应用进一步改变了工业生产。这促进了大规模生产和产业集中，尽管许多传统工作被淘汰，但更多的管理、销售和服务岗位被创造出来。

（4）信息革命：计算机和互联网的出现带来了数字化时代。许多传统的行政和数据处理工作因自动化而减少，但这也带动了IT、数字媒体、电子商务等新行业的快速增长。

（5）当前的技术革命：人工智能、机器人技术和大数据等新技术正在改变多个行业，从制造业到服务业。虽然许多重复性、低技能的工作可能被机器取代，但新的、更高技能的工作岗位也正在出现。

历史经验告诉我们，技术和机器的进步确实改变了工作的性质，使一些职业过时，但同时也创造了新的工作机会和产业。关键是，随着技术进步，人们需要不断学习和适应，提高自己的技能，确保自己在这变革中不被淘汰，找到新的机会。

为了应对未来的变化，持续的教育和终身学习变得尤为重要。人们不能仅仅满足于现有的技能，而应该持续地追求新的知识，适应和利用技术的进步。

材料思考

读完上面的材料，请思考以下问题。
1. 什么是人机协作？
2. 我们和机器是什么关系？
3. 哪些行业是人和机器协同工作的？
4. 人和机器是怎样实现交流协作的？
5. 我们通过什么设备和机器交流？

6. 在企业中，人和机器是怎样协作的？

7. 怎样用 Python 编程让机器协助人们工作？

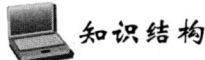知识结构

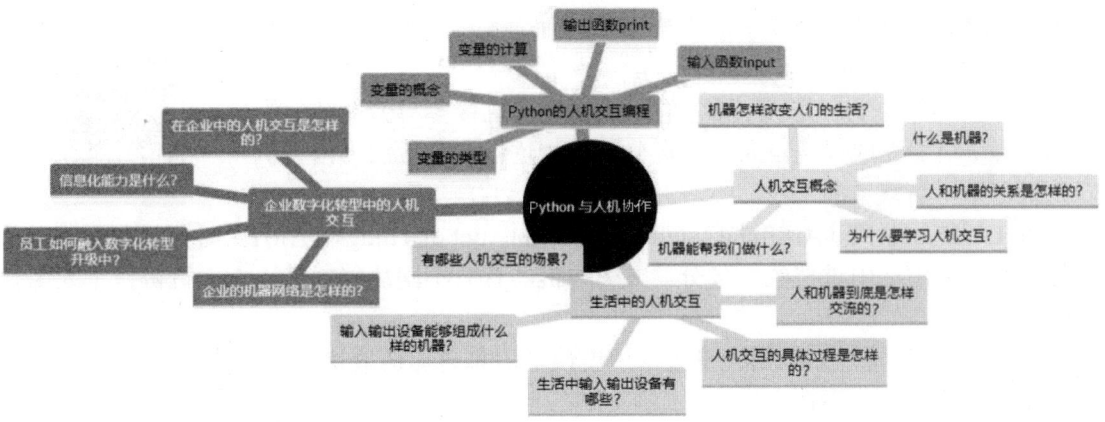

知识探索

一、人机概念和人机交互的关系

（一）人和机器的关系

机器的定义

人机协作是什么？我们可以从人类文明中寻找答案。人类的生存和发展离不开机器的创造与使用，回顾走过的历程，生产力的发展带动了社会的进步和繁荣。

1. 人与机器的历史

人类文明的发展始终伴随着人机协作的进程，生产力的发展离不开机器的创造与大量的应用。从翻土犁、门锁、水车、风车、纺织机到蒸汽机等，印证着生产力决定生产关系的客观规律。

现代人们身边有着各种各样的机器，有的机器（人工智能）代替工人在流水线上工作，有的代替人们监控管理交通，有的代替人们进行录入、传递、记录、管理数据信息等工作，越来越多的机器出现在人们的生活、工作中。

2. 人与机器的未来

在未来，机器会越来越智能，机器组成的网络（物联网）会渗透生活中的每一环节，例如，单车智能和车路协同共同推动自动驾驶落地。下面是一些人工智能物联网技术推动人机协作发展的应用。

（1）大语言模型技术根据现有知识生成人们所需要的信息。在知识、语言等信息处理与传递行业应用广泛，如教育、新闻、信息技术、法律、医疗等行业。

（2）计算机视觉技术在制造业和工业领域应用较为广泛，可以实现流水线自动分拣、表面质量检测、故障监测等功能，提高了生产效率和质量。

（3）机器学习技术可以应用于生产数据分析，通过分析数据来改进工艺、流程和管

理模式，帮助企业降低成本、提高效率和质量。

（4）计算机处理自然语言的技术可以应用于客户反馈的分析、生产过程的控制等领域，提高了生产效率和客户满意度。

（5）机器物联网传感器感知技术可以利用传感器和网络技术对设备和工厂中的物品进行连接和管理，利用智能传感器感知信息、收集数据、利用云计算技术实现远程监测等，为企业带来了更高效、更安全的生产方式。

3．人与机器的协作生产方式

在人机协作的生产方式下，人的主要任务从直接参与劳动转化为规划、指引机器完成任务。人类负责分析工作过程，编写代码指导机器，机器则从事繁重的工作。

人怎样与机器协作

人工智能物联网（Artificial Intelligence & Internet of Things，AIoT）时代，和机器交流已经成为人们生活中重要的一部分，人类与机器有着不同的能力特点，人机协作是人工智能时代的关键技能。

（1）机器的特点：机器力量大、速度快，信息传递速度快、处理速度更快、记忆更好、不知疲倦、无处不在、自律。

（2）人的特点：迁移能力、想象力、创造力、批判思维、情感、理性、灵活应变、个性、爱好等都是机器所不具备的。

（3）人机协作：基于机器和人的不同特性，培养人们使用机器（工具）的能力，实际上也是在提升人机协作的能力，如图1.1.3所示。

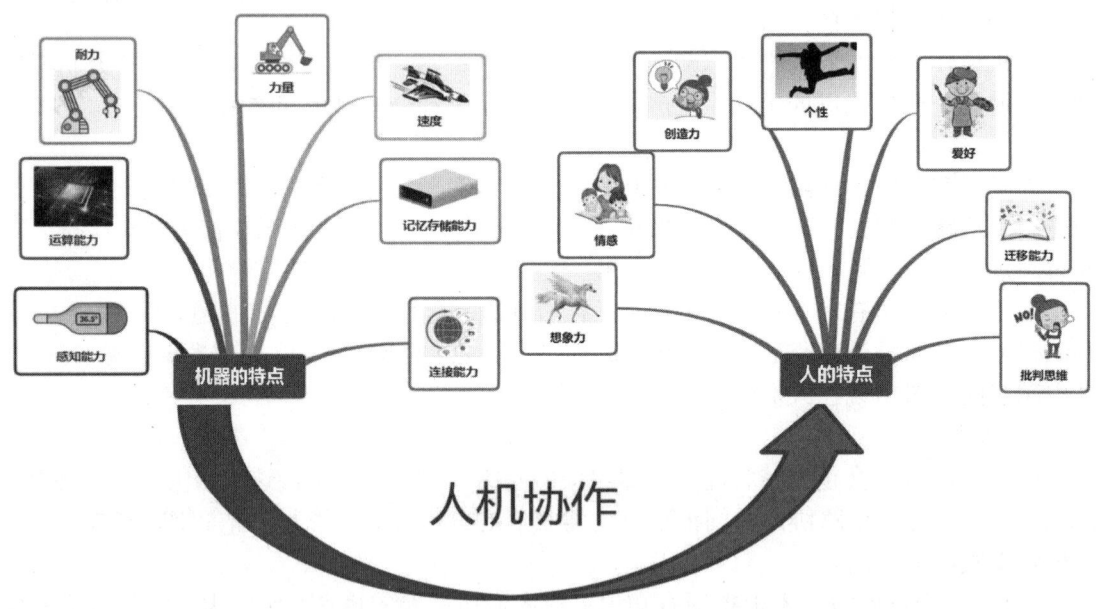

图1.1.3 人机协作示意图

（二）人机协作与行业

机器在人们的生活中已经不可或缺，例如，和机器共同完成了移动支付的商业活动；基础设施需要人与挖掘机、塔吊等工程机械共同完成建设；银行需要ATM网络、在线银行系统、支付网关等机器网络；图书管理员要依靠机器的"图书馆管理系统"进行图书管理；人们依靠办公软件传递、储存信息。机器与机器组成的网络（人工智能物联网）已经与各行各业深度融合，如图 1.1.4 所示。

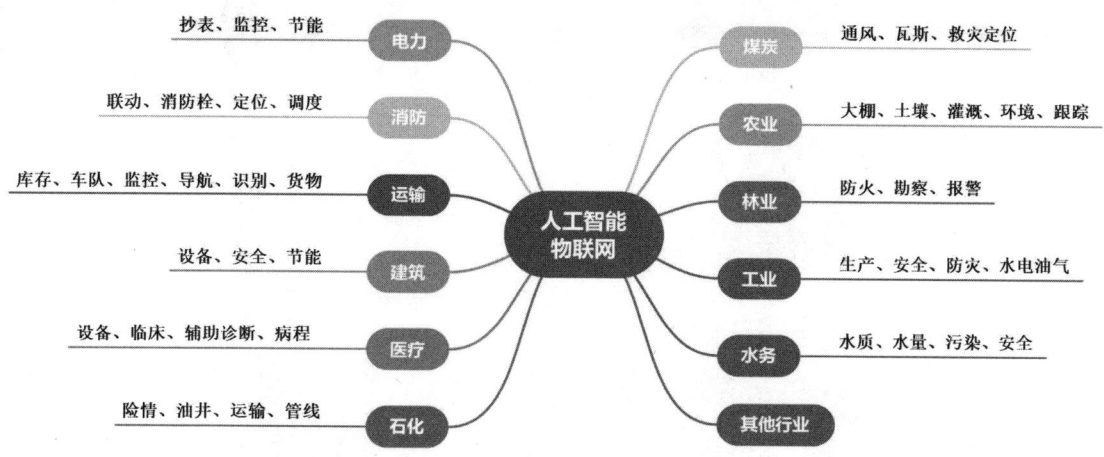

图 1.1.4　行业与人工智能物联网的融合

（三）人机协作的过程

1. 人与机器的交流过程

人和人的交流可以简单归纳为三个过程：聆听→思考→表达，机器和人的交流过程可简化归纳为：输入→处理→输出。

2. 输入和输出设备

人们依靠输入、输出设备和计算机交流，如图 1.1.5 所示。AIoT 机器与人的交流场景有很多，如图 1.1.6 所示。

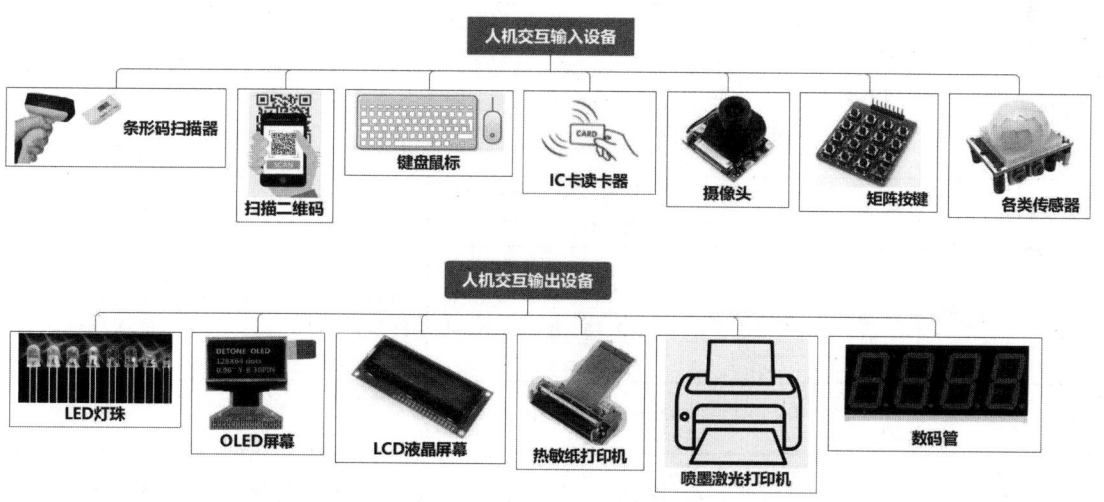

图 1.1.5　人机交互输入、输出设备

3. 人机协作的过程探秘

人机协作过程中，具体的输入/输出处理过程很复杂，具体见表 1.1.1。

(a) 超市收银

(b) ETC 收费

(c) 图书馆借书

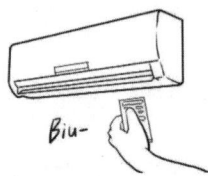
(d) 空调屏幕调节温度

(e) 校园 IC 卡

(f) 门岗车牌识别

图 1.1.6　AIoT 机器与人的交流场景

表 1.1.1　人机协作的过程

人机协作场景	输入	处理	输出	输入/输出设备
超市扫码收银	利用扫码器读取条形码数字	从数据库或云端调取条形码对应商品价格等信息	商品清单 商品应付总价	条形码扫码器 电脑屏幕
ETC 收费	读卡器读取电子标签数值	从数据库或云端调取车辆信息	扣费金额 扣费后余额	Rfid 标签与读取设备 LED 显示屏
图书馆扫码	利用扫码器从书本条形码中读取商品条码数字	从数据库或云端调取图书信息	书本信息 借阅信息	条形码扫码器 电脑屏幕 LED 显示屏
饭卡刷卡	饭卡与读卡器	通过网络连接数据库，并读取学生饭卡信息	消费金额 饭卡余额	饭卡和读卡器
空调调节温度	通过遥控器红外发射器和空调红外接收器输入温度请求	通过温度传感器读取温度信息，后对比要求温度差值，控制压缩机工作	当前温度 设定温度	遥控器和接收器 空调电机控制
车牌识别	利用摄像头读取车牌信息	通过数据库识别	车牌信息 进入时间	摄像头

　　人机协作交流方式促进了产业的更迭，例如，计算机从最早的键盘命令行协作 MS-DOS，后来发展成 Windows 鼠标视窗操作，再到后来的全触控操作；手机端也是从按键机协作到安卓和苹果手机的全触控输入操作。随着科技的发展，体感、AR 与 VR 人机协作也会带来产业的革命。

(四)人机协作与企业数字化转型升级

1. 数字化平台

近年来,企业数字化转型升级常常被提及,数字化是企业的生产与管理实现智能化的必经之路。国家大力引导和推进企业数字化转型升级,企业要实现数字化,岗位信息意识培养是关键。在计算机行业流传着一句话"懂技术的不懂需求",所有在一线员工最懂得需要什么样的企业信息系统。近些年越来越多的低代码云开发平台问世,如宜搭(阿里巴巴)、爱速搭(百度)、轻舟(网易)、微搭(腾讯)等,一线员工通过这些平台根据自身生产需求,搭建信息化系统,提升生产和管理效率。随着编程技术越来越大众化,难点转向于一线人员应用信息技术解决实际问题,提升人机协作思维能力。面对当前企业数字化和信息化的岗位人才需求,我们需要提升信息化能力和意识,如设计思维、抽象思维、规律总结、模式识别思维、问题拆解思维、复用思维、自动化思维。

生产一线的员工最懂得需要什么样的机器来降低劳动强度,甚至代替自己工作,随着人工智能物联网平台的日趋成熟,一线员工通过人工智能物联网平台助力,通过底层推动企业数字化、智能化转型升级。

2. 企业数字化改造

当前职业教育与制造企业之间的困局是企业招不到年轻工人,很多年轻人不愿意从事机械性重复制造岗位,这种选择无可厚非,且这在另一种层面上也促成和推进了企业的数字化转型。

企业的数字化转型升级如何破解这一困局?将繁杂的工作交给机器,职业劳动者不再作为繁重体力劳动的参与者,而是生产和管理数字化改造的中坚力量,员工找出规律、制定规则和机器协作,减轻劳动强度。通过培养人机协作思维,将自身岗位融入企业数字化信息系统,共同促进企业的数字化转型,提升自身在产业中的价值,自身价值的提高才是增强职业吸引力的关键,如图1.1.7所示。

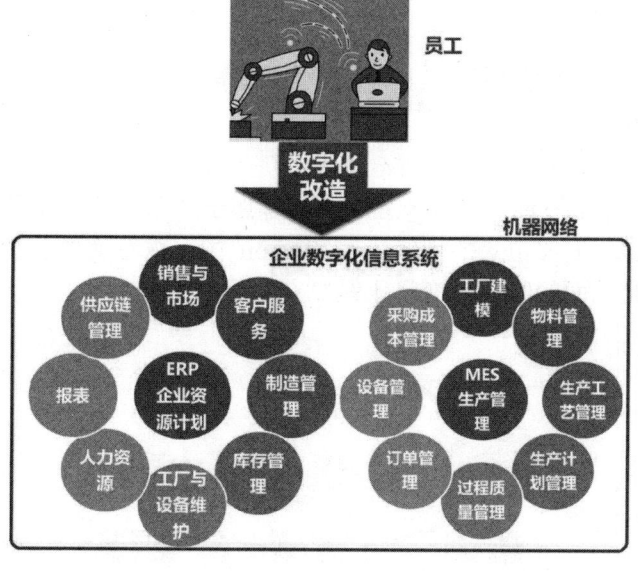

图1.1.7 数字化转型升级中的人机协作

在企业中,人机协作的对象是整个全流程控制的企业信息管理系统。如图 1.1.8 所示,将保养数据记录、检查数据记录、保养提醒、设备评级、安全排查、改进建议、故障记录、成本记录、问题上报、报废流程管理这些繁杂的工作交给了机器,员工有了更多的时间优化流程。

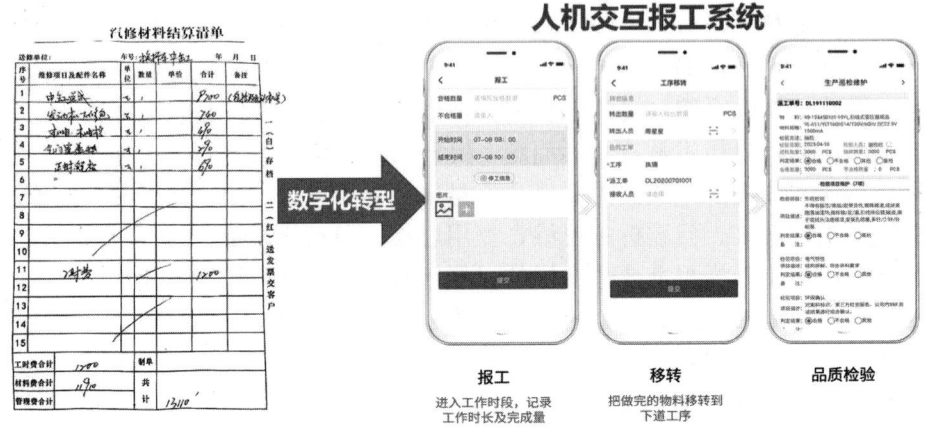

图 1.1.8　人机协作的数字化报工单

二、用 Python 实现人机交流的基础

通过下面的实例,了解 Python 是怎样实现人机协作的。通过程序分析到底要有哪些 Python 基础知识,才能实现人与机器的交流。

Python 和机器的关系

```
import datetime                                    #导入时间模块
this_year= datetime.datetime.now().year            #获取当前年份
birth_year = input('请输入你的出生年份：')           #用户输入
birth_year=int(birth_year)                         #处理输入信息
age=this_year-birth_year                           #计算结果
print('根据出生年份算出你的年龄是：',age)           #输出结果
```

(一)变量与存储

1. 变量的含义

在这个例子中,birth_year、this_year、age 都属于变量,变量是程序运行时,希望计算机能够记录的内容。在 Python 中,内存就像一个个连续的盒子,值是里面的物品,变量则是贴在盒子上的一个个标签,如图 1.1.9 所示。

变量的存储与输入输出

图 1.1.9　变量的含义示意图

2. 变量的命名规则

通常用英文字符、数字、下划线（代替空格）来表示变量，变量名通常能让人一目了然，如图 1.1.10 所示。

```
name='李明'      #字符型变量——表示姓名
score_1=91       #整形变量——表示第一科成绩
weight=51.2      #浮点型变量——表示体重
At_school=True   #布尔类型变量——表示在读
```

图 1.1.10　变量的命名规则示例

3. 常用变量的类型

变量有很多不同的数据类型，这些数据类型的变量存储方式是不一样的，在创造变量的时候就要考虑这个变量的用途，如图 1.1.11 所示。

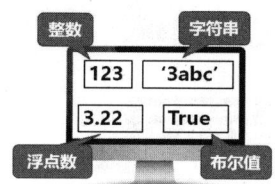

图 1.1.11　常用变量的类型

（二）变量的运算

1. 变量的基本运算

Python 支持常见的数学运算，如加法、减法、乘法和除法。例如：

Python 的变量与运算

```
a = 10
b = 3
sum_result = a + b          #加法
difference = a - b          #减法
product = a * b             #乘法
quotient = a / b            #除法
```

2. 不同数据类型的运算

不同数据类型的变量，表达不同的含义。常见不同数据类型变量的运算示例，如图 1.1.12 所示。

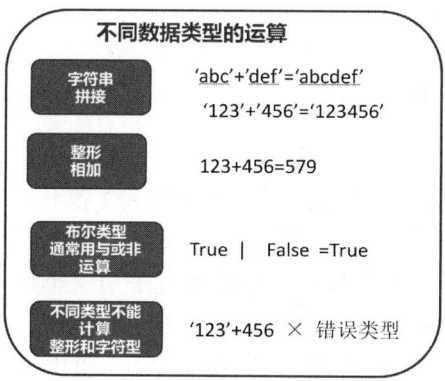

图 1.1.12　不同数据类型变量的运算示例

（三）输入与输出函数

分析下段代码的输入、处理、输出过程，体会人机交流的编程实现逻辑，如图 1.1.13 所示。

```
birth_year = input('请输入你的出生年份：')    #用户输入
birth_year=int(birth_year)                   #处理输入信息
this_year= datetime.datetime.now().year      #获取当前年份
age=this_year-birth_year                     #计算结果
print('根据出生年份算出你的年龄是：',age)    #输出结果
```

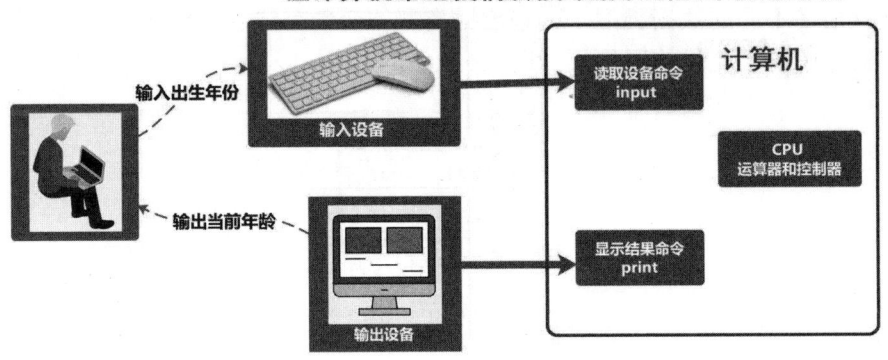

图 1.1.13　人机交流的编程逻辑

（1）birth_year = input('请输入你的出生年份：')：函数提示用户输入出生年份，并将用户输入的信息存储在变量中。此时的数据类型是字符串（因为函数返回的总是字符串）。

```
input()    birth_year
```

（2）birth_year=int(birth_year)：将字符串类型变量转换成整数类型变量。这一步是必需的，不能直接用字符串来进行数学运算。

（3）this_year= datetime.datetime.now().year：通过这行代码获取当前年份 this_year。

（4）age=this_year-birth_year：这行代码用于计算用户年龄，即当前年份减去出生年份。

（5）print('根据出生年份算出你的年龄是：',age)：输出计算得到的年龄。

 实践探索

一、实践项目——菜单与购物车

1．项目背景

在生活和工作中，机器正逐渐替代许多传统的人工操作。例如，网上购物的购物车功能已经取代了传统的手写菜单。以生活中的一个场景为例：小智的妈妈在周日让他去买菜，买完菜后，妈妈想知道具体的买菜情况。小智通过手写菜单记录了买菜的明细，图 1.1.14。小智思考：是否可以通过人机协作的方式，让电脑完成记账工作呢？通过本项目，学习者将掌握变量、输入/输出函数等编程基础，实现一个简单的购物清单功能，提升编程实践能力，为后续学习更复杂的程序设计打下基础。

2. 项目要求

根据表 1.1.2 的输入输出模型，使用变量、input()输入函数和 print()输出函数，实现图 1.1.15 所示的结果。

图 1.1.14　手写菜单　　　　　　　图 1.1.15　输出结果

表 1.1.2　输入输出模型

输入	处理过程	输出
商品名称、价格和数量	变量相乘与相加	单个商品价格 所有商品

3. 代码参考

```python
#示例：输入第一个菜的信息
c_1 = input('请输入你要买的第一个菜：')
d_1 = float(input('请输入你要买的第一个菜的价钱：'))
h_1 = float(input('请输入你要买的第一个菜的重量：'))

#输出第一个菜的信息
print('第一个菜是', c_1, '单价是', d_1, '重量是', h_1)
print(c_1, '买了', d_1 * h_1)

#省略其他菜的输入与输出……
#最终输出总价（假设总价为 total_price）
total_price = d_1 * h_1    #假设只有第一个菜
print('你买的菜总价是：', total_price)
```

二、实践项目——锥度加工计算器

1. 项目背景

在数控车床加工中，锥度零件（图 1.1.16）的加工是常见的任务。

用 Python 编写锥度加工计算器

尽管锥度的计算原理广为人知，但在实际操作中，技术员仍容易因计算错误导致零件加工失败，造成材料损耗。如果利用计算机编写一个小程序来辅助计算锥度，不仅能提高工作效率，还能减少因计算错误导致的废品率。通过本项目，学习者将掌握如何使用 Python 编程结合三角函数和立体几何知识，解决实际工程问题，提升编程与工程应用能力。

图 1.1.16　锥度零件

2. 项目要求

在查看锥度图纸时，需要根据锥度角 α、大径 D 和小径 d，计算出锥度位置的长度 L，用于加工零件（如图 1.1.17 所示）。结合三角函数和立体几何知识，通过 Python 编程实现锥度长度的计算。

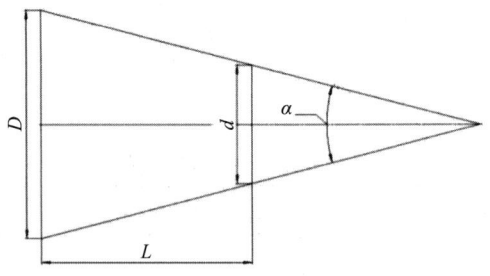

图 1.1.17　锥度图纸

程序实现流程如下：

（1）通过 input() 函数输入大直径 D、小直径 d 和锥度角 α。

（2）将输入的锥度角从度数转换为弧度，以便进行三角函数计算。

（3）根据公式 L=（D-d）/2tan（α/2）计算锥度位置的长度 L，输入输出模型见表 1.1.3。

表 1.1.3　输入输出模型

输入	处理过程	输出
大直径 D、小直径 d 和锥度角 α	L=（D-d）/2tan（α/2）	L 锥度位置的长度

（4）使用 print() 函数输出计算结果，要求输出效果如图 1.1.18 所示。

```
请输入大直径D（单位：mm）：40
请输入小直径d（单位：mm）：20
请输入锥度角α（单位：度）：90
锥度位置的长度L为：10.00 mm
```

图 1.1.18　输入、输出效果图

3. 代码参考

```
import math

#输入大直径 D、小直径 d 和锥度角 α
```

```
D = float(input("请输入大直径 D（单位：mm）："))
d = float(input("请输入小直径 d（单位：mm）："))
alpha = float(input("请输入锥度角 α（单位：度）："))

#将锥度角从度数转换为弧度
alpha_rad = math.radians(alpha)

#计算锥度位置的长度 L
L = (D - d) / (2 * math.tan(alpha_rad / 2))

#输出计算结果
print("锥度位置的长度 L 为：{:.2f} mm".format(L))
```

 知识检测

一、填空题

1．中国作为人口大国，通过人机协作大大提高了粮食的生产效率和质量，确保了粮食的_____。

2．人机协作过程中，人和人的交流可以简单归纳为三个过程：聆听→思考→表达，而人和机器的交流可以简化为_____→处理→_____。

3．人机协作不仅推动了经济的快速发展，也加速了社会各领域的现代化_____。

4．当机械化农业工具如拖拉机和机械收割机被引入时，手工劳作的需求_____。

5．在企业数字化转型升级中，随着人工智能物联网平台的日趋成熟，越来越多成熟人工智能物联网平台的助力，_____生产人员的深度参与才是企业转型升级的关键。

6．在 Python 中，用于存储数据的基本单元是_____。

7．输入函数 input( ) 用于从用户获取输入，它返回的数据类型是_____。

8．在 Python 中，输出函数 print( ) 可以将多个值使用_____分隔，并一起输出。

二、选择题

1．通过人机协作，农业领域实现了（　　）方面的提升。
　　A．水资源浪费　　　　　　　　B．作物产量和质量
　　C．人力劳动密集　　　　　　　D．医疗服务

2．（　　）技术对矿工的生命安全起到了重要作用。
　　A．电力　　　　　　　　　　　B．传统通信技术
　　C．5G 通信技术　　　　　　　 D．机械设备

3．随着技术的进步，许多传统的工作可能被机器取代，这些工作通常是（　　）。
　　A．高技能的工作　　　　　　　B．重复性的低技能工作
　　C．创新性的工作　　　　　　　D．临时性的工作

4．人机协作在实现中华民族伟大复兴上发挥了（　　）关键作用。
　　A．阻碍了经济发展　　　　　　B．提高了劳动生产率

C．导致职业减少 D．限制了创新

5．面对未来的变化，个人应该（　　）。
A．停止学习 B．保持现有技能
C．持续学习和适应 D．忽视技术进步

6．下面选项中，正确的变量命名方式是（　　）。
A．123_age B．current-year
C．user_name D．First Name

7．输入函数 input( )的作用是（　　）。
A．输出数据到屏幕 B．从键盘获取输入
C．进行数学运算 D．创建变量

三、判断题

1．人机协作在农业领域的应用主要是减少作物产量和质量。（　　）
2．人机协作通过 5G 技术实现了矿工的远程低延时操控采矿机器下矿采集，确保了采矿工人的生命安全。（　　）
3．技术革命从未对就业市场造成影响，只是提供了新的机会和职业。（　　）
4．在历史的变革中，技术进步导致了一些职业的过时，但也同时创造了新的工作岗位。（　　）
5．在当前技术革命中，机器和技术的进步对就业市场没有任何影响。（　　）
6．输出函数 print()只能输出字符串类型的数据。（　　）
7．在 Python 中，可以使用加号（+）进行字符串连接。（　　）

四、简答题

1．举例说明，人机协作在农业生产中的哪些方面提高了效率和质量？
2．描述一下华为 5G 通信技术在采矿行业中的应用，以及这如何保障了矿工的安全。

五、编程题

编写一个简单的交互式 Python 程序，实现两个整数的加法运算。程序会提示用户输入两个整数，然后计算它们的和并输出结果。

（1）程序要求：
1）使用 input()函数获取用户输入的两个整数。
2）使用 int()函数将输入的字符串转换为整数。
3）使用 print()函数输出计算结果。

（2）运行结果：

请输入第一个整数：5
请输入第二个整数：3
5 + 3 = 8

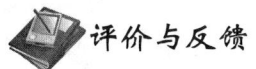 **评价与反馈**

评价项目	评价内容	自评	师评
创新意识（10分）	深刻理解人机协作对创新的促进，能够提出独特见解和应用实例		
信息素养（10分）	熟练运用信息工具，能够高效获取、评估和应用相关信息		
终身学习（5分）	明确学习的重要性，能够规划自己的学习路径和方法		
社会责任感（5分）	深刻认识科技发展与社会责任的关系，积极参与社会问题讨论		
批判性思维（5分）	能够全面分析人机协作的优势、挑战和影响，提出合理建议		
职业规划（5分）	能够结合人机协作的趋势规划自己的职业发展方向和技能培养		
理解变量与存储（20分）	清晰理解变量在程序中的作用，能够准确解释变量的概念和其在内存中的存储机制		
变量的基本运算（20分）	能够熟练进行基本数学运算，并解释运算过程和结果，同时提供合理的例子		
输入函数 input()、输出函数 print()（20分）	能够正确使用 input()函数获取用户输入，使用 print()函数输出结果，清晰解释函数的作用和用法，并提供实际应用案例		

编程思维二　Python 与机器执行和决策

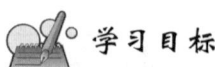 学习目标

知识目标	编程思维	能够分析实际问题，拆解流程，解析机器的执行过程； 能够分析流程的逻辑，写出执行过程； 用人机思维分析身边的机器生产、企业管理流程，提升工作效率
	编程基础	Python 基本语法； 程序结构：顺序、分支程序结构； 数据类型与操作
技能目标		能够使用 Python 进行基础的编程； 能够应用机器决策逻辑设计简单的决策程序； 能够分析实际问题，并将其转化为编程问题，编写程序解决相关问题
素养目标		培养逻辑思考能力； 培养创新思维和解决问题的能力； 培养合作与交流能力
思政目标		了解技术对社会的影响，及其在人类文明发展中的作用； 培养社会责任感和对技术的正确态度

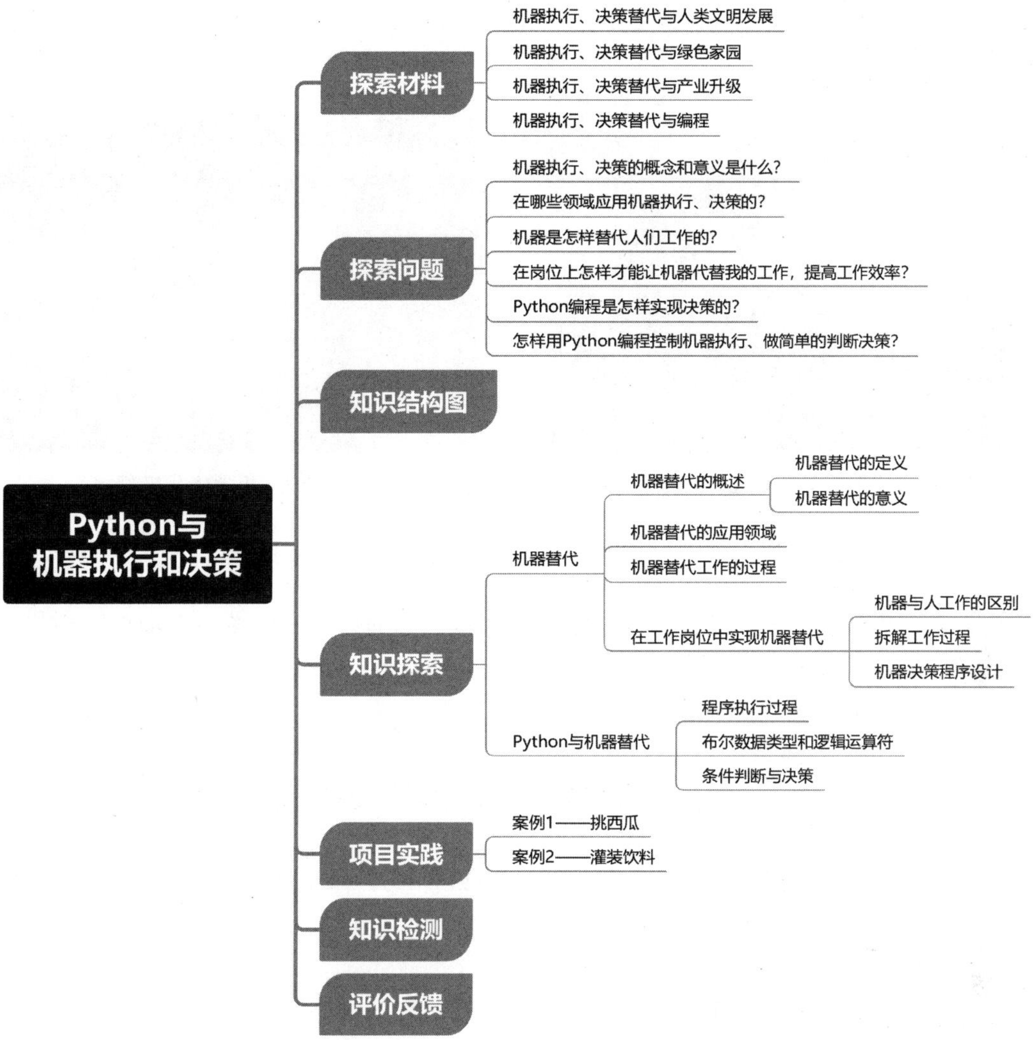

Python与机器执行和决策

- **探索材料**
  - 机器执行、决策替代与人类文明发展
  - 机器执行、决策替代与绿色家园
  - 机器执行、决策替代与产业升级
  - 机器执行、决策替代与编程

- **探索问题**
  - 机器执行、决策的概念和意义是什么？
  - 在哪些领域应用机器执行、决策的？
  - 机器是怎样替代人们工作的？
  - 在岗位上怎样才能让机器代替我的工作，提高工作效率？
  - Python编程是怎样实现决策的？
  - 怎样用Python编程控制机器执行、做简单的判断决策？

- **知识结构图**

- **知识探索**
  - 机器替代
    - 机器替代的概述
      - 机器替代的定义
      - 机器替代的意义
    - 机器替代的应用领域
    - 机器替代工作的过程
    - 在工作岗位中实现机器替代
      - 机器与人工作的区别
      - 拆解工作过程
      - 机器决策程序设计
  - Python与机器替代
    - 程序执行过程
    - 布尔数据类型和逻辑运算符
    - 条件判断与决策

- **项目实践**
  - 案例1——挑西瓜
  - 案例2——灌装饮料

- **知识检测**

- **评价反馈**

 背景材料

材料一 机器执行、决策替代与人类文明发展

被机器替代的工作

1. 机器与文明的历史

从农业文明时期，人类就一直在努力寻找用更高效、更便捷的方法来完成重复性和机械性的劳动。比如，古埃及人使用滑轮和杠杆进行重物搬运，如图 1.2.1 所示，中世纪的风车和水车是初步的能源转化方式，以及 19 世纪的蒸汽机和电力机械，都是对人力的替代或增强。

这种机械化的进程不仅提高了生产效率，也为人类文明的进步和繁荣创造了可能性。当人们从重复性、低附加值的工作中解放出来后，他们有更多的时间和机会去学习、探索和创新，从而推动文明前进。

2. 机器替代的经济与社会影响

随着科技的进步，尤其是在 20 世纪到 21 世纪初，数字技术、自动化和机器人技术的

发展，使得机器能够替代更多的人类劳动，包括生产线上的工作和服务行业的部分工作，如图1.2.2所示。

图1.2.1 使用滑轮和杠杆搬运重物

图1.2.2 机器人生产线

经济上，这导致了生产成本的降低和生产效率的提高。许多行业和公司因此获得了竞争优势，商品和服务的价格也更加低廉。

社会上，这种转变产生了正面和负面两种影响。正面的是，许多高危和低附加值的工作被机器所替代，人类可以更专注于创新和提高附加值的工作。负面的是，部分工人可能因此失去工作，需要重新培训和适应新的职业。

材料二 机器执行、决策替代与绿色家园

1. 水资源利用

农业作为我国水资源消耗的首要领域，2023年我国农业用水占全社会用水总量的62.2%，在相关数据统计中，传统农业灌溉的有效利用率非常低，大部分流失在土壤中、蒸发在大气中。农作物和人一样，不可能一次喝下太多水，大水漫灌在农业生产中浪费了很大比例用水。那如何给农作物定时浇水，按需喝水呢？利用人工智能物联网技术，让机器代替农民进行节水增效，通过传感器判断当前土壤湿度实现按需滴灌，根据时间间隔实现按时滴灌，实现水资源利用率提升80%以上，机器代替人劳作，提高了水资源有效利用，如图1.2.3所示。

图1.2.3 智能灌溉替代人工灌溉

在我国西北地区，日照时间长，地广人稀，降水量少，昼夜温差大，空气湿度小，在

这些地区发展智慧农业大有可为。在未来，随着全球气候变化，为了应对多变的气候，实现旱涝保收，以机器农业生产为核心的农业机械化、智慧农业、垂直农业，利用循环利用水资源、提高利用率等方式实现节约用水的目的，这也是手工劳作无法做到的。

很大部分生活用水同样是被浪费掉的，例如生活中的洗手、洗衣、如厕，人始终无法做到定时、定量节约用水，甚至还出现忘记关闭水龙头、关闭不紧、水满溢出的情况，相比人的随意性强，机器却可以做到兢兢业业地执行程序指令、判断、决策，如图1.2.4所示。

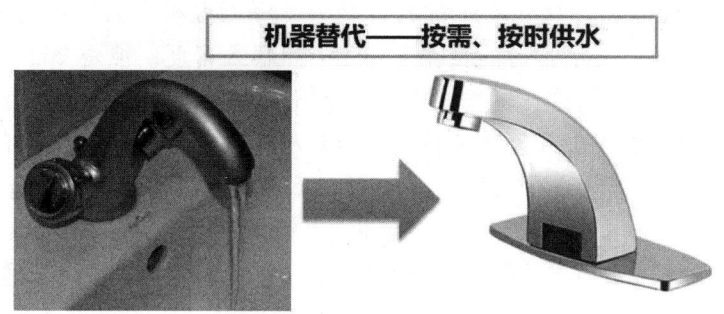

图 1.2.4　智能感应开关

2. 机器替代与可持续发展

随着世界资源、能源消耗和环境被破坏的形势日益严峻，1995年，"可持续发展"，被党中央作为国家发展的重大战略正式提出，并付诸实施。同年通过了《国民经济和社会发展"九五"计划和2010年远景目标纲要》，将可持续发展作为一条重要的指导方针和战略目标上升为国家意志。发展与环境并不矛盾，国家战略为我们的发展与环境指明了方向：不要只看到眼前的利益，要把目光放在未来的可持续发展上，环境保护关系的是我们子孙后代的生存与发展。环境是发展的基础，我们国家正在经历工业文明向生态文明转化的过程。近年来，"碳中和""碳达峰"战略目标的提出，也更加体现了我国保护环境的决心。

用机器替代实现生产与生活的信息化、智能化是节能减排的关键环节，在生产和生活中有大量的应用。例如，在光照充足的白天，教室的灯依旧亮着；人离开教室，空调和灯仍未关闭。AIoT利用光照传感器、人体红外传感器、摄像头图像识别等技术感知环境，判断并决定是否要关闭电器，减少能源浪费。智能机器替代能够显著节约能源消耗。

材料三　机器执行、决策替代与产业升级

我们理解一下社会主义的本质：解放生产力、发展生产力、消灭剥削、消除两极分化、最终达到共同富裕。社会要发展，生活水平要提高，需要不断地解放生产力，发展生产力，实现平衡发展。新中国成立初期，大量的农民在田地里面起早贪黑，忙忙碌碌全年无休才能达到基本的温饱。后来随着我国工业水平的提高，机器生产各种化肥、农药、农机、灌溉设备，机器的大量应用将人们从农活中解放出来，农业剩余劳动力进入工厂、企业制造各行各业的机器。

当前，我国处于产业转型升级的关键时期。很多从业者都渐渐转变观念，不再愿意从事重复、机械化的生产活动，想要更好的工作环境、更大的发展空间，这也是从业者对于解放生产力的需求体现。

这种需求也促进了企业将机械性重复劳动的各个岗位引入机器替代，解放流水线中的劳动者，将更多的岗位转向机器设备、工作流程自动化、智能化改造中，同时企业通过岗位迁移和设备升级改进，提升产品质量。通过提升机器替代水平，企业和从业者都在提升自身在价值链条中的价值和增强竞争力，形成良性循环。

衡量一个国家制造业自动化水平的指标之一是每万人机器人密度，我国这一指标在2016年是126台/万人，低于当时的世界平均万人机器人密度。但是2020年，我国机器人产业营收突破千亿，中国制造业机器人密度达246台/万人，是全球平均水平126台/万人的近两倍，排名从第25位上升至第9位，是全球机器人密度发展最具活力的国家。

机器的自动化、智能化水平直接关系到我们国家从制造业大国向制造业强国转变，我国作为人口大国，在未来要面对"人口老龄化""制造业外迁""'双碳'目标、节能减排"等诸多问题的挑战，国家提出了制造业转型升级目标，"机器替代"是转型升级的关键。

材料四　机器执行、决策替代与编程

随着技术进步和计算能力的增强，机器和人工智能系统不仅开始替代传统的机械性劳动，还开始涉足需要决策和分析的领域。编程是实现机器自主执行、决策的关键环节。编程从以下几个方面赋予机器思维，让机器实现执行与自主决策。

（1）指令与控制：无论是计算机还是其他类型的数字设备，都需要一组明确的指令来操作。编程为机器提供了这组指令，告诉它该如何响应输入、如何处理数据和如何输出结果。

（2）自动化与效率：通过编程，机器可以自动执行一系列复杂的任务，大大提高了效率。例如，一台机器可以在几秒钟内完成数百万次的计算，而人类可能需要数天甚至数月的时间。

（3）扩展功能：通过编程，可以为现有的机器或系统添加新功能或优化现有功能。这种灵活性使得技术能够不断适应和满足不断变化的需求。

 材料思考

读完上面的材料，请思考以下问题。
1．机器执行、决策的概念和意义是什么？
2．在哪些领域应用机器执行、决策的？
3．机器是怎样替代人们工作的？
4．在岗位上怎样才能让机器代替我的工作，提高工作效率？
5．Python编程是怎样实现决策的？
6．怎样用Python编程控制机器执行、做简单的判断决策？

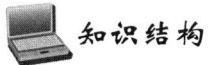 **知识结构**

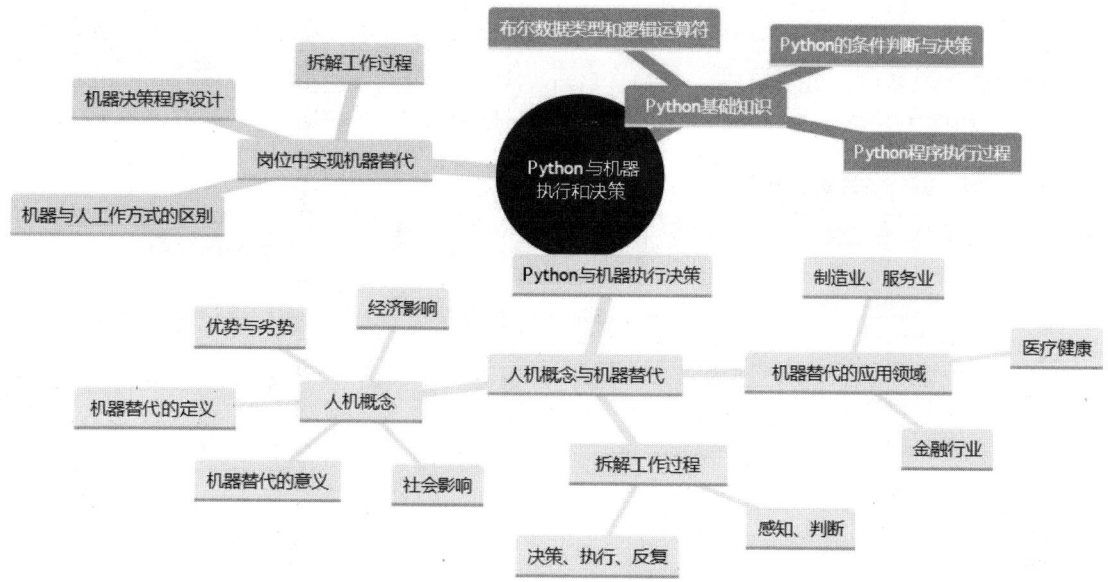

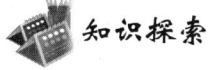 **知识探索**

一、机器替代

（一）机器替代的概述

1. 机器替代的定义

"机器替代人执行动作"意指利用机械、电子设备或计算机程序来执行传统上由人类执行的动作或任务。这种替代可以是简单的物理动作（如在工厂中由机器人装配产品）或复杂的按预定程序自主决策动作。

2. 机器替代的意义

在生产和生活中，有些工作具有高时长、高强度、流程化、重复性的特性，这些工作可以是体力的，也可以是脑力的。机器擅长于从事此类工作，随着机器自动化、智能化水平的提升，机器会逐渐替代这些工作。下面是机器替代的优势：

（1）提高效率：机器可以连续工作，不需要休息。

（2）减少错误：对于重复性任务，机器比人类犯错误的概率小。

（3）降低成本：一次性的投资可以长时间使用，降低了长期的劳动力成本。

（4）执行危险任务：机器可以在对人有害的环境下工作，例如核电站、深海或太空。

（二）机器替代的应用领域

（1）工业生产：机器人在生产线上进行装配、焊接、喷涂等任务。

（2）服务行业：自动取款机、自助结账机、在线客服机器人等。

（3）医疗领域：用于手术的机器人、医药分发机器人等。

（4）农业：自动化的灌溉系统、无人机进行植保等。

（5）家庭：洗衣机、吸尘机器人、智能家居系统等。

（三）机器替代工作的过程

在生产和生活中，有各种各样的机器在不停地工作，那么机器到底是怎样工作的？例如，安全带检测、楼道灯检测、饮料瓶灌装，它们的工作过程通常包括以下几个环节：感知、判断、决策、执行、反复执行，如图 1.2.5 和图 1.2.6 所示。

机器的流程化执行

图 1.2.5　机器执行替代过程

图 1.2.6　机器执行替代示例

（四）在工作岗位中实现机器替代

1. 机器与人工作的区别

中国作为世界制造业的中心，生产了大量的工业产品。近年来，随着我国用工成本的不断提高，很多劳动密集型产业转移到了人力成本更低的国家。我国的生产自动化水平离发达国家还有一定的差距，这个差距不仅体现在机器的密度，更体现在机器人应用技术。

某汽车厂安装汽车前挡玻璃，原来是由人工安装的，其流程为：涂抹胶水→搬动玻璃

→安装定位→检测调整，对于人工操作，员工只要半天的培训，就可以上岗了。但如进行岗位机器替代，光是涂抹胶水这一工序，进行机器替代就需要做大量的实践尝试，对人员创新、创造水平、实践能力有非常高的要求。机器替代相比徒手完成来说是一件非常具有挑战的工作，机器看似简单动作的背后，是技术人员大量的工程实践（设备与程序软硬件调试），不断挑战、遭遇失败、总结经验、敢于创新的过程，产业升级之路任重而道远，如图1.2.7和图1.2.8所示。

图 1.2.7 机器替代工序

 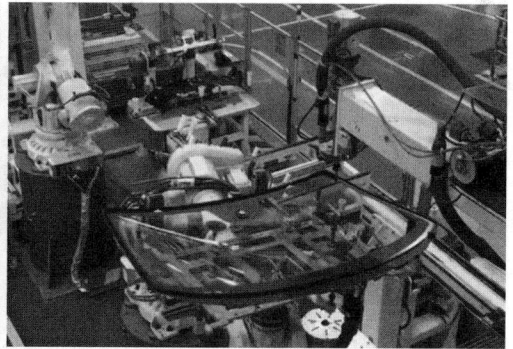

图 1.2.8 机器替代安装汽车前挡玻璃

2. 拆解工作过程

机器和人不一样，人经过学习成长可以执行复杂操作，但是机器不行，为了实现机器替代，技术人员要将一个大的问题，分解成机器能够执行的步骤。例如，从简单的 LED 灯闪烁，到制造业最常见的物料跨工位传递，要实现机器替代都必须通过分析问题、拆解问题去实现，如图1.2.9所示。

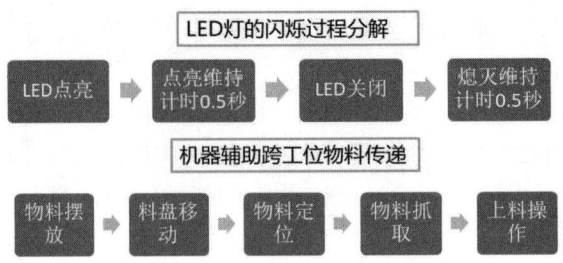

图 1.2.9　机器替代拆解问题示例

3. 机器决策程序设计

在生产和生活中，人们总要在各种错综复杂的情况下做出选择。但是在机器替代背景下，如何教会机器做出选择，执行我们想要的结果呢？

为了实现机器自主判断与决策，需要分解任务过程，根据过程构建决策树，再根据决策过程编写程序实现机器的自主判断与选择。现有图 1.2.10 所示需求，图 1.2.11 是用 Python 的 if、elif、else 的嵌套来实现机器决策。

妈妈的安排

　　周末，妈妈想安排我做事情。妈妈说：你要是想出去，就去菜市场买水果。如果菜市场有橙子，就买点橙子；如果没有橙子有葡萄，就买葡萄；如果都没有，就买苹果。你要是不想出去，就在家学习，想读语文的话就读语文书，想读数学就读数学书，要是都不想读，那就在家搞卫生。

　　如果是要安排机器做这些事情呢？
　　要怎么安排？

图 1.2.10　需求说明

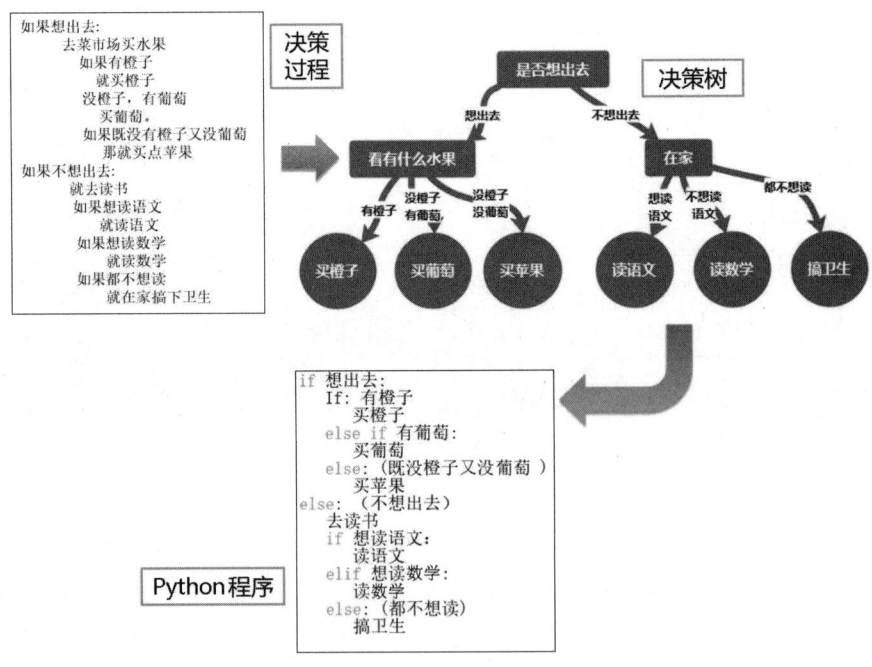

图 1.2.11　机器决策分析过程

二、Python 与机器替代

1. 程序执行过程

上面学习了机器替代的分解任务，现在要用 Python 编写程序实现机器替代工作过程。尝试用 Python 编写下列程序，分析如何通过 Python 实现机器的执行、判断、决策的过程。

Python 的机器执行与决策编程

曾经的电梯需要专人操作，其称为电梯操作工，但是后来这项工作被机器取代了。只要按下相应楼层按钮，机器就能把人们送到指定楼层。请基于下面的电梯模拟执行过程及程序分析机器执行过程，流程图如图 1.2.12 所示，代码及运行结果如图 1.2.13 所示。

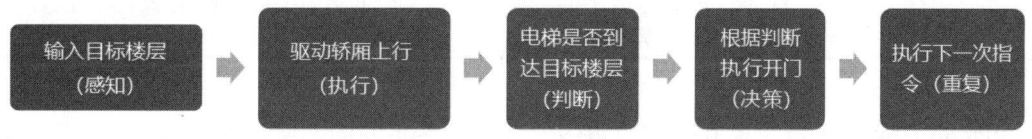

图 1.2.12　机器执行操作电梯流程图

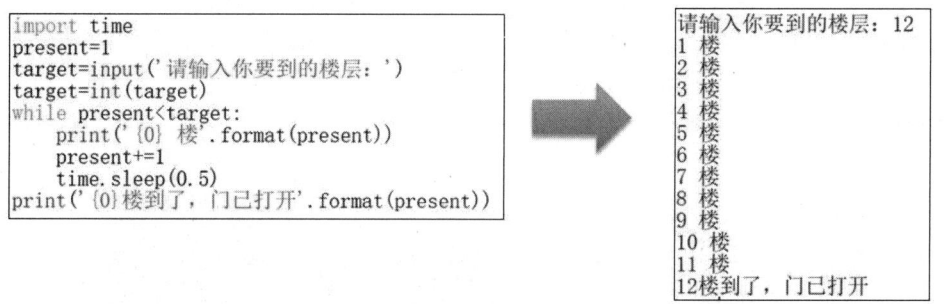

图 1.2.13　代码及运行结果

2. 布尔数据类型和逻辑运算符

Python 条件判断所处理的数据类型是布尔型，其是计算机中最基础的数据类型，是计算机二进制世界的体现。Python 中的布尔类型只有两种值：True（1）和 False（0）。if、elif 与 while 流程控制的语句块执行与否，由布尔类型变量决定。

布尔类型回答的是是非问题，那么什么情况下是 True，什么情况下是 False 呢？Python 里面实现了一个名为 bool 的类型对象，它是 int 的一个子类，内置的 True 和 False 是 bool 仅有的两个实例对象。

在 Python 中，从左到右去判断条件。例如，True and True 或 True and False，先判断左边的条件是否为真，接下来判断右边的条件是否为真，若右边也为真则完成判断返回右边的结果，若右边条件为假则返回右边假值的结果；False and True 或 False and False，若左边的条件为假，则不判断右边条件直接返回左边假值的结果，具体情况见表 1.2.1，代码示例如图 1.2.14 所示。

```
a = 1
b = 2
c = 3
print((a < b) and (b < c))    # True
print((a > b) and (b < c))    # False
print((a > b) or (b < c))     # True
print(not (a > b))            # True
```

图 1.2.14　布尔数据类型示例

表 1.2.1　运算符返回结果

运算符	逻辑表达式	描述	实例
and	x and y	与：如果 x 为 False，x and y 返回 False，否则它返回 y 的值	True and False，返回 False
or	x or y	或：如果 x 是 True，它返回 True，否则它返回 y 的值	False or True，返回 True
not	not x	非：如果 x 为 True，返回 False。如果 x 为 False，它返回 True	not True 返回 False；not False 返回 True

3. 条件判断与决策

Python 如何让机器实现判断与决策呢？我们来看下面的案例。某工厂因为人力短缺，原本由人工分拣的橙子现在改为机器分拣。为了检测橙子表面质量和大小，引入计算机视觉技术进行橙子分拣，橙子经过流水线，如果有斑点的橙子分到 B 筐，没有斑点的橙子根据大小进行品级分类。一级果：果实横径为 80~85mm；二级果：果实横径为 75~80mm；三级果：果实横径为 70~75mm；70mm 以下或者 85mm 以上分入再分拣区域。决策过程如图 1.2.15 所示。

图 1.2.15　机器分拣橙子

用 Python 模拟橙子分拣过程，代码如图 1.2.16 所示。

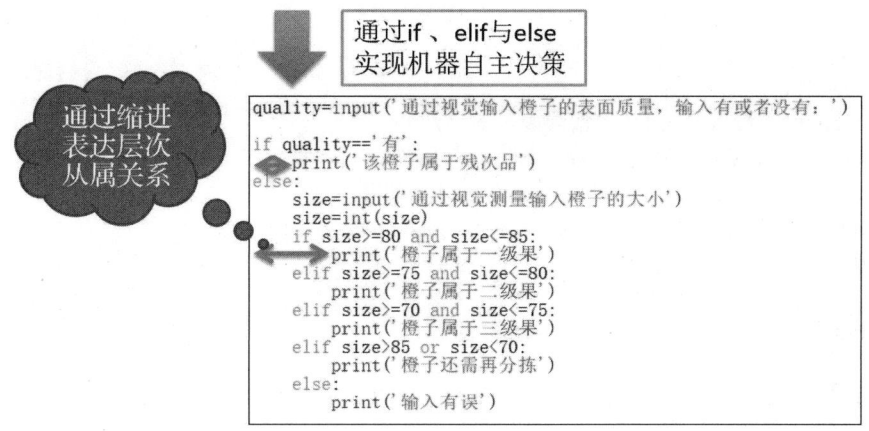

图 1.2.16　代码

 实践探索

一、实践项目——挑西瓜

1. 项目背景

小智运用编程解决生活的实际问题。妈妈安排他去购买西瓜，当他拿到一个西瓜时，想知道这个西瓜是否值得购买，于是小智决定编写一个程序来辅助自己进行西瓜的挑选。

2. 项目要求

请按照图 1.2.17 所示的决策过程，编写程序实现挑选西瓜。

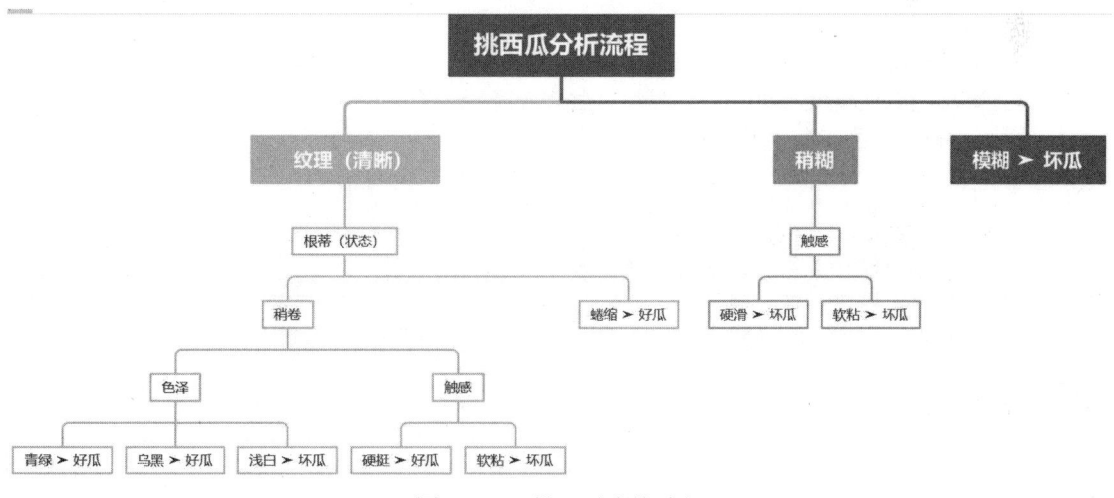

图 1.2.17　挑西瓜决策过程

3. 代码参考

```
print("请选择西瓜的纹理：")
texture = input("清晰请输入 1，模糊请输入 2：")
```

```
print("请选择西瓜的根蒂：")
root = input("蜷缩请输入 1，硬挺请输入 2：")
print("请选择西瓜的色泽：")
color = input("青绿请输入 1，浅白请输入 2：")
print("请选择西瓜的触感：")
touch = input("硬滑请输入 1，软粘请输入 2：")
#基于经验，以下条件为好瓜的标准
#纹理为清晰，根蒂为蜷缩，色泽为青绿，触感为硬滑
if texture == "1" and root == "1" and color == "1" and touch == "1":
    print("这是一个好瓜。")
else:
    print("这是一个坏瓜。")
```

二、实践项目——灌装饮料

1. 项目背景

在饮料生产领域，传统人工灌装效率低、精度差，易因人为因素导致灌装量不一致，无法满足大规模生产需求。某饮料生产工厂为提升生产效率与产品质量稳定性，决定引入自动化灌装系统。此系统可精确控制灌装量，保证每瓶饮料达标准容量，提高生产效率、降低人力成本、增强市场竞争力。为验证系统可行性与准确性，需编写程序模拟灌装过程，精确控制灌装进度与停止条件。

2. 项目要求

程序模拟，每秒灌装 10%，传感器监测是否达到 90%，达到 90% 停止灌装，每一秒判断是否达到 90%，直至显示灌装完毕。

3. 代码参考

```
import time
filled_percentage = 0
for i in range(9):                    #循环 9 次，每次代表 1 秒
    if filled_percentage >= 90:
        print("饮料已经灌满!")
        break
    filled_percentage += 10
    print(f"已经灌装: {filled_percentage}%")
    time.sleep(1)                     #等待 1 秒
if filled_percentage < 90:
    print("9 秒后，饮料还未灌满 90%。")
```

 知识检测

一、填空题

1. 机器执行、决策替代对于人类文明的发展起到了_____的作用。
2. 与绿色家园有关的机器执行和决策是_____。
3. 当人们谈论产业升级时，机器执行和决策在其中扮演的角色是_____。

4. 机器替代执行、决策在编程中是通过_____实现的。
5. 机器替代执行、决策的基本概念是_____。
6. 在_____领域中，机器替代执行、决策得到了广泛应用。
7. 机器替代工作的一种方法是_____。
8. 为了提高工作效率，我们可以让机器在岗位上替代_____。
9. 在 Python 编程中，实现决策的基本方法是使用_____。
10. 通过_____，我们可以控制 Python 程序让机器执行和做出简单的判断决策。

二、选择题

1. 机器决策在（　　）领域中得到了最广泛的应用。
   A．教育　　　　　B．医疗　　　　　C．农业　　　　　D．娱乐
2. Python 中，（　　）数据类型常用于判断。
   A．字符串　　　　B．列表　　　　　C．布尔　　　　　D．数字
3. 机器执行的主要目标是（　　）。
   A．替代人类　　　B．提高效率　　　C．节约成本　　　D．提高质量
4. （　　）是机器替代的核心意义。
   A．替代所有人类工作　　　　　　　B．提供便捷服务
   C．解决复杂问题　　　　　　　　　D．实现自动化

三、判断题

1. 机器执行、决策替代与绿色家园之间没有任何联系。（　　）
2. 在 Python 中，布尔数据类型只有 True 和 False 两个值。（　　）
3. 所有的岗位都可以由机器完全替代。（　　）
4. 机器替代的主要目的是完全替代人类。（　　）

四、编程题

1. 判断温度适宜性。

描述：给定一个温度值，编写一个程序来判断这个温度是否适宜进行某个活动。假设 15~25℃ 是适宜的温度。

要求：用户输入一个温度值，程序返回"适宜"或"不适宜"。

示例输入：20

示例输出：适宜

2. 机器决策模拟。

描述：机器需要决定是否继续生产一个产品。编写一个程序模拟此决策过程，当库存量少于 100 时，输出"继续生产"；当库存量大于等于 1000 时，输出"停止生产"；其余情况输出"正常运行"。

要求：用户输入当前库存量，程序返回决策结果。

示例输入：50

示例输出：继续生产

 **评价与反馈**

评价项目	评价内容	自评	师评
编程思维（10分）	对问题的分析、解决策略与程序设计的逻辑性		
编程基础（20分）	对Python语言的理解，代码的结构性，语法的正确性		
技能应用（10分）	将所学知识应用于实际场景中，如项目、解决具体问题等		
创新意识（10分）	在编程和解决问题时，表现出的创新思路和方法		
信息素养（10分）	能够有效检索、分析、评估、使用和引用信息		
终身学习（10分）	主动寻找学习资源，持续学习和自我提升的意愿和能力		
社会责任感（10分）	对自己代码的社会影响、道德与法律责任的认知		
批判性思维（10分）	对遇到的问题进行深入思考，不轻易接受，持有独立判断		
职业规划（10分）	对未来职业发展的方向有明确规划，了解行业动态		

编程思维三 Python 与机器流程控制和重复劳动

 学习目标

知识目标	编程思维	了解算法和逻辑的重要性； 掌握编程思维的核心概念：抽象、分解、模式识别和算法设计
	编程基础	掌握基本的编程语法和结构； 理解变量、数据类型、控制结构等基础知识
技能目标		能够使用至少一种编程语言进行基础的编程任务； 掌握编程环境搭建和基本的编程工具使用； 能够独立解决编程中遇到的常见问题
素养目标		培养学生的计算思维能力； 提高对数字技术的敏感性和接受度； 促进学生自主、合作和终身学习的能力
思政目标		了解编程在国家发展中的重要性； 培养学生的社会责任感和国家荣誉感； 让学生明白技术的中立性和编程带来的伦理挑战

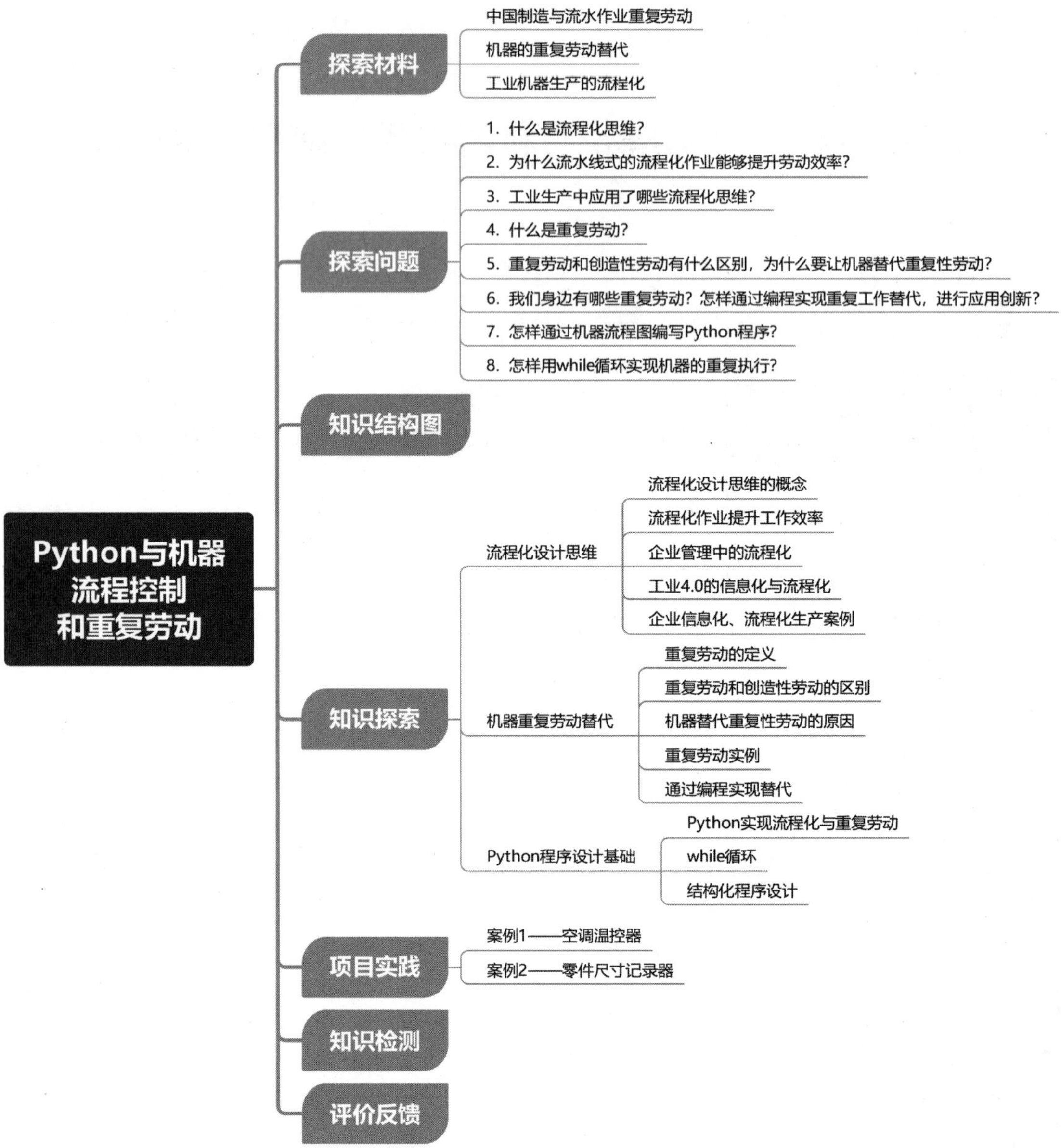

Python与机器流程控制和重复劳动

- **探索材料**
  - 中国制造与流水作业重复劳动
  - 机器的重复劳动替代
  - 工业机器生产的流程化

- **探索问题**
  1. 什么是流程化思维？
  2. 为什么流水线式的流程化作业能够提升劳动效率？
  3. 工业生产中应用了哪些流程化思维？
  4. 什么是重复劳动？
  5. 重复劳动和创造性劳动有什么区别，为什么要让机器替代重复性劳动？
  6. 我们身边有哪些重复劳动？怎样通过编程实现重复工作替代，进行应用创新？
  7. 怎样通过机器流程图编写Python程序？
  8. 怎样用while循环实现机器的重复执行？

- **知识结构图**

- **知识探索**
  - 流程化设计思维
    - 流程化设计思维的概念
    - 流程化作业提升工作效率
    - 企业管理中的流程化
    - 工业4.0的信息化与流程化
    - 企业信息化、流程化生产案例
  - 机器重复劳动替代
    - 重复劳动的定义
    - 重复劳动和创造性劳动的区别
    - 机器替代重复性劳动的原因
    - 重复劳动实例
    - 通过编程实现替代
  - Python程序设计基础
    - Python实现流程化与重复劳动
    - while循环
    - 结构化程序设计

- **项目实践**
  - 案例1——空调温控器
  - 案例2——零件尺寸记录器

- **知识检测**

- **评价反馈**

背景材料

材料一　中国制造与流水作业重复劳动

从19世纪末开始，流水装配线逐渐成为制造业的核心技术之一。特别是在20世纪中期，美国的福特汽车公司通过流水线生产大大提高了生产效率，使汽车成为家家户户都能拥有的交通工具。

中国作为人口大国，中国制造业的崛起是为了满足人民日益增长的物质文化需求。20世纪80年代末，中国开始走向改革开放，逐步成为"世界工厂"，吸引着大量国外企业来华设厂。伴随着技术转移，流水装配线技术也被引入中国，从而促使中国的制造业迅速发展。

在中国，流水装配线的应用带来了明显的经济效益。众多工厂因此得以大规模、高效率地生产商品，满足了全球的需求。中国制造的标签迅速遍布全球，从小玩具到高端电子产品，中国的出口量和市场份额都在稳步攀升。

但是流水装配线这种生产方式也存在诸多问题。在流水装配线上，工人往往重复做着同样的动作，机械化、规律化，时间长了容易导致身体疲劳，甚至有可能导致职业病。这种重复性的劳动形式也使得工人在精神上感到厌倦和空虚。

许多工人反映，他们每天的工作就像是在机器上的一个零件，失去了对工作的热情和创意。这种感觉使他们在工作中缺乏自主性和满足感，长时间下来容易产生心理压力。

同时，随着中国经济的发展，年轻一代的期望值也在不断提高。他们更加追求个性化、创新和自主的工作，不再满足于重复性劳动所带来的稳定收入。这一变化促使许多企业开始思考如何改进生产方式，使之更加人性化，既能保持生产效率，又能保障工人的权益。

事实上，许多先进的制造业企业已经开始尝试使用机器人和人工智能技术来替代重复性劳动，同时提供培训机会，帮助工人提高自己的技能和知识，使他们在职业发展上有更多的可能性。

流水装配线在中国制造业中的地位是无法替代的。它确实为我们带来了巨大的经济效益，但同时中国制造产业升级的未来在于解放和发展生产力，提高编程能力，制造更多的机器取代身心疲惫的流水线工人，让他们有更多提升自我的时间和精力是制造业产业升级的关键。

材料二　机器的重复劳动替代

流水线装配劳动应该由谁做，答案显而易见。电机的旋转，液压缸前后移动，活塞的往复运动，程序的循环执行。机器比人类更适合重复劳动。

自从工业革命以来，机器已经逐渐改变了我们的生活和工作方式。而现今，随着技术的快速发展，尤其是在人工智能、机器人技术等领域，机器对人类的重复劳动进行替代的趋势越发明显。

从最初的纺织机、蒸汽机到现代的自动化流水线，机器已经替代了大量的人力，如图1.3.1所示。这种替代不仅仅是在传统制造业，更在如客服、金融、医疗等行业都能看到其影子。自动驾驶的汽车和无人机的出现，更是让我们看到了未来无处不在的机器劳动。

机器替代重复劳动带来了明显的好处。首先，它大大提高了生产效率，降低了生产成本。在许多情况下，机器可以24小时不停工作，而不需要休息或加班费。其次，对于那些高危或者对精度要求极高的工作，机器可以做得更好、更安全。比如，在医学领域，精密的机器人可以协助医生进行复杂的手术。

但是，机器取代人也无法忽视技能的匹配问题。随着机器替代的趋势，那些低技能的工作会逐渐减少，而对高技能工作的需求会增加。这意味着，工人需要重新培训，以适应新的工作环境。

传统生产线上，工人每天长时间站立，面对着源源不断传送过来的零件，工人长期重复着几个动作，周而复始，很多人在重复劳动中陷入迷茫，甚至感到绝望，希望能够跳出不断循环重复的工作中。传统农业，人们面朝黄土背朝天，农民在一亩三分地日出而劳作，日落而息，夜以继日为了温饱劳作。解放生产力，就是机器逐渐替代重复劳动，将人从这些重复工作中解放出来，人的价值在于能够不断地学习提升自己，将自身智慧、经验转化为，发挥自身迁移拓展、创新创造能力。

图 1.3.1　机器替代重复劳动场景

材料三　工业机器生产的流程化

工业生产是现代社会经济活动的重要组成部分，而其中的机器生产更是近现代工业化进程中的关键环节。从早期的手工操作到现今的自动化、智能化生产，工业机器生产经历了从简单到复杂的演变。这其中，流程化生产起到了至关重要的作用。

从流水线到智能生产

1. 流程化生产的定义

流程化生产指的是将生产过程拆分为一个个明确、有序的环节，每个环节都有明确的操作规程和标准，以确保整个生产过程的高效和稳定进行。简言之，就是"一切皆有序，步步为营"。

2. 流程化的起源和演变

早在工业革命时期，人们便已开始对生产活动进行简单的流程化设计。随着技术的进步，特别是 20 世纪初，福特公司对汽车生产线的改革，真正将流程化生产推向高潮。他们将汽车的组装过程拆分成众多细小的步骤，每一名工人只负责其中一个固定的环节。这大大提高了生产效率，降低了成本。

3. 流程化的优势

（1）提高效率：每一环节都经过精心设计，减少了不必要的等待和中转，使生产的节奏更为紧凑。

（2）保证质量：通过标准化操作，可以减少因人为因素导致的差异和错误，从而提高产品的一致性和质量。

（3）低成本：流程化可以减少资源浪费，使得生产过程更为经济高效。

4. 现代流程化生产的特点

随着科技的进步，现代的流程化生产不再仅仅依赖人工，更多的自动化、机器人技术和人工智能被引入生产线。例如，通过传感器和数据分析，可以实时监测生产过程中的各项参数，确保它们都在设定的范围内。当发现问题时，可以立即进行调整或停机处理。

5. 未来的流程化生产

随着工业 4.0 的概念逐渐普及，未来的流程化生产将更加智能化、灵活化。生产线不再是固定不变的，而是可以根据市场需求进行快速调整。通过物联网技术，供应链和生产线可以实时连接，确保生产和供应的同步。此外，通过模拟和虚拟现实技术，可以在没有实物的情况下模拟整个生产过程，帮助企业在实际生产之前发现并解决潜在的问题。

工业机器生产的流程化是现代工业生产效率和质量提高的关键。随着科技的不断进步，流程化生产将更加完善，为人类创造更多的价值。但在追求高效的同时，我们也不能忽视对工人权益的关心，确保技术的发展能够造福于每一个人。

 材料思考

读完上面的材料，请思考以下问题。
1. 什么是流程化思维？
2. 为什么流水线式的流程化作业能够提升劳动效率？
3. 工业生产中应用了哪些流程化思维？
4. 什么是重复劳动？
5. 重复劳动和创造性劳动有什么区别，为什么要让机器替代重复性劳动？
6. 我们身边有哪些重复劳动？怎样通过编程实现重复工作替代，进行应用创新？
7. 怎样通过机器流程图编写 Python 程序？
8. 怎样用 while 循环实现机器的重复执行？

 知识结构

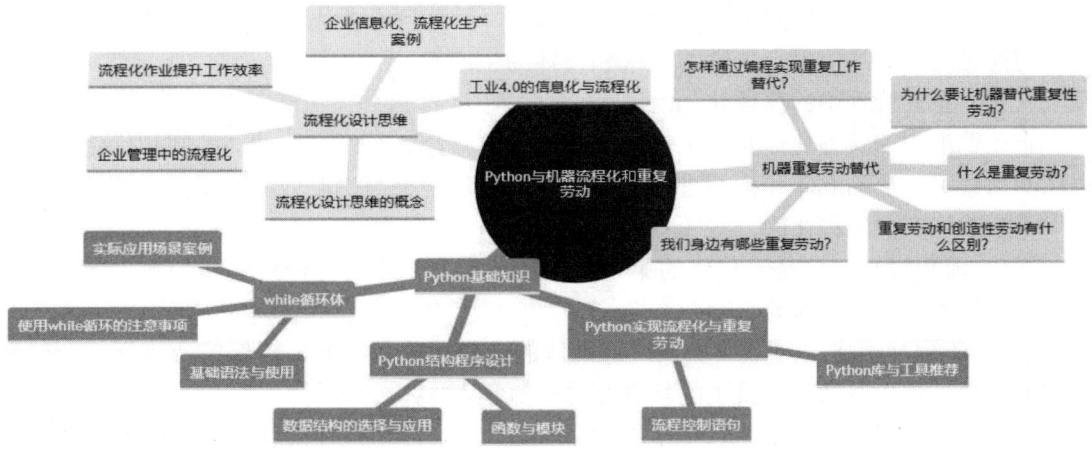

 **知识探索**

一、流程化设计思维

（一）流程化设计思维的概念

流程化设计思维是一种以流程为中心的思考方式，旨在通过定义、优化和标准化步骤来提高工作效率、减少错误并确保一致性。在这种思维中，任务和项目被分解为具体、顺序的步骤，并明确每一步的输入和输出。

工作中的流程化思维

没有流程化的思维是零散混乱的，是无条理的想法集合，而流程化思维则是一个有条理、有层次、脉络清晰的思考路径。在思考需要解决的问题时，必须根据完成过程、前提条件，根据已有的解决方法、过程整合提炼出工作流程中的各个环节，确定环节的先后顺序，整理出解决问题的路径，如图1.3.2所示。在实践当中及时调整改进机器工作流程。

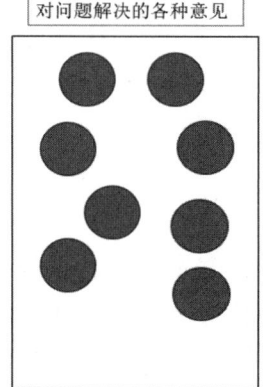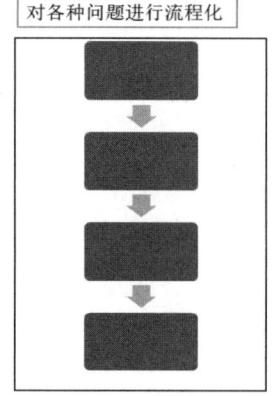

图 1.3.2　流程化思维

（二）流程化作业提升工作效率

流水线式的流程化作业将复杂任务分解为简单、重复的步骤。每个工人或机器都负责完成特定的步骤，这样他们可以专注于一个环节，并达到专业化。这种方法减少了任务之间的切换时间，提高了每个步骤的效率和整体的生产率。

（三）企业管理中的流程化

企业管理中的流程化涉及对生产和相关活动的规划、组织、协调、控制和优化，确保生产活动按照既定的顺序和标准进行。流程化的目的是提高生产效率、质量和经济效益。以下是企业生产中流程化的一些关键要点：

（1）流程设计：这是流程化的第一步，涉及定义生产的各个阶段和步骤。这可以包括采购、加工、装配、检验和交付。

（2）流程标准化：为每个步骤设定具体的操作规程和标准，确保每次执行都能达到一致的效果。这也有助于新员工的培训和熟悉流程。

（3）流程设计自动化执行：利用机械和技术工具自动执行某些重复性或复杂性较高的任务，例如机器人装配线、计算机控制系统等。

（4）质量控制流程：在生产过程中进行定期的检查和测试，确保产品质量满足标准。这可以包括中间产品的质检以及最终产品的质量验证。

（5）生产流程规划：基于预测的需求、现有的库存和生产能力，制定短期和长期的生产计划。

（6）供应链流程化管理：确保原材料和其他资源的稳定供应，与供应商建立良好的合作关系，优化物流和分销网络。

企业生产中的流程化不仅涉及生产的具体步骤，还涉及与生产相关的各种管理和决策活动。通过流程化，企业可以确保生产高质量的产品，同时也实现经济效益和可持续发展。

（四）工业 4.0 的信息化与流程化

在工业生产中，流程化思维旨在通过定义、优化和标准化流程来提高效率、保证质量和减少浪费。以下是一些在工业生产中应用的流程化思维的示例：

（1）流水线生产：如汽车制造，将生产过程分为多个步骤，每个步骤由专门的工人或机器完成。

（2）质量控制：设定标准并进行持续检查，以确保产品质量。

（3）供应链管理：优化从原材料到成品的流程，确保效率和成本效益。

（4）生产计划和控制：利用软件工具来预测需求并计划生产。

（5）系统集成：流程化为企业的各个部门和功能提供了一个共同的框架，使得不同的信息系统（如 ERP、SCM、CRM 等）可以更容易地集成在一起，从而实现整个企业的信息化。

（五）企业信息化、流程化生产案例

百炼成钢。钢材热处理炉已经实现了输入工艺流程对钢材实现自动化热处理，在输入工艺曲线过程中，机器自动生成了工艺流程，这体现了人类将工作过程流程化，并通过程序控制机器实现的过程。45 号钢的热处理过程，如图 1.3.3 所示。编程人员需要将热处理工艺流程化，实现装炉、正火、回火等工艺流程的流程自动控制。

根据45号钢工艺要求，编写程序控制热处理炉实现完成自动工艺流程

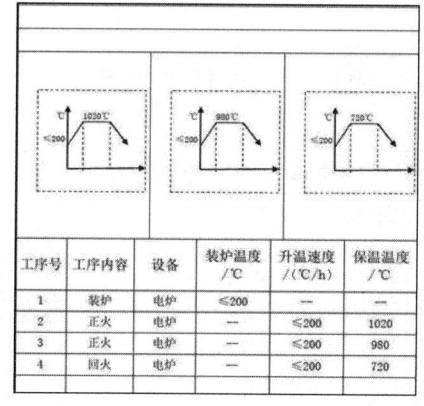

图 1.3.3　45 号钢的热处理过程

二、机器重复劳动替代

（一）重复劳动的定义

重复劳动指同样的、重复的任务或动作，这种劳动通常是固定的、标准化的，并且不需要高度的思考或解决问题的能力。例如，生产线上的某些操作、数据输入、文件分类等都可以被视为重复劳动。

（二）重复劳动和创造性劳动的区别

（1）重复劳动：它通常是单调的，可能会导致工作疲劳和注意力下降。

（2）创造性劳动：涉及新思想、创新和问题解决。这种劳动需要人的直觉、判断、艺术性或其他独特的人类能力。例如，艺术创作、研究开发和策略规划都属于创造性劳动。

（三）机器替代重复劳动的原因

让机器替代重复劳动的原因：

（1）效率：机器可以 24 小时×7 天不间断地工作，且速度快，不会因为疲劳而导致效率下降。

（2）准确性：在适当的维护和配置下，机器可以极大地减少错误率。

（3）释放人力资源：当机器接管重复任务时，人们可以专注于更加创造性和复杂的任务，从而提高整体的生产力。

（4）经济效益：长期来看，机械化或自动化的解决方案可能比雇用大量员工进行重复劳动更为经济。

（四）重复劳动实例

我们身边的重复劳动有数据录入、文档扫描和归档、生产线上的物品组装、检查和质量控制、定期的清洁和维护工作

（五）通过编程实现替代

（1）自动化脚本：对于常规的 IT 任务，例如数据备份、文件传输等，可以编写脚本来自动执行。

（2）机器人流程自动化：这是一种技术，可以模拟人类在应用软件中执行的操作的技术，用于自动化高度重复的任务，例如数据录入。

（3）物联网：对于物理工作，如监控和维护，物联网设备可以收集数据并自动触发相应的操作。

（4）机器学习与 AI：对于需要判断或识别模式的重复劳动，机器学习和 AI 可以被训练来自动化这些任务。例如，图像识别用于质量控制。

三、Python 程序设计基础

（一）Python 实现流程化与重复劳动

Python 要怎样实现流程化和重复执行呢？下面是实现案例。

有报告显示，中国女性劳动参与率约为 63.3%，高于经济合作与发展组织（57%）和

亚太国家（62%）的平均水平。相比于世界其他地区的女性，中国女性对国内生产总值的贡献远超其他国家。曾经繁重的家庭事务，束缚了女性劳动生产力。机器的出现，在一定程度上，减轻了部分家庭劳务的负担。机器是怎么做这些事情的呢？洗衣机的工作过程是典型的重复劳动替代，如图 1.3.4 所示，洗衣机工作流程图如图 1.3.5 所示。

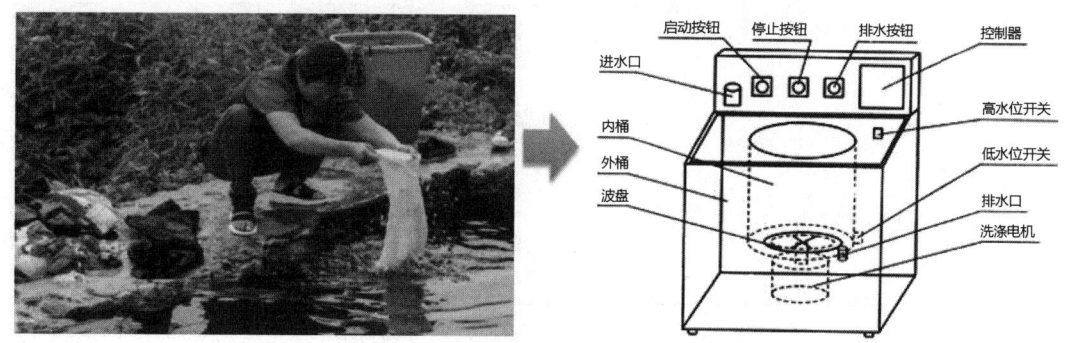

图 1.3.4　洗衣机替代手工洗衣服

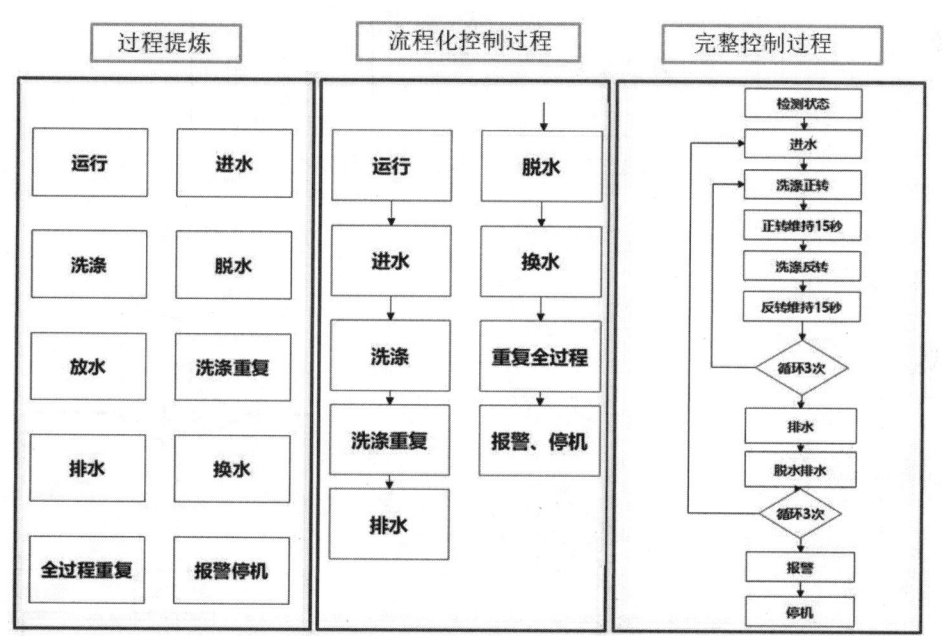

图 1.3.5　洗衣机工作流程图

可以用 print 语句模拟洗衣机的控制流程，如图 1.3.6 所示。

（二）while 循环

（1）while 循环的定义：当……时候，就执行某段代码。

（2）while 循环作用：用它的条件来控制循环的执行次数。当给定的条件为真时，执行循环体；当给定的条件为假时，结束循环，如图 1.3.7 所示。

（三）结构化程序设计

上述案例应用了结构化的程序设计，其是以一些简单、有层次的程式流程架构所组成程序控制逻辑，可分为顺序结构、选择结构（if、elif、else）、循环结构（while 与 for），如图1.3.8所示。

```
x=3    #波轮正反转洗涤次数
y=3    #完整进水排水洗衣过程次数
print('程序启动')
while y>0:
    print('第{0}次换水洗涤'.format(4-y))
    print('进水')
    while x>0:
        print('第{0}次波轮正反转循环'.format(4-x))
        print('洗涤正转')
        print('正转持续15秒')
        print('洗涤反转')
        print('反转持续15秒')
        x=x-1
    x=3
    print('排水')
    print('脱水排水')
    y=y-1
    print(' ')
print('报警')
print('停机')
```

```
第3次换水洗涤
进水
第1次洗涤
洗涤正转
正转持续15秒
洗涤反转
反转持续15秒
第2次洗涤
洗涤正转
正转持续15秒
洗涤反转
反转持续15秒
第3次洗涤
洗涤正转
正转持续15秒
洗涤反转
反转持续15秒
排水
脱水排水
```

图1.3.6　洗衣机控制流程代码及运行结果

```
# 循环的初始化条件
num = 1
# 当num 小于100时，会一直执行循环体
while num < 100 :
    print("num=", num)
    # 迭代语句
    num += 1
print("循环结束!")
```

```
num= 93
num= 94
num= 95
num= 96
num= 97
num= 98
num= 99
循环结束!
```

图1.3.7　循环代码示例及运行结果

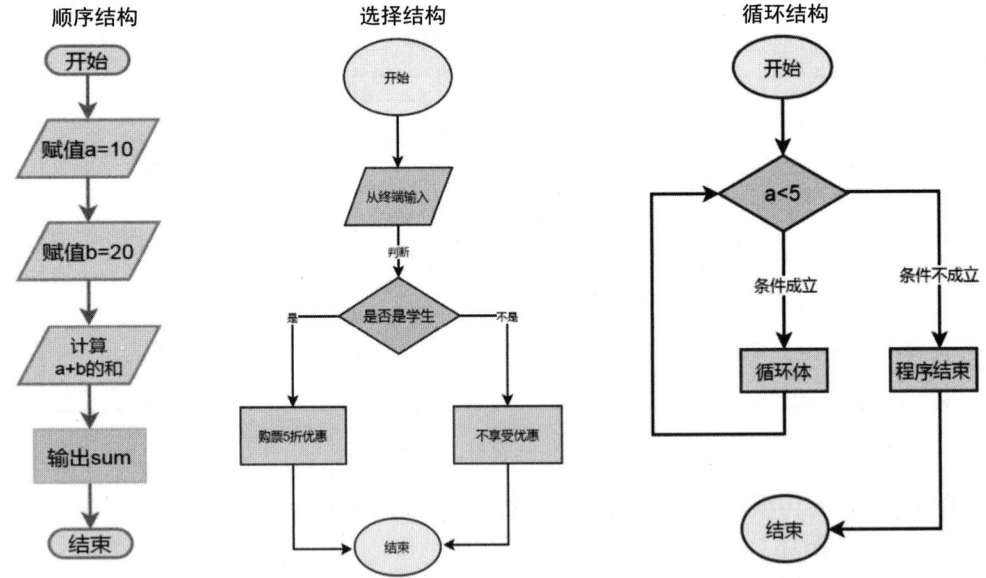

图1.3.8　结构化程序设计流程图

（1）顺序结构：是指程序正常的执行方式，执行完一个指令后，执行后面的指令。

（2）选择结构：顾名思义，当程序到了一定的处理过程时，遇到了很多分支，无法按直线走下去，这时需要使用选择结构用于处理程序遇到的问题，根据条件判断执行路径。

它包含单选择、双选择和多选择三种形式。

（3）循环结构：通常用来表示反复执行一个程序或某些操作的过程，直到某条件为假（或为真）时。在循环结构中最主要的是什么时候可以执行循环？出现哪些操作需要循环执行？

一、实践项目——空调温控器

1. 项目背景

智能家居已逐步成为现代生活不可或缺的一部分，它通过将家中的各种设备智能化，极大地提升了居住的舒适度和便捷性。以定频空调的控温过程为例，其核心机制是通过循环系统来精准调控温度。在没有硬件支持下模拟这一功能，可以利用 while 循环结构来模拟空调内的温度控制逻辑，通过 input()函数来模拟从遥控器接收设定温度的操作。同时，利用 time 模块的特性来仿真压缩机停止工作后，室内温度随时间推移而自然升高的过程。

2. 项目要求

需要实现设定温度达到 26℃以后，温度在 26～27℃波动，机器循环控制压缩机把温度控制在一定范围内。流程图、代码及运行结果如图 1.3.9 所示。

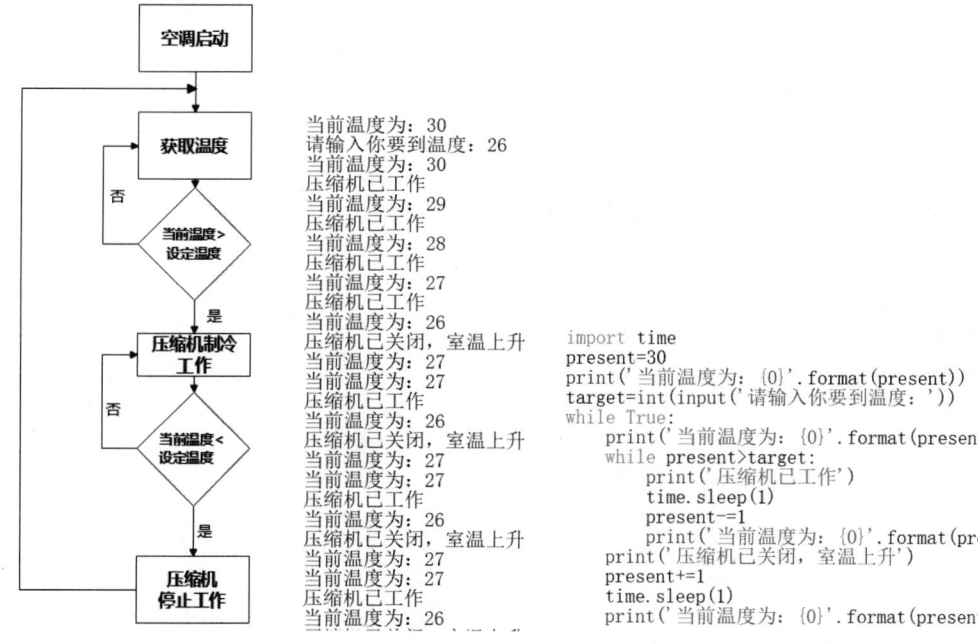

图 1.3.9 流程图、代码及运行结果

3. 代码参考

```
import time

def simulate_air_conditioner(target_temp):
    current_temp = 30      #初始温度
```

```
    compressor_on = False

    while True:
        print(f"当前温度：{current_temp}℃")
        if current_temp > target_temp + 1:
            compressor_on = True
            print("压缩机启动，降温中...")
            current_temp -= 1
        elif current_temp < target_temp:
            compressor_on = False
            print("压缩机关闭，温度自然上升...")
            current_temp += 0.5

        time.sleep(2)      #模拟时间流逝
if __name__ == "__main__":
    target_temp = int(input("请输入目标温度（例如 26）："))
    simulate_air_conditioner(target_temp)
```

二、实践项目——零件尺寸记录器

1. 项目背景

为了更高效地检测机床加工的零件是否合格，编写相关程序。10 个零件尺寸为一组，程序记录工人输入的零件尺寸，标准尺寸是 100mm，误差在 ±1mm 内为合格，最后统计合格零件和不合格零件的个数。

2. 项目要求

画出程序流程图，并编写程序。程序的部分流程如下：

初始化变量→输入零件尺寸→检查零件尺寸是否合格。

3. 代码参考

```
total_parts = 10              #10 个零件尺寸为一组
target_size = 100             #零件的标准尺寸
tolerance = 1                 #允许的误差
parts_count = 0               #当前输入的零件数
sizes = []                    #存储零件尺寸的列表

print("请依次输入 10 个零件的尺寸：")

while parts_count < total_parts:
    try:
        size = float(input(f"输入零件 {parts_count + 1} 的尺寸："))
        sizes.append(size)
        parts_count += 1
    except ValueError:
        print("请输入有效的数值!")

parts_count = 0               #重置零件计数，用于下面的检查
```

```
while parts_count < total_parts:
    size = sizes[parts_count]
    if (target_size - tolerance) <= size <= (target_size + tolerance):
        print(f"零件 {parts_count + 1} 的尺寸 {size}mm 合格。")
    else:
        print(f"零件 {parts_count + 1} 的尺寸 {size}mm 不合格。")
    parts_count += 1
```

知识检测

一、填空题

1. 在中国，流水线式的作业方式被广泛应用于_____。
2. _____被视为机器替代人类进行重复劳动的一个明显标志。
3. 流程化设计思维强调从整体上优化_____。
4. 工业 4.0 期望实现工业生产的_____和_____。
5. 企业信息化和流程化生产的一个著名案例是_____。
6. 重复劳动通常涉及_____，而创造性劳动则注重_____。
7. 通过编程实现重复劳动替代的一种常见方法是使用_____。
8. 在 Python 中，可以使用_____来实现重复性任务。
9. 在 Python 中，当条件为真时，_____循环会不断执行。
10. 工业中的流程化思维主要应用于_____。

二、选择题

1. 下列选项中属于流程化设计思维的是（　　）。
   A．对生产线进行不断优化　　　　B．机械化生产方式
   C．从整体上看待和设计流程　　　D．人工智能生产
2. 流水线式的流程化作业能够提升劳动效率的原因是（　　）。
   A．减少了人工干预　　　　　　　B．降低了生产成本
   C．提高了工作标准化　　　　　　D．以上所有的答案
3. 工业中最常使用的流程化思维是（　　）。
   A．循环生产　　B．批量生产　　C．量身定制生产　　D．就地生产
4. 重复劳动的主要特点是（　　）。
   A．需要高度的创造性　　　　　　B．任务经常变化
   C．任务简单且重复性强　　　　　D．无法被机器替代
5. 让机器替代重复性劳动的原因是（　　）。
   A．提高生产效率　　　　　　　　B．降低生产成本
   C．减少人为失误　　　　　　　　D．所有以上的答案
6. 企业信息化、流程化生产最能体现在（　　）时代。
   A．工业 1.0　　B．工业 2.0　　C．工业 3.0　　D．工业 4.0

7. 使用 Python 实现流程化与重复劳动的主要方法是（　　）。
　　A．使用数组　　　B．使用循环　　　C．使用函数　　　D．使用类
8. 在工业生产中，流程化设计思维的主要目的是（　　）。
　　A．节省原材料　　　　　　　　B．提高生产效率
　　C．减少工人数量　　　　　　　D．增加产品种类
9. 以下不是机器替代重复劳动的好处的是（　　）。
　　A．提高生产效率　　　　　　　B．减少生产成本
　　C．减少人为失误　　　　　　　D．提高产品创新度
10. 在 Python 中，重复性任务通常使用（　　）结构实现。
　　A．if 条件判断　　　　　　　　B．while 循环
　　C．for 循环　　　　　　　　　　D．switch 选择

三、判断题

1. 流程化设计思维仅仅关注单一任务的完成。　　　　　　　　　　（　　）
2. 机器无法替代人类的创造性劳动。　　　　　　　　　　　　　　（　　）
3. Python 的 while 循环是基于条件的循环。　　　　　　　　　　（　　）
4. 流水线式的流程化作业仅仅是为了节省成本。　　　　　　　　　（　　）
5. 企业信息化是工业 4.0 的核心内容之一。　　　　　　　　　　　（　　）
6. 流程化设计思维和机械化生产是相同的概念。　　　　　　　　　（　　）
7. Python 中的 for 循环可以用于执行重复的任务。　　　　　　　（　　）
8. 工业 4.0 主要强调的是人的中心地位。　　　　　　　　　　　　（　　）
9. 流程化作业不仅仅是为了提高效率，还可以提高产品质量。　　　（　　）
10. 机器替代人类进行重复劳动，意味着人们失去了所有的工作机会。（　　）

四、编程题

1. 使用 Python 编写一个简单的程序，利用 while 循环模拟一个生产线上的重复劳动，直到满足某个条件时停止。
2. 设计一个 Python 程序，模拟一个简单的机器流程图，如水瓶灌装机，其中涉及检查水瓶是否空，灌装，检查灌装是否完成等步骤。

 评价与反馈

评价项目	评价内容	自评	师评
编程思维（20 分）	理解算法和逻辑的能力		
	掌握核心编程思维概念的程度		
编程基础（10 分）	掌握基本编程语法和结构的能力		
	理解基础知识的深度		
技能应用（10 分）	使用编程语言的能力		
	解决实际编程问题的能力		

续表

评价项目	评价内容	自评	师评
创新意识（10分）	对新观念、新技术的接纳度		
	创新性思考的频率与深度		
信息素养（10分）	信息检索与筛选的能力		
	使用数字工具处理信息的技巧		
终身学习（10分）	学习动力与持续性		
	主动寻找学习资源的意愿		
社会责任感（10分）	对社会问题的关心程度		
	在实际行动中体现的责任感		
批判性思维（10分）	分析问题、评估信息的能力		
	对所知信息进行批判性反思		
职业规划（10分）	对未来职业发展的明确规划		
	对职业规划的持续调整与执行		

编程思维四　Python 函数与模块化搭建思维

 学习目标

知识目标	编程思维	学生应能理解并掌握模块化搭建思维的核心概念,明白其在现代制造业和软件开发中的应用和价值,特别是 Python 编程中的实践
	编程基础	学生应能够了解 Python 的模块化编程基础,包括但不限于函数的定义、调用,以及如何利用常用的函数模块来构建程序
技能目标		学生能熟练应用模块化搭建思维在具体编程问题中,如何将大型问题分解为可管理和可解决的小模块; 学生能够熟练地在 Python 中定义、调用函数,并能熟练地使用 Python 的标准库和第三方模块来解决实际问题
素养目标		培养学生对模块化编程的深入理解和热爱,形成持续学习和自我提升的习惯; 培养学生的团队合作精神,因为大型的软件开发往往需要多人合作,而模块化搭建思维是团队合作的基础
思政目标		通过学习中国制造业的模块化实践和魅力,学生能够对我国的制造业和科技产业有更加深厚的认识和自豪感; 学生能够理解到科技的发展和国家的繁荣是分不开的,从而更加珍惜学习的机会,为国家的未来科技发展贡献自己的力量

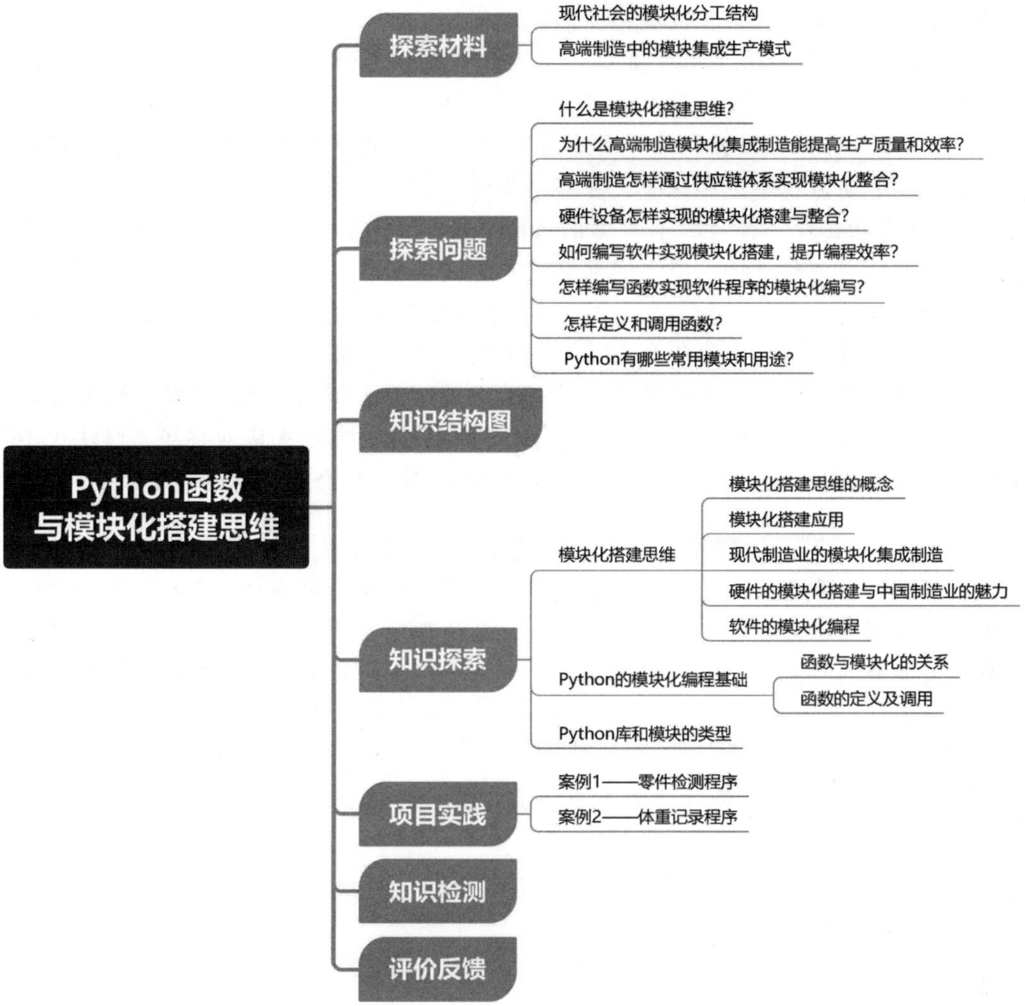

编程思维四　Python 函数与模块化搭建思维

知识结构图

- **Python函数与模块化搭建思维**
  - 探索材料
    - 现代社会的模块化分工结构
    - 高端制造中的模块集成生产模式
  - 探索问题
    - 什么是模块化搭建思维？
    - 为什么高端制造模块化集成制造能提高生产质量和效率？
    - 高端制造怎样通过供应链体系实现模块化整合？
    - 硬件设备怎样实现的模块化搭建与整合？
    - 如何编写软件实现模块化搭建，提升编程效率？
    - 怎样编写函数实现软件程序的模块化编写？
    - 怎样定义和调用函数？
    - Python有哪些常用模块和用途？
  - 知识结构图
  - 知识探索
    - 模块化搭建思维
      - 模块化搭建思维的概念
      - 模块化搭建应用
      - 现代制造业的模块化集成制造
      - 硬件的模块化搭建与中国制造业的魅力
      - 软件的模块化编程
    - Python的模块化编程基础
      - 函数与模块化的关系
      - 函数的定义及调用
    - Python库和模块的类型
  - 项目实践
    - 案例1——零件检测程序
    - 案例2——体重记录程序
  - 知识检测
  - 评价反馈

背景材料

材料一　现代社会的模块化分工结构

模块化结构在多个层面都与社会发展紧密相关。首先，从概念上理解，模块化是一种将系统或过程分解成相对独立的部分或模块的方法。这些模块可以独立地设计、测试和修改，然后再与其他模块进行整合，形成一个完整的系统。这种分解和组合的策略在社会发展的各个方面都有应用。

以下是模块化结构在社会发展中的一些体现。

（1）经济：随着全球化的深入，供应链已经变得高度模块化。各个公司专注于其核心竞争力，而将其他部分外包给其他供应商。这种模块化的生产方式增加了经济效率和生产灵活性。

（2）城市规划：现代城市常常采用模块化的设计思路，如住宅小区、商业中心、公园等。这种设计可以使得城市更有序，且更容易进行维护和升级。

（3）教育：现代教育系统也采用了模块化的策略。课程分为不同的单元和主题，学生可以根据自己的兴趣和需要选择相关的课程模块。

（4）科技：从软件开发到工业设计，模块化都是关键。通过将复杂的系统分解为可管理的模块，设计者和工程师可以更加高效地工作。

（5）交通：公路、铁路、航空等交通系统都采用模块化的设计。例如，机场和火车站被设计为多个功能模块，如值机、安检、登机等。

（6）社交和文化：社会的不同文化和社交活动也可以看作模块。每个文化和社交活动都有其独特的规则和结构，但它们都可以与更大的社会结构整合。

（7）管理和组织：在现代组织中，部门化和团队制的结构是模块化思维的体现。每个部门或团队负责一个特定的任务或项目，但所有部门和团队都工作于整个组织的目标。

总体来说，模块化为社会发展提供了一种有效、灵活和可扩展的策略。随着社会变得越来越复杂，人们需要这种可以将大问题分解为小问题的方法来应对挑战。模块化不仅有助于提高效率，还可以增强系统的鲁棒性和适应性，帮助社会更好地应对不断变化的环境。

材料二　高端制造中的模块集成生产模式

集成制造体系是现代制造业中一个重要的概念，它涉及将设计、工程、生产和供应链管理等多个领域紧密地结合起来，实现高效、灵活和优质的生产。大飞机和汽车制造是两个集成制造体系的典型例子，下面将从这两个例子出发，阐述集成制造体系的特点和运作方式。

1. 大飞机制造

（1）复杂性：飞机由数十万到数百万部件组成，这些部件需要经过精密的设计、制造和组装。

（2）跨国协作：飞机的部件往往分布在全球多个国家和地区进行生产，如发动机、航电系统、机身结构等。

（3）数字化设计和仿真：现代飞机制造高度依赖计算机辅助设计和计算机辅助工程软件，以确保部件的准确性和性能。

（4）紧密的供应链管理：确保所有部件按时、按质完成并送达组装线，需要高度复杂的供应链管理系统。

（5）质量控制：飞机制造的质量标准极高，因此整个生产过程都有严格的质量控制流程。

2. 汽车制造

（1）大规模生产：与飞机制造不同，汽车生产通常是大规模的，需要快速而高效的生产线。

（2）模块化设计：汽车通常采用模块化设计，如动力系统、底盘、内饰等，这些模块可以在不同的车型中重复使用。

（3）自动化和机器人技术：现代汽车生产线高度自动化，大量使用机器人进行焊接、装配等操作。

（4）灵活生产：汽车制造通常需要应对各种市场变化和客户需求，因此生产线必须具有一定的灵活性，以生产不同配置、规格的汽车。

（5）供应链集成：与飞机制造一样，汽车制造也依赖全球供应链，但由于生产规模更大,供应链管理可能更加复杂。

综上所述,无论是大飞机制造还是汽车制造,集成制造体系都涉及将多个生产和管理环节紧密结合起来,实现高效、灵活和优质的生产。这需要高度的技术集成、跨职能的团队合作以及对市场和客户需求的敏锐洞察。

 材料思考

读完上面的材料,请思考以下问题。
1. 什么是模块化搭建思维?
2. 为什么高端制造模块化集成制造能提高生产质量和效率?
3. 高端制造怎样通过供应链体系实现模块化整合?
4. 硬件设备怎样实现的模块化搭建与整合?
5. 如何编写软件实现模块化搭建,提升编程效率?
6. 怎样编写函数实现软件程序的模块化编写?
7. 怎样定义和调用函数?
8. Python有哪些常用模块和用途?

 知识结构

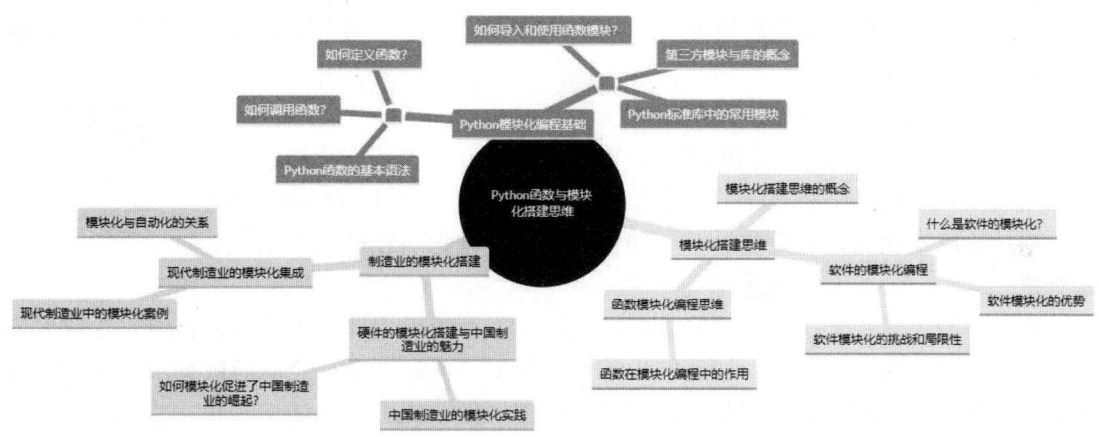

 **知识探索**

一、模块化搭建思维

(一)模块化搭建思维的概念

模块化搭建思维是一种解决问题和组织信息的方法,它将复杂的系统或任务分解为可管理的、独立的、可复用的单元或模块。这种思维方式可以使设计、开发和维护变得更加简单、有效和灵活。以下是关于模块化搭建思维的一些关键点:

(1)分解复杂性:通过将复杂的系统或任务分解为更小的模块,可以更容易地理解、开发和维护每个部分。

（2）可复用性：独立的模块可以在多个场景或项目中重复使用，从而节省时间和资源。

（3）灵活性和可扩展性：当系统需要变更或升级时，可以只针对特定模块进行修改，而不是整个系统。

（4）清晰的界定与封装：每个模块都有其特定的功能和职责，它们通过明确的接口与其他模块交互。这种封装确保了每个模块内部的变化不会对其他模块产生不良影响。

（5）促进协作：在团队协作中，不同的团队成员可以同时开发或维护不同的模块，从而提高开发速度。

（二）模块化搭建应用

在许多领域中，模块化搭建思维都已经被广泛应用，例如：

（1）软件开发：软件代码经常被组织成模块、包或组件，每个部分都有其特定的功能。

（2）制造业：汽车、电子设备等产品经常使用模块化设计，使得单个部件的更换或升级变得更为简单。

（3）城市规划：城市区块、交通系统等都可以看作独立的模块，它们合在一起构成了整个城市。

（4）教育和培训：课程内容可以分为不同的模块或单元，每个部分都可以独立学习或教授。

总的来说，模块化搭建思维是一种有效的方法，可以帮助人们更好地理解、组织和解决复杂的问题或任务。

（三）现代制造业的模块化集成制造

在现代制造业领域，模块化集成制造正发挥着日益重要的作用。

模块化集成制造是将复杂的制造系统拆解成一个个独立的模块。每个模块都具备特定功能，并且遵循统一的接口标准，就像拼图的各个板块，既能独立运作，又能无缝拼接。

供应链管理与模块化搭建

这种制造模式带来了诸多优势。在技术层面，不同模块的研发可独立推进，专业人员能专注于本模块的技术创新，加速技术迭代。在生产灵活性上，企业能依据市场需求迅速调整模块组合，快速推出新产品，缩短产品上市周期，提升市场响应速度。

同时，模块化集成制造促进了产业协同。不同企业可专注于特定模块生产，形成专业化分工，提高生产效率与质量，降低整体成本。例如在电子产品制造中，屏幕、芯片、电池等模块可由不同企业生产，再集成组装。

总之，模块化集成制造为现代制造业注入了新活力，推动其向更高效、灵活、创新的方向迈进。

（四）硬件的模块化搭建与中国制造业的魅力

1. 工业进化与模块化策略

随着工业时代的不断迭代，模块化已经成为制造业的关键词。这种思维方式意味着将复杂的产品拆解为更小、可管理的单元。中国，作为一个工业门类完备的大国，利用这一方法简化了生产流程，优化了资源分配，并确保了高效生产。这种拆解不仅减轻了生产的负担，还意味着相同的部件可以在多个行业中使用，为多家企业制造同一产品提供了零部件。

2. 创新与模块化的关联

在中国，制造业的崛起并非孤立无援。基于现有的产业基础，中国企业通过持续创新找到了自己的路径。它们既受益于现有的技术，又为技术进步做出了贡献。比如大疆，这家企业并不只是依赖其卓越的技术，深圳的产业链给大疆带来了资源优势，通过模块化方式，大疆快速地创造并更新其产品，确立了其在市场上的领导地位。

3. 制造业大国的关键

模块化搭建在制造业中的应用已经成为成功的要点。它提供了高效生产的途径，并为创新提供了坚实的基础。每一位参与者，无论是大企业还是小供应商，都从这一模式中受益，共同为社会创造价值，这也解释了中国为何能够成为制造业的领军大国。大疆创新的模块化集成制造如图 1.4.1 所示。

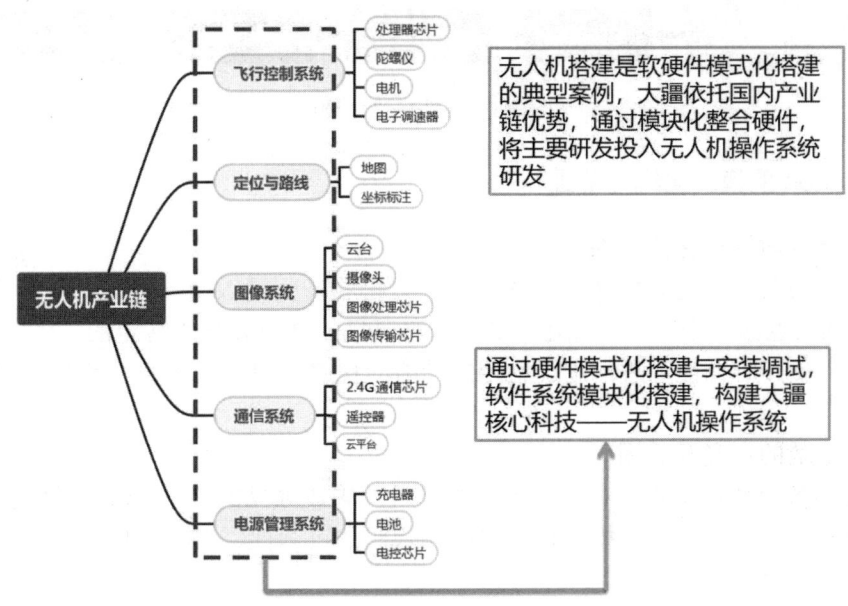

图 1.4.1　大疆创新的模块化集成制造

（五）软件的模块化编程

在软件开发领域，"不要重复造轮子"（often abbreviated as DRY, which stands for "Don't Repeat Yourself"）是一个广受认可的原则。

软件的模块化设计编程

1. 软件模块化设计的具体结构

软件模块化程序设计是指在进行程序设计时将一个大程序按照功能划分为若干小程序模块，每个小程序模块完成一个确定的功能，并在这些模块之间建立必要的联系，通过模块的互相协作完成整个功能的程序设计方法。一个系统可以划分为不同的子系统，一个模块可以划分为更小的模块。模块可以是函数（功能、方法、接口）、类、模块的模块、子系统、系统，还可以是由函数、类组成的模块如图 1.4.2 所示。

2. 软件模块化设计的实施步骤与要点

软件模块的设计原则：软件构建思路，自顶向下，逐步分解，分步实现，如图 1.4.3 所示。

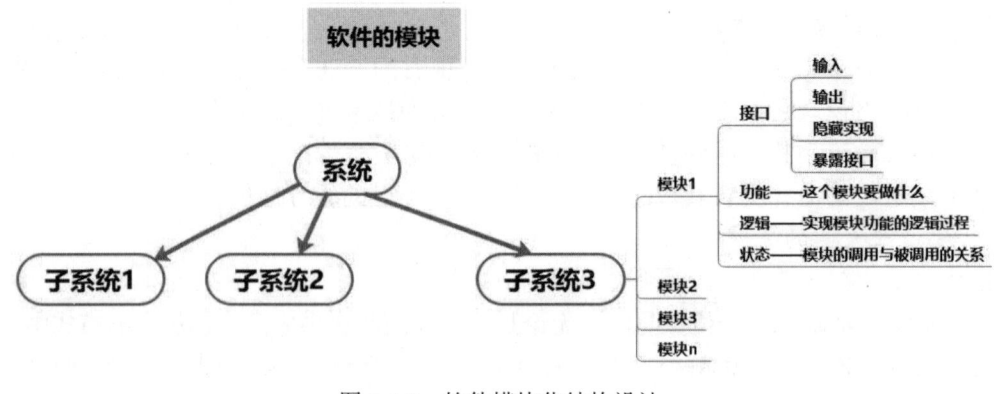

图 1.4.2　软件模块化结构设计

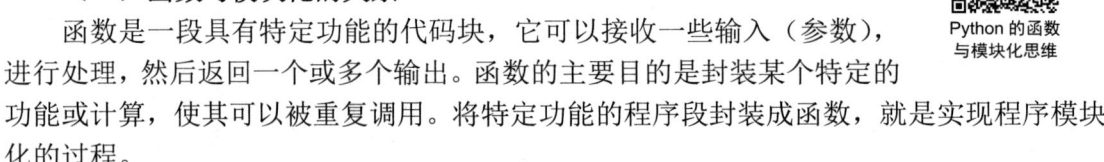

图 1.4.3　软件模块化设计

二、Python 的模块化编程基础

（一）函数与模块化的关系

函数是一段具有特定功能的代码块，它可以接收一些输入（参数），进行处理，然后返回一个或多个输出。函数的主要目的是封装某个特定的功能或计算，使其可以被重复调用。将特定功能的程序段封装成函数，就是实现程序模块化的过程。

> Python 的函数与模块化思维

（二）函数的定义及调用

Python 函数模块化是指将程序中的功能模块封装成独立的函数，以便在程序中多次使用或在其他程序中重用。函数模块化可以提高代码的可读性、可维护性和可重用性，同时可以减少代码冗余度和错误率。

函数模块化包含两个过程：

1. 函数定义

函数是 Python 程序中的基本组成部分，通过 def 关键字定义。函数定义的具体案例如下：

```
def sum_list(lst):
    """计算列表中所有元素的和"""
    sum = 0
    for item in lst:
        sum += item
    return sum
```

这个函数定义了一个名为 sum_list 的函数，它有一个参数 lst，用于传入要计算的列表。函数的执行语句块使用 for 循环遍历列表中的所有元素，并累加到变量 sum 中。最后，函数使用 return 语句返回计算结果。

2. 函数调用

函数定义后，可以通过函数名加括号的方式调用，并传入实际参数。例如：

```
numbers = [1, 2, 3, 4, 5]
result = sum_list(numbers)
print("列表的和为：", result)          #输出列表的和为：15
```

在调用时，实参 numbers 会被传递给形参 lst，函数内部执行计算并返回结果。通过函数调用，可以避免重复编写相同功能的代码，提高开发效率。

函数模块化的核心在于将复杂任务分解为多个独立、可复用的函数，每个函数负责单一功能，从而提升代码的组织性和可维护性。

三、Python 库和模块的类型

Python 模块分为标准库、内置库和第三方模块。

标准库是 Python 安装时自带的模块集合，包含众多功能模块，每个都有特定用途，如 Random 库用于生成随机数。

内置库无需导入即可直接使用，如 sys 库能访问与 Python 解释器紧密相关的变量和函数。

第三方模块是由开发者创建，需额外安装，如 NumPy 库用于科学计算。

实践探索

一、实践项目——零件检测程序

1. 项目背景

在工厂生产中，为了提高生产效率，通常采用模块化生产组织方式，每个生产过程都通过函数封装，实现特定功能。本项目通过 Python 函数模块模拟零件检测、组装和打印的生产过程，帮助学习者理解模块化编程的思想。

2. 项目要求

要求实现下面流程。

（1）零件质量检测：以字符表示零件质量，"A" 表示通过检测，"B" 表示不通过，编写函数判断并输出每个零件的检测结果。

（2）零件组装：创建列表，将通过质量检测的零件添加到列表中，编写函数完成该组装操作。

（3）零件打印：编写函数将组装好的零件列表中的每个零件信息打印输出。

（4）完整生产流程：编写函数按检测—组装—打印的顺序执行上述过程，对给定的零件列表完成整个生产流程操作。

3. 代码参考

```
#定义一个函数，用于检测零件的质量
def check_quality(part):
    if part == "A":
        return "通过质量检测"
    else:
        return "未通过质量检测"
#定义一个函数，用于组装零件
def assemble_parts(parts):
```

```
        assembled_parts = []
        for part in parts:
            assembled_part = "组装" + part
            assembled_parts.append(assembled_part)
        return assembled_parts
#定义一个函数,用于打印组装好的零件
def print_parts(assembled_parts):
    for part in assembled_parts:
        print(part)
#定义一个函数,用于生产一个完整的产品
def produce_product(parts):
    for part in parts:
        quality = check_quality(part)
        print("零件{} {}".format(part, quality))
    print("开始组装零件...")
    assembled_parts = assemble_parts(parts)
    print_parts(assembled_parts)
#测试函数
parts1 = ["A", "B", "C", "A", "A"]
parts2 = ["A", "A", "B", "B", "C"]
print("生产产品 1...")
produce_product(parts1)
print("生产产品 2...")
produce_product(parts2)
```

二、实践项目——体重记录程序

1. 项目背景

假设每天都需要记录体重,并计算体重的变化情况,以了解用户的健康状况。可以编写一个简单的程序来自动记录和分析用户的体重数据。

2. 项目要求

(1) 主菜单函数:定义 main_menu() 函数,在函数内持续显示一个包含三个选项的主菜单,选项分别为"1. 记录体重""2. 分析体重变化""3. 退出程序"。使用 input() 函数获取用户输入的选择,并根据输入调用对应的功能函数。若用户输入无效选项,给出相应提示并让用户重新输入。当用户选择退出程序时,输出提示信息并终止程序。

(2) 记录体重函数:定义 record_weight() 函数,提示用户输入当前日期(格式要求为 YYYY-MM-DD)和体重(单位为 kg)。检查 weight_data.csv 文件是否存在,如果不存在,创建该文件并写入标题行 ['日期', '体重'];如果存在,直接将用户输入的日期和体重数据追加到文件中。操作完成后,输出体重记录成功的提示信息。

(3) 计算体重变化函数:定义 calculate_change() 函数,先检查 weight_data.csv 文件是否存在,如果不存在,输出提示信息并返回一个空列表;如果存在,读取文件中的体重数据,跳过标题行,将体重数据转换为浮点数并存储在列表中。计算相邻日期之间的体重变化量,将这些变化量存储在一个列表中并返回。在主菜单选择分析体重变化时,若返回的变化量列表不为空,则输出该列表展示体重变化情况。

3. 代码参考

```python
import csv
import os

def record_weight():
    date = input("请输入当前日期（格式：YYYY-MM-DD）：")
    weight = input("请输入当前体重（单位：kg）：")
    file_exists = os.path.isfile('weight_data.csv')
    with open('weight_data.csv', mode='a', newline='') as file:
        writer = csv.writer(file)
        if not file_exists:
            writer.writerow(['日期', '体重'])
        writer.writerow([date, weight])
    print("体重记录成功！")

def calculate_change():
    changes = []
    if not os.path.isfile('weight_data.csv'):
        print("还没有体重记录，请先记录体重。")
        return changes
    with open('weight_data.csv', mode='r') as file:
        reader = csv.reader(file)
        next(reader)    #跳过标题行
        weights = [float(row[1]) for row in reader]
        for i in range(1, len(weights)):
            change = weights[i] - weights[i - 1]
            changes.append(change)
    return changes

def main_menu():
    while True:
        print("\n 主菜单：")
        print("1. 记录体重")
        print("2. 分析体重变化")
        print("3. 退出程序")
        choice = input("请输入你的选择（1/2/3）：")
        if choice == '1':
            record_weight()
        elif choice == '2':
            changes = calculate_change()
            if changes:
                print("体重变化情况：", changes)
        elif choice == '3':
            print("程序已退出。")
            break
        else:
```

```
            print("无效的选择，请重新输入。")
if __name__ == "__main__":
    main_menu()
```

一、填空题

1. 模块化搭建思维能够帮助人们将大问题分解为更小的、可管理的_____。
2. 高端制造业中，模块化集成生产模式能够显著提高_____和_____。
3. _____是一个方法或工具，用于软件中的一组特定功能，使其可以在多个地方重复使用。
4. 在 Python 中，使用_____关键字可以定义一个函数。
5. datetime 是 Python 中的一个常用_____，用于处理日期和时间。
6. 现代社会的模块化分工结构有利于_____和_____的提高。
7. 硬件设备通过_____和_____实现模块化的搭配、组装。
8. Python 通过调用函数的_____来执行函数中的代码。
9. 为了提高编程效率，需要利用_____搭建思维编写软件。
10. Python 的标准库中有很多_____，每个都有其特定的用途。

二、选择题

1. 模块化搭建思维主要是关于（　　）的思维。
   A．分类　　　　B．聚合　　　　C．分解　　　　D．继承
2. 在 Python 中，（　　）关键字用于定义函数。
   A．def　　　　B．Func　　　　C．declare　　　　D．function
3. （　　）是 Python 的内置模块。
   A．numpy　　　　B．pandas　　　　C．os　　　　D．tensorflow
4. 模块化集成制造的主要优势是（　　）。
   A．减少原材料消耗　　　　B．提高生产质量和效率
   C．精简员工　　　　D．扩大生产规模
5. 下列属于模块的是（　　）。
   A．存储数据的容器　　　　B．可重复使用的代码块
   C．一种数据类型　　　　D．一种编程语言
6. 现代社会的模块化分工结构的主要优势是（　　）。
   A．所有工作都由一个人完成　　　　B．降低生产成本
   C．提高工作效率　　　　D．扩大销售市场
7. 硬件设备实现模块化的搭配、组装的目的是（　　）。
   A．降低售价　　　　B．提高功能性
   C．增加重量　　　　D．扩大体积

8．Python 中调用函数需要使用（　　）。
　　A．函数名　　　B．函数体　　　C．函数参数　　　D．函数返回值
9．模块化编程的主要目的是（　　）。
　　A．增加代码量　　　　　　　B．提高代码复用性
　　C．降低代码效率　　　　　　D．降低代码可读性
10．中国制造业的魅力在于其能够（　　）。
　　A．高价销售产品　　　　　　B．提供全球最先进技术
　　C．快速、高效的生产模式　　D．使用传统生产方式

三、判断题

1．模块化搭建思维是一种全新的思维方式。　　　　　　　　　　（　　）
2．Python 中，使用 def 关键字来定义变量。　　　　　　　　　　（　　）
3．高端制造模块化集成制造可以提高生产效率。　　　　　　　　（　　）
4．在 Python 中，函数和模块是相同的。　　　　　　　　　　　　（　　）
5．中国制造业的成功在于其快速、高效的生产模式。　　　　　　（　　）
6．模块化编程可以降低代码的复用性。　　　　　　　　　　　　（　　）
7．math 是 Python 中的一个第三方模块。　　　　　　　　　　　（　　）
8．现代社会的模块化分工结构有利于提高工作效率。　　　　　　（　　）
9．硬件设备实现模块化的搭配、组装主要是为了提高价格。　　　（　　）
10．模块化搭建思维对于软件编程和硬件制造都是非常有用的。　（　　）

四、编程题

1．定义一个 Python 函数 calculate_area，该函数接收一个参数 radius，并返回圆的面积。

2．创建一个 Python 模块 my_module.py，其中包含一个函数 greet(name)，当调用此函数时，它应返回"Hello, [name]!"。

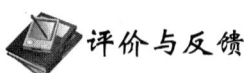 评价与反馈

评价项目	评价内容	自评	师评
编程思维（10 分）	对问题的分析、解决策略与程序设计的逻辑性		
编程基础（20 分）	对 Python 语言的理解，代码的结构性，语法的正确性		
技能应用（10 分）	将所学知识应用于实际场景中，如项目、解决具体问题等		
创新意识（10 分）	在编程和解决问题时，表现出的创新思路和方法		
信息素养（10 分）	能够有效检索、分析、评估、使用和引用信息		

续表

评价项目	评价内容	自评	师评
终身学习（10分）	主动寻找学习资源，持续学习和自我提升的意愿和能力		
社会责任感（10分）	通过编程解决生活中、工作中出现的问题，解决社会需要的迫切问题		
批判性思维（10分）	对遇到的问题进行深入思考，不轻易接受，持有独立判断		
职业规划（10分）	对未来职业发展的方向有明确规划，了解行业动态		

编程思维五　Python 与机器中的数学模型

 学习目标

知识目标	编程思维	理解并掌握编程思维的核心概念，能够把握如何分解复杂问题、进行有效的抽象，识别问题中的模式，并使用算法思维来形成解决方案； 熟悉并掌握 Python 编程的基础知识，编程的函数与数学函数的关联； 熟悉并掌握 Python 编程的基本要点，包括但不限于变量的使用、基础数据结构、控制结构、函数的定义和调用
	编程基础	能够将编程思维应用于实际情境中，对给定的问题进行有效分析，并转化为编程问题
技能目标		培养学生利用 Python 进行数学模型的建立与仿真计算的能力； 使学生能够运用编程思维和 Python 解决实际问题； 提高学生的编程能力，让他们可以自主编写、调试和优化代码
素养目标		培养学生的逻辑思维和批判性思考，使他们能够独立、系统地分析问题并找到最佳解决方案； 增强学生的团队合作和沟通能力，鼓励他们在小组项目中分享知识和经验； 培养学生的终身学习习惯，使他们意识到编程和技术是不断发展的，需要持续学习和更新知识
思政目标		使学生认识到数学模型和人工智能技术在国家和社会发展中的重要作用，培养他们的责任感和使命感； 通过编程实践，培养学生的团结协作、勤奋创新的精神，鼓励他们为国家的科技和经济发展做出贡献

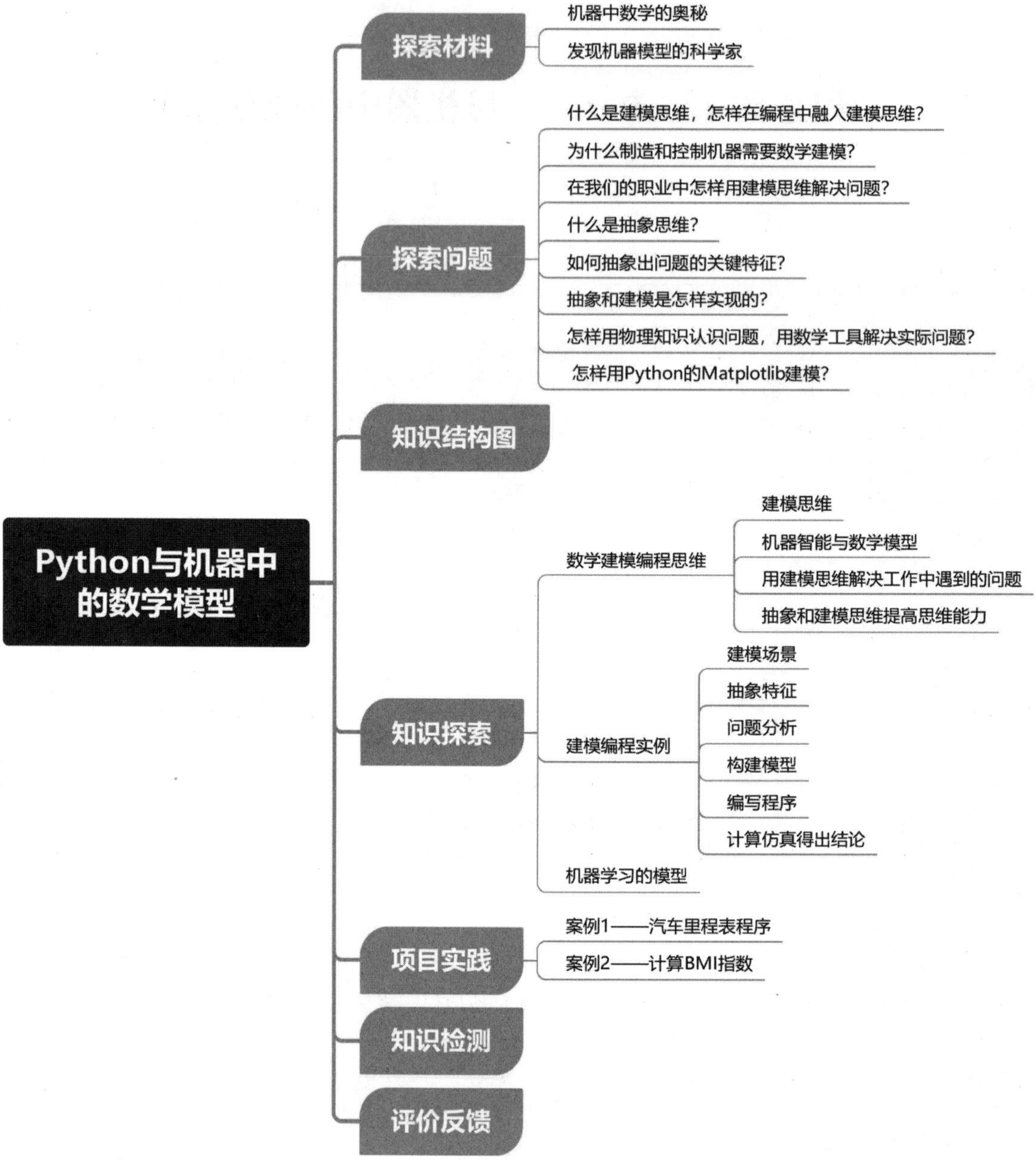

```
                                    ┌─ 机器中数学的奥秘
                        ┌─ 探索材料 ─┤
                        │           └─ 发现机器模型的科学家
                        │
                        │           ┌─ 什么是建模思维，怎样在编程中融入建模思维？
                        │           ├─ 为什么制造和控制机器需要数学建模？
                        │           ├─ 在我们的职业中怎样用建模思维解决问题？
                        ├─ 探索问题 ─┼─ 什么是抽象思维？
                        │           ├─ 如何抽象出问题的关键特征？
                        │           ├─ 抽象和建模是怎样实现的？
                        │           ├─ 怎样用物理知识认识问题，用数学工具解决实际问题？
                        │           └─ 怎样用Python的Matplotlib建模？
                        │
                        ├─ 知识结构图
                        │
Python与机器中 ─────────┤                            ┌─ 建模思维
的数学模型              │           ┌─ 数学建模编程思维┼─ 机器智能与数学模型
                        │           │                 ├─ 用建模思维解决工作中遇到的问题
                        │           │                 └─ 抽象和建模思维提高思维能力
                        │           │
                        ├─ 知识探索 ─┤                 ┌─ 建模场景
                        │           │                 ├─ 抽象特征
                        │           ├─ 建模编程实例 ──┼─ 问题分析
                        │           │                 ├─ 构建模型
                        │           │                 ├─ 编写程序
                        │           │                 └─ 计算仿真得出结论
                        │           │
                        │           └─ 机器学习的模型
                        │
                        │           ┌─ 案例1——汽车里程表程序
                        ├─ 项目实践 ─┤
                        │           └─ 案例2——计算BMI指数
                        │
                        ├─ 知识检测
                        │
                        └─ 评价反馈
```

 背景材料

材料一　机器中数学的奥秘

在现代社会中，机器几乎无处不在，贯穿日常生活的方方面面，为人们带来便利和舒适。然而，很少有人意识到，这些看似普通的机器背后，其实隐藏着我们学习过的数学原理，是数学使得这些机器运作得如此高效、准确和稳定。

机器中数学的奥秘

在炎热的夏天所依赖的空调,要使空调有效地调节温度,需要准确地感知室内外的温度,并基于此进行调节。这个过程涉及传感器技术和反馈控制系统。传感器首先检测当前的温度,然后这个数据被传送到控制单元,该单元使用预设的数学算法(例如 PID 控制)来决定如何调整以达到用户所设定的温度。这个控制过程的核心其实是一个复杂的数学模型,用于预测和调节系统的行为。

现代汽车不仅仅是一个简单的机械结构,它的每一个部分都受到精确的电子控制。当驾驶员踩下油门时,汽车不是简单地增加燃料供应来提高发动机转速。实际上,车载计算机会立即计算许多参数,如当前的转速、所需的转速、车辆的速度、油门踏板的位置等,以决定如何精确地提供燃料。这一切的背后都是复杂的数学建模和算法。

火箭的发射轨道更是数学的杰作。火箭从地面发射到进入预定轨道,涉及多个阶段,每个阶段都需要准确地控制和调整。这需要高度复杂的轨迹优化技术。科学家和工程师首先使用数学模型来描述火箭的动态行为,考虑到各种因素,如空气阻力、地球的引力、火箭的质量变化等。接下来,使用数学优化技术来确定火箭的最佳发射路径,确保火箭能够高效、安全地进入预定轨道。

总的来说,从日常用品到高科技的火箭,数学都是不可或缺的组成部分。它为机器提供了"智慧",使得机器能够自动、准确地完成任务。在今后的技术发展中,随着人工智能和机器学习的不断进步,数学在机器控制和优化中的作用只会变得更加重要。数学与计算机结合让机器有了智慧。

材料二　发现机器模型的科学家

科学与数学是现代技术进步的基石。在历史长河中,一些科学家利用数学建模不仅推动了科学的发展,更直接影响了人类文明的进程。以下是两个用数学建模改变世界的科学家——牛顿和瓦特。

数学与蒸汽机
工业革命

1. 牛顿运动定律的数学建模

牛顿对现代物理学和数学学科做出了巨大贡献,牛顿发明了微积分(与莱布尼茨同时发现),这个强大的数学工具,用于描述变化和运动。通过使用微积分,牛顿能够对物体的运动进行数学建模,从而推导出牛顿运动三大定律。

牛顿运动定律在工程、建筑、桥梁建设等领域都得到了广泛应用。建筑师和工程师利用牛顿运动定律来计算负荷、进行材料力学分析、应力和动态响应,确保结构的安全性和稳定性。牛顿运动定律支撑着社会和经济的发展。

牛顿力学是工业革命的催化剂。牛顿力学为工业革命提供了必要的科学和工程基础,如杠杆、滑轮和齿轮,都受到牛顿运动定律的指导。这使得机器和引擎的设计、建造和改进成为可能,从而推动了工业革命的进程。

2. 瓦特的蒸汽机与工业革命

瓦特不是蒸汽机的发明者,但是为什么瓦特改良的蒸汽机能成为第一次工业革命的标志,甚至,他的名字能成为功率的单位呢?

蒸汽机是纽科门发明的,虽然经过不断改良,但是关键问题是不能控制蒸汽机输出稳定的转速。瓦特用建模思维,创造了飞球调速器,同时构建了世界上第一个带有反馈自动控制系统模型,解决了蒸汽机的输出稳定速度的问题。蒸汽机的这次升级,为内燃机的发展铺平了道路,这一新技术随后引领了一场工业革命。汽车、飞机、轮船,以及为家庭和工业供电的火力发电厂,所有这些都离不开内燃机和蒸汽机技术的基础。

他的贡献不仅是开启了整个依靠化石能源驱动人类工业文明的内燃机时代,构建的"带有反馈自动控制系统模型"更是成为最早的自动控制系统,引领着整个工业自动化时代。一个仪器修理工,成为一个时代的标志,离不开牛顿等科学家的力学、运动学体系,离不开科学的抽象建模的科学思维,离不开不断探索的科学精神,如图1.5.1所示。

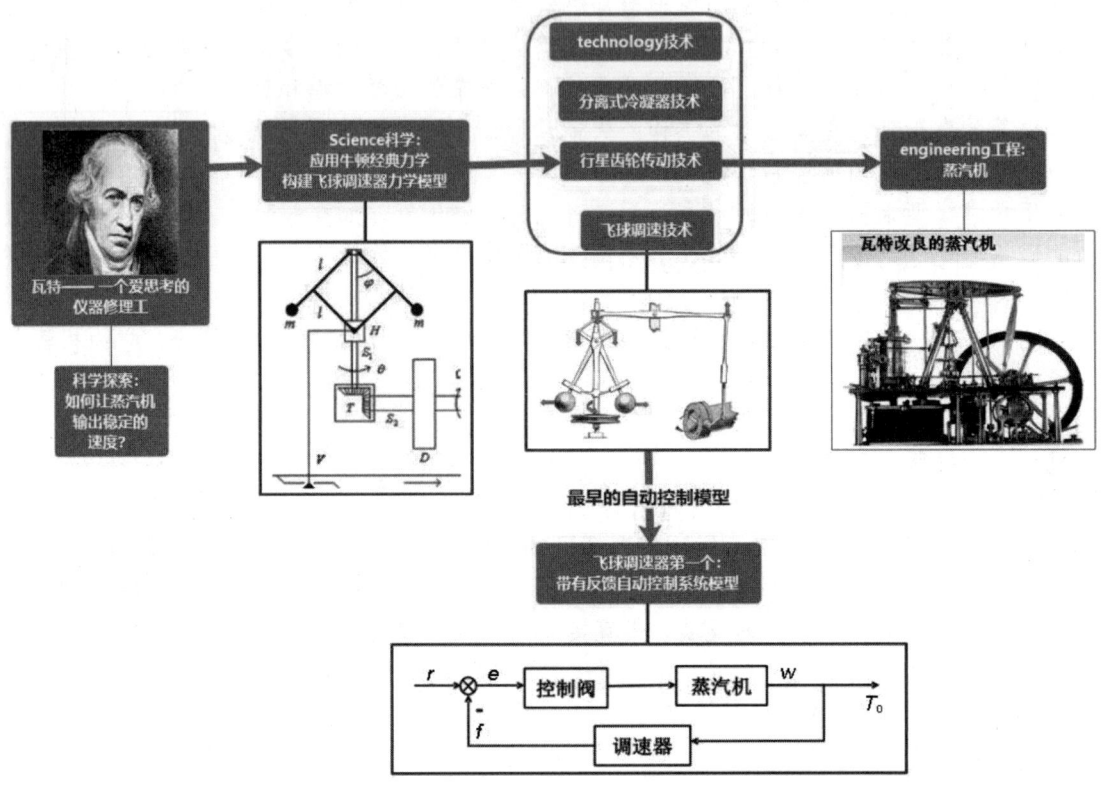

图 1.5.1 瓦特蒸汽机的自动控制数学模型

材料思考

读完上面的材料,请思考以下问题。

1. 什么是建模思维,怎样在编程中融入建模思维?
2. 为什么制造和控制机器需要数学建模?
3. 在我们的职业中怎样用建模思维解决问题?
4. 什么是抽象思维?
5. 如何抽象出问题的关键特征?
6. 抽象和建模是怎样实现的?
7. 怎样用物理知识认识问题,用数学工具解决实际问题?
8. 怎样用 Python 的 Matplotlib 建模?

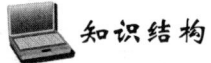 **知识结构**

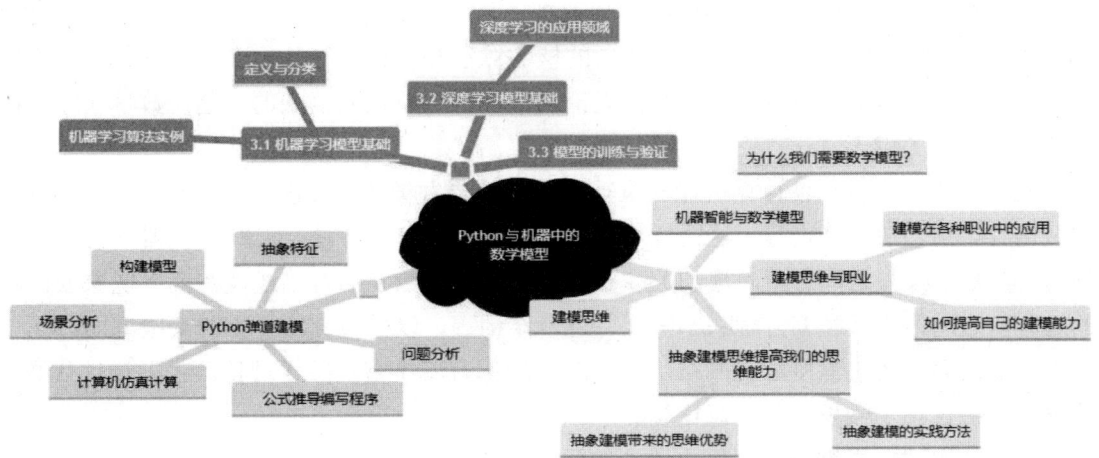

 **知识探索**

一、数学建模编程思维

（一）建模思维

建立抽象和建模思维

科学建模思维是指通过收集和整理数据、观察现象、提出假设、构建数学或物理模型等方式来描述和解释自然现象或社会问题的思维方式。它是科学研究中重要的一部分，被广泛应用于物理学、化学、生物学、地球科学等各个领域的研究中。

科学建模思维包括以下几个方面。

（1）观察和提出问题：科学建模思维需要通过观察自然现象或社会问题，并提出问题，从而启发科学探究的方向。

（2）收集和整理数据：科学建模思维需要收集和整理与问题相关的数据，对数据进行统计和分析，为后续建模提供基础。

（3）建立假设：科学建模思维需要基于已有的知识和数据，提出合理的假设，构建初步的模型。

（4）构建模型：科学建模思维需要通过运用数学、物理等学科的知识，构建合适的数学或物理模型，来描述和解释自然现象或社会问题。

（5）验证模型：科学建模思维需要通过实验或观测数据来验证模型的准确性和可靠性，并不断修正和完善模型。

科学建模思维是一种跨学科的思维方式，它不仅可以应用于科学研究，也可以应用于工程设计、管理决策等领域。

（二）机器智能与数学模型

在机器世界，小到一个简单的反馈自动控制系统，大到大语言模型，都离不开数学建模编程思维。数学建模为我们提供了一种方法来抽象和量化现实世界的问题，使其变得可操作和解决。编程思维则帮助人们实现这些模型，将理论转化为实践。在反馈系统中，需要理解系统的动态性质并制定相应的控制策略，而这正是数学建模的强项。对于大语言模型，尽管其结构可能相当复杂，但其背后的核心算法和结构往往建立在统计学、线性代数和信息论等数学理论的基础上。因此，无论面临的是简单还是复杂的问题，数学和编程都是解决它们的关键工具。

机器智能技术旨在使计算机能够执行传统上需要人类智能才能完成的任务，如图像识别、语音识别、决策制定等。这些技术经常依赖数据驱动的方法，尤其是机器学习和深度学习，与数学模型之间有着深厚的关联。数学模型是用数学语言描述现实世界现象或问题的过程。这通常涉及建立方程、不等式、逻辑结构等，以模拟真实世界的某些方面。无论是机器学习算法还是深度学习网络，它们的背后都有着丰富的数学理论，包括线性代数、概率论、统计学、微积分和信息论等。

（三）用建模思维解决工作中遇到的问题

怎样在工作中应用建模思维解决问题呢？下面是一些应用建模思维解决问题的案例：

（1）车辆行驶问题：如何通过数学建模分析汽车行驶中的油耗、路程、时间等因素？

（2）物流配送问题：如何设计最佳的物流配送路线，使得配送时间最短、成本最小？

（3）气象预测问题：如何通过大气科学知识和数学建模预测未来一周的天气状况？

（4）环境污染问题：如何通过数学模型分析空气、水质等环境指标，评估环境污染程度？

（5）人口增长问题：如何预测未来某个地区的人口增长趋势，分析人口分布情况？

（6）健康饮食问题：如何通过营养学知识和统计学建模，设计最佳的健康饮食计划？

以上问题可以让学生在实践中探索和发现问题，运用数学、科学知识进行建模，培养学生的观察、分析、思考和解决问题的能力。同时，还可以锻炼学生的团队协作能力、沟通能力和创新能力。

（四）抽象和建模思维提高思维能力

抽象和建模思维对于未来的发展有很大的帮助，具体包括以下几个方面。

（1）解决问题：抽象和建模思维可以帮助我们更好地理解和分析复杂的问题，从而更快地找到解决问题的方法。

（2）设计创新：抽象和建模思维可以帮助我们更好地理解和设计新的想法和创新，从而推动技术和社会的发展。

（3）简化复杂性：抽象和建模思维可以帮助我们将复杂的现实世界简化成易于理解和处理的概念和模型，从而更好地应对日益复杂的现实问题。

（4）促进沟通：抽象和建模思维可以帮助我们更好地表达自己的想法，同时也可以更好地理解他人的想法，促进交流和合作。

（5）培养创造力：抽象和建模思维可以帮助我们培养创造力和创新能力，让我们能够更好地适应未来的挑战和机遇。

抽象和建模思维是未来社会和个人发展中非常重要的一部分，它们能够帮助我们更好地理解和应对现实问题，同时也可以促进创新和创造力的发展。

二、建模编程实例（Python 弹道建模）

（一）建模场景

在战场中，火炮是战场的重要武器，炮兵的科学素养能够决定战场的胜负，为了准确击中目标，必须具备相关的科学知识，还需要有弹道计算的建模能力。建模思维到底有多重要，它直接关系到火炮射击的精确度与效率。通过弹道建模，可以综合考虑发射角度、初速度、风向风速、重力加速度及空气阻力等多种因素，精确预测炮弹的运动轨迹。这种能力不仅能够提升直接命中的概率，还能在复杂多变的战场环境中迅速调整射击参数，以应对突发状况或动态目标。因此，建模思维不仅是理论知识的应用，更是实战能力的体现，它使炮兵能够在瞬息万变的战场上占据先机，从而极大地影响战局走向，在高科技战争时代，掌握弹道建模技术是提升炮兵作战效能的关键所在。

百年前的战争，战场人员的抽象建模展现了科学思维，现代战争对战场人员的科学素养要求更高，如图 1.5.2 所示。

图 1.5.2　西方早期的数学建模弹道建模

（二）抽象特征

在炮战中，为了准确确定炮弹的弹道，准确击中目标，需要抽象分析火炮发射的关键因素，需要通过工具测量数据，估算战场实际情况。炮手需要根据抛物线特性，建立直角坐标系，计算炮弹运动时间、船运动时间速度、重力加速度、风向、风力、方向位置，测量炮弹速度，进行角度换算，调整方位角度击中目标，如图 1.5.3 所示。

图 1.5.3　火炮射击精度分析

（三）问题分析

通过利用所学的数学、物理知识分析弹道特征，运用思维导图整理和梳理相关知识点。下面是火炮发射涉及的小学、初中数学和物理知识，如图 1.5.4 所示。

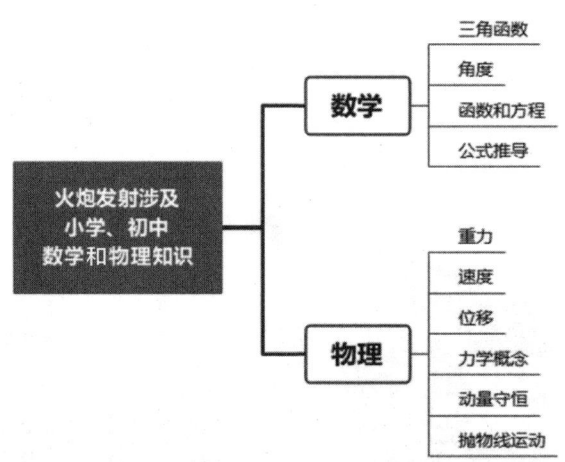

图 1.5.4　弹道建模思维导图

（1）炮弹在飞行途中受到重力影响，要了解重力加速度 g。

（2）炮弹在飞行时要知道速度多少，要计算速度、位移、时间。

（3）炮弹的速度变化遵循动量守恒定律。

（4）要进行速度分解，涉及数学的三角函数。

（5）要计算发射角度。

（6）要把这些公式综合起来，进行公式推导。

（四）构建模型

通过分析得出，炮弹轨迹的最简模型为抛物线模型。根据抛物线模型的相关理论，将速度分解成水平速度和垂直速度。根据已知物理量，构建下面的抛物线模型，如图 1.5.5 和图 1.5.6 所示。

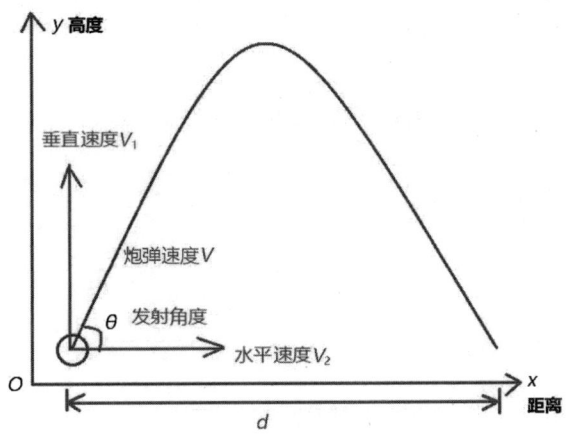

图 1.5.5　炮弹发射抛物线模型

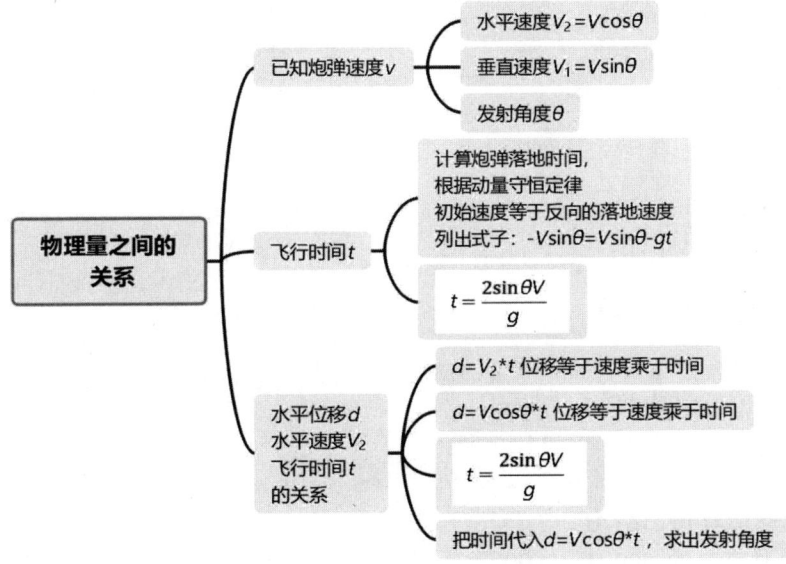

图 1.5.6　炮弹发射建立的数学模型

（五）编写程序

1. 公式推导

根据建立的数学模型推导出发射角度的计算公式为

$$\theta = \frac{\arcsin\left(\dfrac{d \times g}{v^2}\right)}{2}$$

炮弹飞行时间的计算公式为

$$t = \frac{2\sin v}{g}$$

2. 编写程序

```python
import math
import matplotlib.pyplot as plt
from pylab import mpl
#设置显示中文字体
mpl.rcParams["font.sans-serif"] = ["SimHei"]

v=140.0
d=[500,800,1200,1500,1800,1995]
#计算发射角度和时间间隔
for d1 in d:
    g = 9.81
    theta = math.asin((d1 * g) / (v ** 2)) / 2
    t = 2 * v * math.sin(theta) / g
    print('敌方目标',d1,'米，发射角度',math.degrees(theta))
    #计算炮弹轨迹
    x = [0]
    y = [0]
    vx = [v * math.cos(theta)]
    vy = [v * math.sin(theta)]
    dt = t / 1000
    for i in range(1000):
        x.append(x[-1] + vx[-1] * dt)
        y.append(y[-1] + vy[-1] * dt)
        vy.append(vy[-1] - g * dt)
        vx.append(vx[-1])

    #绘制炮弹轨迹图像
    plt.plot(x, y)
plt.title("炮弹轨迹")
plt.xlabel("距离（米）")
plt.ylabel("高度（米）")
plt.show()
```

（六）计算仿真得出结论

侦察兵发现前方的 500 米、800 米、1200 米、1500 米、1800 米、1995 米有敌军目标，炮兵通过程序计算出火炮发射角度，如图 1.5.7 所示，并用 Matplotlib 得出仿真结果，如图 1.5.8 所示。

```
敌方目标 500 米，发射角度 7.246304159317099
敌方目标 800 米，发射角度 11.801848606278611
敌方目标 1200 米，发射角度 18.456879526185624
敌方目标 1500 米，发射角度 24.328357310113656
敌方目标 1800 米，发射角度 32.13952316319781
敌方目标 1995 米，发射角度 43.44006564650922
```

图 1.5.7 Python 计算出的角度

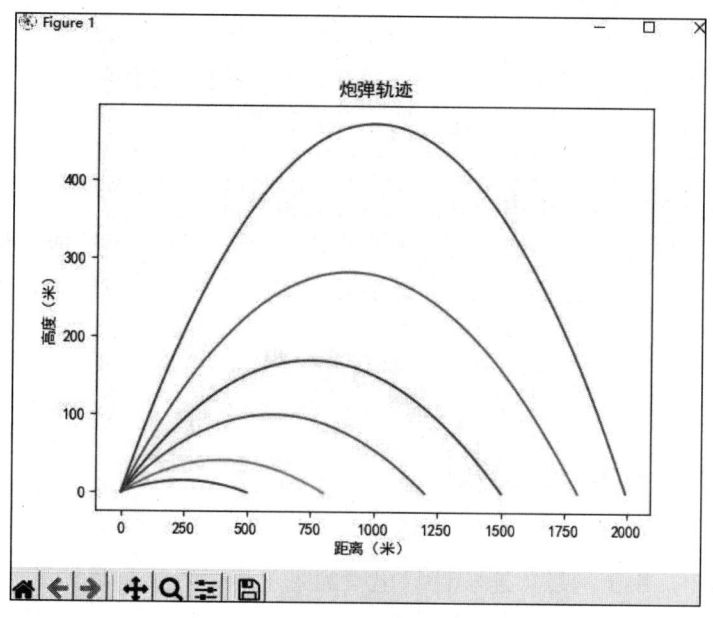

图 1.5.8　炮弹轨迹仿真结果

三、机器学习的模型

随着 AI 技术的发展，机器学习和深度学习越来越多地应用到现实世界的建模当中。使用机器学习和深度学习建立模型通常包括以下基本步骤。

1. 数据准备

（1）数据收集：根据问题定义收集相关的数据。

（2）数据清洗：处理丢失数据、消除异常值、统一数据格式等。

（3）数据预处理：对数据进行归一化、标准化或其他转换，将文本、图像或其他非数值数据转换为数值形式。

（4）分割数据：将数据分为训练集、验证集和测试集。

2. 选择模型

（1）机器学习模型：如线性回归、决策树、随机森林、支持向量机等。

（2）深度学习模型：如前馈神经网络、卷积神经网络、递归神经网络、变压器等。

3. 训练模型

（1）选择损失函数：根据任务（如分类、回归等）选择合适的损失函数。

（2）选择优化器：如 SGD、Adam、RMSprop 等。

（3）模型训练：使用训练数据和相应的标签训练模型，调整模型的权重以最小化损失函数。

（4）验证和调优：使用验证数据集评估模型的性能，并进行超参数调优，如学习率、批次大小、模型架构等。

4. 评估模型

（1）使用测试数据集评估模型的最终性能。

（2）计算相关的评估指标，如准确率、召回率、F1 分数、均方误差等。

5. 部署模型
（1）将训练好的模型保存为文件，以便在其他系统或应用中使用。
（2）部署模型到生产环境，如服务器、移动设备、嵌入式系统等。

6. 监控与维护
（1）监控模型在实际应用中的性能，确保其持续满足预期。
（2）如果模型的性能下降或出现新的数据，可能需要重新训练或调整模型。

在建模的时候，需要使用相关的机器学习和深度学习工具或框架，如 Scikit-learn、TensorFlow、PyTorch 等。

 实践探索

一、实践项目——汽车里程表程序

1. 项目背景
在现代汽车中，用于测量车速和计算里程的霍尔传感器是非常常见的，其可以感应车轮的转动，并将其转化为电信号。当轮胎转动时，每转一圈，霍尔传感器会发送一个信号。通过计算这些信号，可以知道车轮转动的圈数，进而估算汽车行驶的距离。

2. 项目要求
创建一个简单的用户界面，用户输入车轮转动的圈数，根据用户输入的转动圈数，使用公式计算出的周长来估算汽车行驶的距离，并将计算结果显示给用户。确保代码具有良好的注释，以便其他人理解。

轮胎直径为 17 寸（约 0.4318 米），使用这个直径来计算轮胎的周长，公式为：周长=π×直径。

3. 代码参考

```python
import math
def calculate_distance(turns):
    """计算汽车行驶的距离"""
    diameter = 0.4318                          #17寸轮胎的直径，单位为米
    circumference = math.pi * diameter         #计算轮胎的周长
    distance = turns * circumference           #根据转动圈数计算行驶距离
    return distance
def main():
    try:
        #用户输入轮胎转动圈数
        turns = int(input("请输入轮胎转动的圈数："))

        #计算行驶距离
        distance = calculate_distance(turns)
        #显示结果
        print(f"汽车行驶的距离为：{distance:.2f}米")
    except ValueError:
```

```
        print("请输入一个有效的圈数。")
if __name__ == "__main__":
    main()
```

二、实践项目——计算 BMI 指数

1. 项目背景

体质指数（BMI）是一个用于评估个体是否超重或体重不足的指标。它是通过个体的体重和身高的平方来计算得出的。在全球范围内，BMI 已被世界卫生组织等机构采用，作为一个简单、快速且无需高昂成本的方法来筛查体重问题。一个正常的 BMI 指数可以降低患上许多慢性疾病的风险。

2. 项目要求

现需设计一个小程序，具备以下功能：第一，用户输入身高体重即可获取 BMI 指数；第二，根据 BMI 指数给出相应建议或分类。

根据身高体重计算 BMI 指数：

体质指数（BMI）=体重（kg）÷身高^2（m）

输入：体重（以千克为单位）和身高（以米为单位）。

处理：使用公式 BMI =体重÷身高^2 来计算 BMI 值。

输出：计算出的 BMI 值。

额外功能（可选）：根据得到的 BMI 值，给出相应的健康建议或分类：

- 小于 18.5：体重过轻
- 18.5~24.9：正常范围
- 25.0~29.9：超重
- 30.0 及以上：肥胖

3. 代码参考

```python
def calculate_bmi(weight, height):
    return weight / (height ** 2)

def bmi_classification(bmi):
    if bmi < 18.5:
        return "体重过轻"
    elif 18.5 <= bmi < 24.9:
        return "正常范围"
    elif 25.0 <= bmi < 29.9:
        return "超重"
    else:
        return "肥胖"
if __name__ == "__main__":
    weight = float(input("请输入体重（kg）："))
    height = float(input("请输入身高（m）："))
    bmi = calculate_bmi(weight, height)
    classification = bmi_classification(bmi)
```

```
print(f"您的BMI指数为：{bmi:.2f}")
print(f"健康分类：{classification}")
```

 知识检测

一、填空题

1. 机器中数学的奥秘，使机器变得更为_____。
2. 通过建模思维，可以将复杂的问题_____为更简单的子问题。
3. 制造和控制机器时，数学建模可以帮助我们预测机器的_____。
4. 科学建模思维需构建_____模型。
5. 抽象思维可以帮助我们忽略不必要的细节，仅关注问题的_____特征。
6. 抽象是将复杂的内容简化为_____。
7. 用物理知识可以帮助我们_____问题，而数学工具帮助我们_____问题。
8. Python 是数学建模中常用的_____语言。
9. 在弹道抛物线建模中，Python 能计算和模拟_____轨迹。
10. 机器学习是人工智能的分支，通过算法模型让计算机从真实世界收集的_____中学习规律。

二、选择题

1. 下列属于建模思维的是（   ）。
   A．解决数学问题的方法
   B．机器学习的过程
   C．将实际问题转化为数学模型的思考方式
   D．编写代码的方法
2. 制造机器需要数学建模的原因是（   ）。
   A．使机器看起来更高级　　　　B．帮助预测和控制机器的行为
   C．仅为了复杂化问题　　　　　D．所有的机器都需要数学模型
3. 建模思维在职业中的主要作用是（   ）。
   A．增加工资　　　　　　　　　B．与同事交往
   C．简化并解决实际问题　　　　D．学习新的编程语言
4. 抽象思维主要关注的是（   ）。
   A．问题的所有细节　　　　　　B．问题的关键特征
   C．提供多种解决方案　　　　　D．使用物理模型
5. 抽象和建模是（   ）实现的。
   A．通过书写和阅读　　　　　　B．仅通过数学公式
   C．通过分析和简化　　　　　　D．通过绘画和设计
6. 用物理知识认识问题的主要方法是（   ）。
   A．进行实验　　　　　　　　　B．阅读文献
   C．编写代码　　　　　　　　　D．做数学题

7. 在 Python 中，用于数据的可视化和建模的库是（　　）。
   A．Numpy　　　　B．Pandas　　　　C．Matplotlib　　　　D．TensorFlow
8. 在弹道建模中，场景分析主要关注（　　）。
   A．代码的长度　　　　　　　　B．使用的数学公式
   C．环境和条件　　　　　　　　D．仿真的速度
9. 通过机器学习和深度学习，可以构建（　　）模型。
   A．静态的　　　B．动态的　　　C．自适应的　　　D．随机的
10．在案例 1 中，计算轮胎周长的公式是（　　）。
   A．周长=π×半径　　　　　　B．周长=π×直径
   C．周长=直径÷π　　　　　　D．周长=半径×直径

三、判断题

1．所有的机器都需要数学建模来进行控制。　　　　　　　　　　　　　（　　）
2．抽象思维和建模思维是完全相同的。　　　　　　　　　　　　　　　（　　）
3．在 Python 中，Matplotlib 库主要用于数学计算。　　　　　　　　　（　　）
4．弹道建模中，场景分析是不重要的。　　　　　　　　　　　　　　　（　　）
5．机器学习和深度学习建立的模型都是静态的。　　　　　　　　　　　（　　）
6．案例 1 的汽车里程表主要用于计算速度。　　　　　　　　　　　　　（　　）
7．抽象思维主要关注问题的所有细节。　　　　　　　　　　　　　　　（　　）
8．通过分析和简化，可以实现抽象和建模。　　　　　　　　　　　　　（　　）
9．仅有物理知识是不足以解决所有实际问题的。　　　　　　　　　　　（　　）
10．在职业中，建模思维的主要目的是与同事交往。　　　　　　　　　（　　）

四、编程题

1．使用 Python 的 Matplotlib 库，绘制一个简单的抛物线图形，表示物体受重力影响的弹道轨迹。

2．编写一个 Python 程序，模拟案例 2 中的记录。用户输入每日的体重，程序存储这些记录，并显示过去一周的体重变化图。

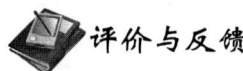

评价与反馈

评价项目	评价内容	自评	师评
编程思维（10 分）	对问题的分析、解决策略与程序设计的逻辑性		
编程基础（20 分）	对 Python 语言的理解，代码的结构性，语法的正确性		
技能应用（10 分）	将所学知识应用于实际场景中，如项目、解决具体问题等		
创新意识（10 分）	在编程和解决问题时，表现出的创新思路和方法		

续表

评价项目	评价内容	自评	师评
信息素养（10分）	能够有效检索、分析、评估、使用和引用信息		
终身学习（10分）	主动寻找学习资源，持续学习和自我提升的意愿和能力		
社会责任感（10分）	通过编程解决生活中、工作中出现的问题，解决社会需要的迫切问题		
批判性思维（10分）	对遇到的问题进行深入思考，不轻易接受，持有独立判断		
职业规划（10分）	对未来职业发展的方向有明确规划，了解行业动态		

模块二 实训项目

项目一 点亮 LED 灯

项目二 用手机控制 LED 灯

项目三 搭建手机聊天服务器

项目四 手机获取超声波传感器信息

项目五 手机远程 PWM 调光

项目六 手机控制舵机与机械臂

项目七 人脸检测舵机开门

项目八 DHT11 温湿度传感器

项目一 点亮 LED 灯

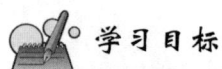 学习目标

知识目标	硬件知识	熟练应用二极管单向导通伏安特性、欧姆定律知识； 能根据二极管、色环电阻的颜色选择搭建电路； 能熟练使用树莓派的 GPIO 接口
	软件知识	能在树莓派 Linux 系统下新建 Python 程序； 能使用 while 循环语句、GPIO 口控制语句、time 模块调用、编写控制程序实现闪烁 LED 灯
技能目标		完成"探秘树莓派""探秘 LED 电路""探秘 Python 编程"三大探索任务，开展认知、理解、分析、实验验证、知识应用等活动，提升 STEM 工程能力
素养目标		能将"碳中和""碳达峰""环境保护"国家战略目标与个人探索、发展联系到一起，树立更高的价值观念； 能通过实践探索任务，养成严谨细致、唯实求真的态度； 能通过 LED 灯与"螺丝钉精神"之间的联系感悟出爱岗敬业精神； 能用已学知识和研究方法进行创新实践
思政目标		理解"螺丝钉精神"，在平凡岗位实现自我价值； 能深入理解国家"'双碳'目标"，应用前沿技术助力节能减排； 了解 LED 节能减排技术的意义

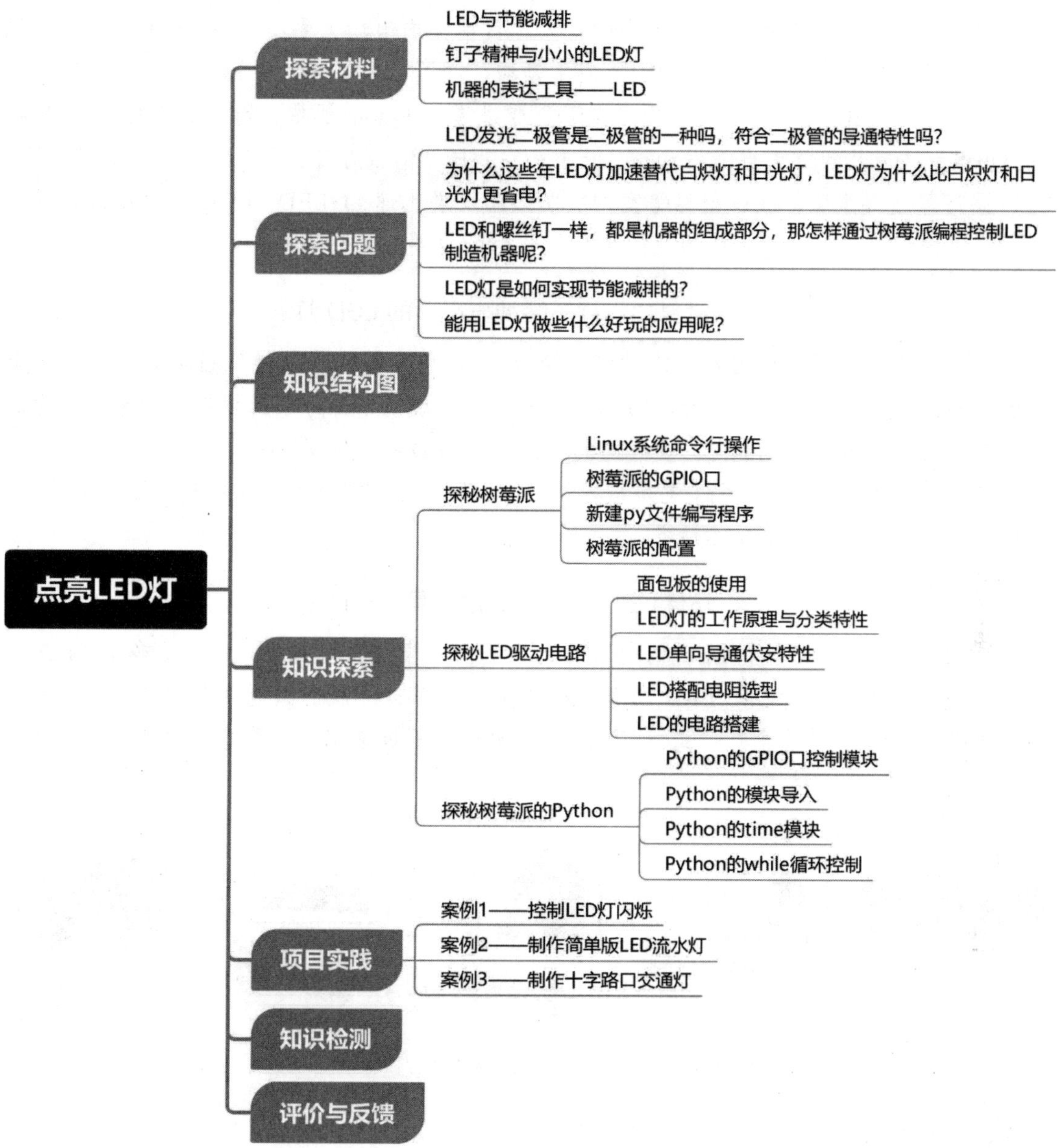

点亮LED灯

- **探索材料**
  - LED与节能减排
  - 钉子精神与小小的LED灯
  - 机器的表达工具——LED

- **探索问题**
  - LED发光二极管是二极管的一种吗，符合二极管的导通特性吗？
  - 为什么这些年LED灯加速替代白炽灯和日光灯，LED灯为什么比白炽灯和日光灯更省电？
  - LED和螺丝钉一样，都是机器的组成部分，那怎样通过树莓派编程控制LED制造机器呢？
  - LED灯是如何实现节能减排的？
  - 能用LED灯做些什么好玩的应用呢？

- **知识结构图**

- **知识探索**
  - 探秘树莓派
    - Linux系统命令行操作
    - 树莓派的GPIO口
    - 新建py文件编写程序
    - 树莓派的配置
  - 探秘LED驱动电路
    - 面包板的使用
    - LED灯的工作原理与分类特性
    - LED单向导通伏安特性
    - LED搭配电阻选型
    - LED的电路搭建
  - 探秘树莓派的Python
    - Python的GPIO口控制模块
    - Python的模块导入
    - Python的time模块
    - Python的while循环控制

- **项目实践**
  - 案例1——控制LED灯闪烁
  - 案例2——制作简单版LED流水灯
  - 案例3——制作十字路口交通灯

- **知识检测**

- **评价与反馈**

背景材料

材料一　LED与节能减排

　　LED是发光二极管的简称，具有发光效率高、环保、寿命长、体积小等优点，是目前世界上最先进的照明技术之一，被业界认为是人类继爱迪生发明白炽灯泡后最伟大的发明之一。

　　中国正在大力推动节能减排以及低碳经济，我国 LED 半导体照明产业发展迅速。我国是制造业大国，有着全世界最全的工业生产产业链，LED 半导体元件作为产业链的一部分，在我国制造业当中起着重要的作用。

LED应用领域不断扩大,市场空间巨大。目前国内市场主要集中在LED显示,景观照明,消费类电子背光、信号、指示等应用领域,增长较为平稳。在LED-TV加速应用的背景下,我国LED大尺寸背光应用取得了重要进展,主流电视品牌均推出了LED背光电视,并作为往后几年的重点开发和推广产品。在我国"十城万盏"应用示范工程的带动下,LED路灯等道路照明、LED射灯等室内照明应用发展迅速。OLED、LCD显示技术的背光和照明增长明显,正在逐步成为我国半导体照明的主要应用领域。

材料二 钉子精神与小小的LED灯

雷锋日记记录下了广为人知的"钉子精神",即使一枚小小的螺丝钉都能在一部复杂机器起到关键作用。我们也一样,国家科技进步与发展离不开每个工程人员的努力,我们都是其中的一个重要组成部分。在我们的生活中,LED不仅无处不在,而且非常重要。不仅作为生活中重要的照明光源,更是机器的重要表达工具,它小小的身材起到了重要作用,是性价比最高的机器输出显示设备。

材料三 机器的表达工具——LED

如图2.1.1所示,单个LED灯可以帮助机器向人表达自己的开关状态,多个LED灯可以表达更多的状态,点阵LED灯组成的图形甚至可以和我们做更复杂的交流。手机上也有很多的OLED屏幕产品,试一试,滴一滴水在手机屏幕上,看看能否看见一个个的小小LED灯。

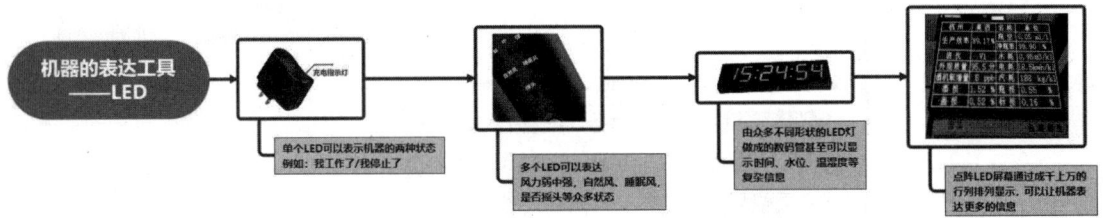

图2.1.1 LED组成机器信息表达工具

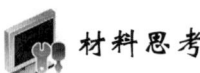

读完上面的材料,请思考以下问题。

1. LED发光二极管是二极管的一种吗,符合二极管的导通特性吗?

2. 为什么这些年LED灯加速替代白炽灯和日光灯,LED灯为什么比白炽灯和日光灯更省电?

3. LED和螺丝钉一样,都是机器的组成部分,那怎样通过树莓派编程控制LED制造机器呢?

4. LED灯是如何实现节能减排的?

5. 能用LED灯做些什么好玩的应用呢?

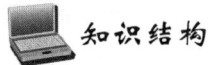 知识结构

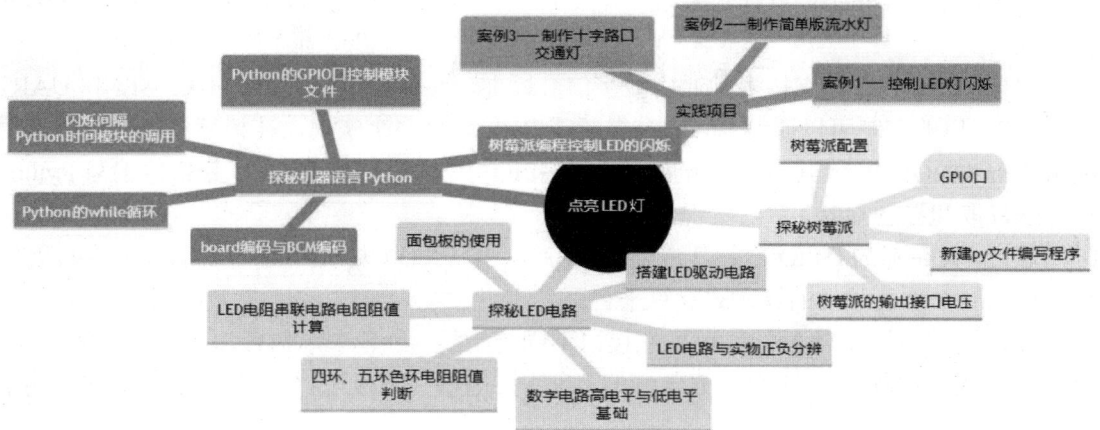

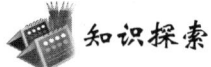 知识探索

一、探秘树莓派

（一）在树莓派上创建程序

（1）打开终端：通过单击桌面的"开始"图标打开主菜单，选择"终端"选项打开终端。

（2）创建新的 Python 程序：在终端中输入以下命令来创建一个新的 Python 程序文件。

```
Copy code
nano filename.py
```

这里的 filename.py 可以替换成想要的文件名，如 myprogram.py。

（3）编写 Python 代码：在打开的编辑器中编写 Python 代码，例如：

```
Copy code
print("Hello, World!")
```

（4）保存文件，在终端中按下 Ctrl+X 组合键，然后按下 Y 键保存文件。

（5）运行 Python 程序，在终端中输入以下命令来运行 Python 程序。

```
Copy code
python3 filename.py
```

这里的 filename.py 应该替换为实际创建的文件名。运行命令后，程序将会执行并输出结果。

以上就是在树莓派上创建和运行 Python 程序的基本步骤。

（二）GPIO 口

树莓派的 GPIO 口（General Purpose Input/Output）是一组可编程数字输入/输出引脚，可用于连接和控制各种外部设备，如 LED、传感器、电机等。

介绍 GPIO 口

树莓派共有40个GPIO口，编号为1~40，其中17号和18号引脚是专用的UART串行通信口，用于连接串口设备。另外，树莓派3型及以上型号还提供了26个引脚的GPIO口，用于连接Raspberry Pi基础板和其他扩展板，可以通过GPIO口实现各种控制和输入输出操作。

树莓派的GPIO口支持多种通用数字信号标准，包括GPIO、PWM、I2C、SPI和UART等。GPIO口的控制可以通过Linux命令行或Python程序来实现。在树莓派上，可以使用GPIO库（RPi.GPIO）或其他第三方库来控制GPIO口，通过这些库，可以轻松地编写Python程序来读取和控制GPIO口，实现各种功能。

总之，树莓派的GPIO口是其最强大的特性之一，可以大大扩展其应用范围和灵活性，使其成为一个功能强大的嵌入式计算平台。

如图2.1.2所示，不同的颜色标识接口不同的功能。红色表示树莓派5V电源输出，橙色代表3.3V电源输出，黑色代表电源的GND接地端（负极），绿色代表通用输入、输出接口。

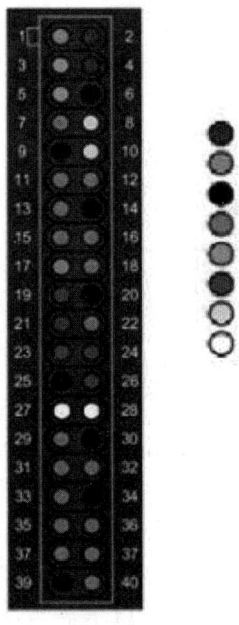

图2.1.2　GPIO口功能分区图

（三）配置树莓派

（1）烧录操作系统：选择合适的树莓派型号的操作系统镜像，下载并烧录到SD卡中。可使用官方提供的Raspberry Pi Imager工具来完成此操作。

配置树莓派

（2）配置网络：将树莓派连接到网络，可通过有线网络或者Wi-Fi的方式进行连接。如果需要使用Wi-Fi，则需要配置Wi-Fi网络名称和密码等信息。

（3）扩展文件系统：树莓派默认的系统文件较小，需要进行扩展，使其可以更好地支持软件安装和数据存储等操作。

（4）更新软件：使用 Linux 系统的 apt-get 等命令来更新软件，确保系统处于最新状态。

（5）配置 SSH：打开 SSH 服务，允许通过网络远程访问树莓派，便于进行远程控制和管理。

（6）配置 GPIO 口：如果需要使用树莓派的 GPIO 口，需要安装相应的 GPIO 库，并进行相关的配置。

以上是树莓派常见的配置步骤，具体操作可参考官方文档或相关教程。同时，根据实际需要，还可以对其他系统设置、软件安装等进行配置，以满足个性化的需求。

二、探秘 LED 驱动电路

（一）面包板

面包板（Breadboard）是一种电子电路实验板，用于搭建电路原型，它由许多小孔组成，每个小孔可以插入一根导线或元件引脚，通过导线连接这些引脚，形成电路。使用面包板可以很方便地搭建和测试电路原型，其具有以下优缺点。

1. 面包板的优点

（1）易于使用：面包板没有焊接，可以轻松地插入和拔出元件和导线，对于初学者和教学非常方便。

（2）灵活性高：面包板的设计灵活，可以根据需要任意布置元件和导线，非常适合电路原型的设计和测试。

（3）可重复使用：面包板可以反复使用，多次搭建和测试不同的电路原型，降低实验成本。

2. 面包板的缺点

（1）稳定性差：面包板的连接方式并不牢固，容易出现松动或短路等问题，需要小心处理。

（2）电路布局混乱：由于面包板没有固定的布局，不同的搭建方式可能会导致电路布局混乱，难以理解和修改。

（3）高频信号受干扰：面包板和元件之间存在较长的导线，会对高频信号产生干扰，影响电路的性能。

使用面包板的步骤如下：

（1）将需要使用的元件插入面包板的小孔，如电阻、LED、开关等。

（2）根据电路设计使用导线连接各个元件。

（3）使用万用表等仪器进行电路测试和调试，确保电路工作正常。

（4）将面包板连接到外部电源和其他设备中，如连接到微控制器、驱动器、传感器等。

总之，面包板是电子电路实验中必不可少的实验板，具有搭建方便、灵活性高等优点，但使用时需要注意稳定性和干扰等问题。

（二）LED 灯的硬件知识

LED 灯可以根据发光颜色、尺寸、亮度等特性进行分类。常见的发光颜色有红、绿、蓝、黄、白等，每种颜色的 LED 灯珠都有不同的特性。

（1）红色 LED：红色 LED 是最常见的一种，具有低电压操作和高亮度的特点，通常用于指示灯、显示屏、照明等领域。

（2）绿色 LED：绿色 LED 具有低电压、高亮度和高稳定性的特点，通常用于指示灯、显示屏、环保照明等领域。

（3）蓝色 LED：蓝色 LED 是一种高亮度、低功率的 LED，具有优异的能耗表现，通常用于汽车仪表板、电子时钟、电子手表等领域。

（4）黄色 LED：黄色 LED 具有高亮度、低功率和低电压的特点，通常用于显示屏、指示灯、车灯、背光源等领域。

（5）白色 LED：白色 LED 具有高亮度、低功率和长寿命的特点，是目前最常用的一种 LED 灯。它的发光方式可以分为两种：一种是通过将蓝色 LED 和黄色荧光材料混合发光的方式制成的，称为荧光粉 LED；另一种是通过将蓝色 LED 与磷粉混合发光的方式制成的，称为磷粉 LED。

总之，不同颜色的 LED 灯具有不同的特性，根据应用需求可以选择合适的 LED 灯。同时，随着技术的不断进步，LED 灯珠的性能和应用范围还将不断扩大。

（三）LED 灯在电路中的特性

（1）电压特性：LED 是一种具有单向导电性质的二极管，其正向电压降很小，一般在 1.5～3.5V 之间，这是由其结构和材料决定的。

（2）电流特性：LED 的电流特性是非线性的，即电流与电压之间的关系不是简单的比例关系。当正向电压大于其正向电压降时，LED 才能导通，此时电流急剧增加，但电流增加速度随电压增加而减缓。

（四）LED 电路搭建

树莓派的 GPIO 口可以直接接 LED 灯，但需要注意以下几点。

（1）电压和电流：树莓派的 GPIO 口输出的电压一般为 3.3V，最大输出电流为 16mA。如果使用普通的 LED 灯，其额定电压一般为 2～3.3V，额定电流一般为 20mA 左右，因此可以直接连接到 GPIO 口。

（2）电阻：为了保护 GPIO 口和 LED 灯，一般需要在电路中加入限流电阻，限制电流的大小。如果 LED 灯的额定电流为 20mA、工作电压为 3.3V，可以通过欧姆定律计算出限流电阻的值为(3.3V–2V)/20mA=65Ω，一般选用最接近的标准值，如 68Ω 或 100Ω 等。

（3）极性：LED 灯具有正负极之分，需要将其连接到 GPIO 口时要注意极性。LED 的正极连接到 GPIO 口输出，负极连接到地（GND）。

需要注意的是，如果需要连接多个 LED 灯或需要控制更高功率的 LED 灯，应该考虑使用外部电源或集成电路驱动，以避免损坏树莓派 GPIO 口或 LED 灯。同时，在使用 GPIO 口时应该遵循相关的安全规范和操作要求，确保使用安全可靠。

树莓派的限流电阻一般选用色环电阻，下面介绍如何对色环电阻读数和选型。

（1）识别电阻的色环数目：通常，色环电阻有三个或四个色环。三个色环表示该电阻为普通电阻，四个色环表示该电阻为精密电阻。

（2）确定色环的排列顺序：色环通常按照阻值精度、第一位数字、第二位数字和乘数依次排列。在四个色环的电阻中,第三个色环表示阻值的数量级(即乘数),第四个色环表示阻值的精度。

(3)读取颜色并计算阻值:根据色环的颜色,可以确定阻值的大小和精度。对于三个色环的电阻,前两个色环表示数字,第三个色环表示乘数,可以通过查找对应的色环表来计算电阻的阻值;对于四个色环的电阻,前三个色环表示数字,第四个色环表示乘数,可以通过查找对应的色环表来计算电阻的阻值和精度,如图 2.1.3 和图 2.1.4 所示。

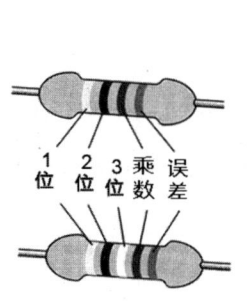

图 2.1.3　色环电阻

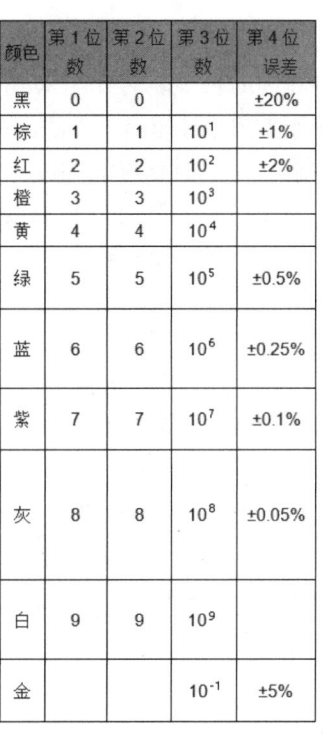

颜色	第1位数	第2位数	第3位数	第4位误差
黑	0	0		±20%
棕	1	1	10^1	±1%
红	2	2	10^2	±2%
橙	3	3	10^3	
黄	4	4	10^4	
绿	5	5	10^5	±0.5%
蓝	6	6	10^6	±0.25%
紫	7	7	10^7	±0.1%
灰	8	8	10^8	±0.05%
白	9	9	10^9	
金			10^{-1}	±5%

图 2.1.4　色环电阻值对照

(4)选型:在选型时,需要根据电路的实际要求来确定电阻的阻值、精度和功率等参数。一般来说,应该选择具有合适阻值和精度、耐压和功率的电阻,以确保电路的正常工作。同时,在选型时还需要考虑电阻的尺寸、价格和可靠性等因素。

三、探秘树莓派的 Python

(一)控制 GPIO

这是一个通过 GPIO 口控制 LED 的案例。

```
import RPi.GPIO as GPIO
import time
#设置 GPIO 模式
GPIO.setmode(GPIO.BOARD)
#设置 GPIO 引脚
led_pin = 11
GPIO.setup(led_pin, GPIO.OUT)
```

```
#控制 LED 灯的亮灭
while True:
    GPIO.output(led_pin, GPIO.HIGH)
    time.sleep(1)
    GPIO.output(led_pin, GPIO.LOW)
    time.sleep(1)
#清除 GPIO 引脚设置
GPIO.cleanup()
```

以上代码将设置 GPIO 模式为板级编号模式（GPIO.BOARD），并将引脚 11 设置为输出引脚（GPIO.OUT）。随后使用 while 循环不断将 LED 灯的亮灭状态进行切换，最后在程序结束时使用 GPIO.cleanup()方法清除 GPIO 引脚设置。

需要注意的是，树莓派的 GPIO 引脚的电压是 3.3V，因此在连接外部电路时需要注意不要超过该电压范围。同时，也需要确保连接的设备和树莓派的接地是相同的。

（二）Python 的 time 模块

time.sleep()方法会使当前线程暂停一段时间，因此如果在主程序中使用定时器，需要在计时过程中确保程序仍能够正常运行。同时，由于 time.time()方法返回的是从 1970 年 1 月 1 日 0 时开始到现在的秒数，因此需要根据实际需要进行时间格式化或计算。

（三）在 Python 导入模块

通过 import 语句导入整个模块。在使用模块中的函数或变量时，需要使用模块名作为前缀。例如：导入是 import time，使用时用 time.sleep(1)。

Python 可以通过别名来简化模块名、函数或变量名，使得代码更加易读和易懂。例如：import RPi.GPIO as GPIO，调用的时候直接用 GPIO 这个名字做前缀 GPIO.cleanup()。

 **实践探索**

一、实践项目——控制 LED 灯闪烁

1. 项目背景

在物联网与硬件控制学习中，掌握树莓派对 LED 灯的控制至关重要。通过此项目，让学习者熟悉树莓派 GPIO 口功能及编程应用，以实现 LED 灯闪烁，提升实践动手能力，为深入探索物联网应用打基础。

控制 LED 灯闪烁

2. 项目要求

掌握树莓派 GPIO 口的基本功能，正确连接电路，并使用 Python 编程实现 LED 的点亮与闪烁控制，确保 LED 能够按预期工作。

3. 准备材料

树莓派、电阻、面包板、LED 灯和杜邦线等材料。

4. 操作步骤

（1）直接用树莓派 GPIO 口和 3.3V 电源接口点亮 LED 灯。

（2）用树莓派编程驱动 LED 灯的闪烁。

（3）接线如图 2.1.5 所示。

项目一 点亮 LED 灯

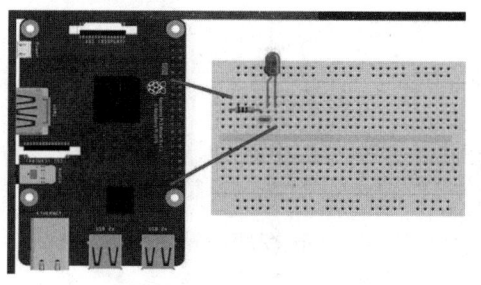 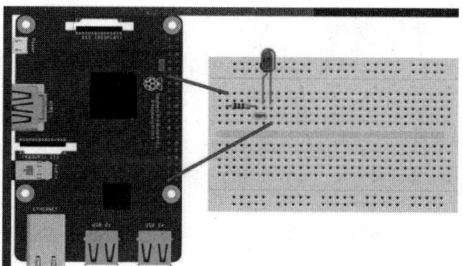

（a）3.3V 电源直接驱动点亮　　　　　　（b）Python 程序控制 LED 闪烁电路

图 2.1.5　用树莓派制作闪烁的 LED 灯

5. 代码参考

打开树莓派的终端，输入以下命令创建一个新的 Python 程序"nano led2.py"。

```python
#!/usr/bin/env python
import RPi.GPIO as GPIO
import time

Led = 11

GPIO.setmode(GPIO.BOARD)
GPIO.setwarnings(False)
GPIO.setup(11, GPIO.OUT)

def loop():
    while True:
        GPIO.output(11,True);time.sleep(0.5)
        GPIO.output(11,False)

if __name__ == '__main__':
    try:
        loop()
    except KeyboardInterrupt:
        GPIO.cleanup()
```

二、实践项目——制作简单版 LED 流水灯

树莓派控制流水灯

1. 项目背景

随着对树莓派学习的深入，需要通过具体项目来强化理解。本项目利用树莓派搭配 3 个 LED 灯、面包板等基础材料，让学习者亲手搭建电路并编程控制，进而探索树莓派在简单电路控制方面的应用原理。

2. 项目要求

请使用树莓派、3 个 LED 灯（红、黄、绿）、面包板、杜邦线、3 个 220Ω 电阻器等设备制作一个简单版 LED 流水灯。

3. 准备材料

树莓派、3 个 LED 灯（红、黄、绿）、面包板、杜邦线、220Ω 电阻（3 个）。

4. 操作步骤

（1）连接 LED 与电阻至树莓派 GPIO 口。

（2）编写 Python 代码控制 LED 依次点亮。

（3）运行程序，观察 LED 依次亮灭的流水灯效果。

5. 代码参考

打开树莓派的终端，输入以下命令创建一个新的 Python 程序"nano led2.py"。

```python
import RPi.GPIO as GPIO
import time
GPIO.setmode(GPIO.BCM)
GPIO.setwarnings(False)
led_pins = [17, 27, 22]
for pin in led_pins:
    GPIO.setup(pin, GPIO.OUT)
while True:
    for pin in led_pins:
        GPIO.output(pin, GPIO.HIGH)
        time.sleep(0.5)
        GPIO.output(pin, GPIO.LOW)
```

代码中的 GPIO 模块用于控制树莓派的 GPIO 口，time 模块用于控制流水灯的流动速度。首先，设置 GPIO 的引脚模式为 BCM 模式，并关闭 GPIO 的警告信息。然后，定义三个 LED 灯的引脚号，并将它们设置为输出模式。接下来，使用一个 while 循环不断地循环控制三个 LED 灯的引脚，依次点亮三个 LED 灯，并通过 time.sleep 函数控制灯的流动速度。最后，使用 Ctrl+X 组合键保存并退出 Python 程序。

三、实践项目——制作十字路口交通灯

1. 项目背景

在日常生活中，十字路口交通灯有序指挥交通意义重大。本项目以此为灵感，借助树莓派、6 个不同颜色的 LED 灯及相关配件，制作升级版 LED 流水灯来模拟交通灯状态变化。旨在通过实践，学习者掌握树莓派对多灯电路的控制，提升硬件应用能力。

2. 项目要求

请使用树莓派、6 个 LED 灯（红、黄、绿各 2 个）、面包板、杜邦线、6 个 220 欧姆电阻器等材料制作十字路口交通灯。

3. 准备材料

树莓派、6 个 LED 灯（红、黄、绿各 2 个）、220Ω 电阻 6 个、面包板、杜邦线若干。

4. 操作步骤

（1）连接 LED 灯、电阻与树莓派 GPIO 引脚。

（2）编写 Python 代码控制 LED 灯亮灭，模拟交通灯工作逻辑。

（3）运行代码并测试效果。

5. 代码参考

打开树莓派的终端，输入以下命令创建一个新的 Python 程序"nano led3.py"。

```
import RPi.GPIO as GPIO
import time
GPIO.setmode(GPIO.BCM)
GPIO.setwarnings(False)
red_pins = [17, 18]
yellow_pins = [27, 22]
green_pins = [23, 24]
def turn_on(pin_list):
    for pin in pin_list:
        GPIO.output(pin, GPIO.HIGH)
def turn_off(pin_list):
    for pin in pin_list:
        GPIO.output(pin, GPIO.LOW)
def red_light():
    turn_on(red_pins)
    turn_off(yellow_pins)
    turn_off(green_pins)
    time.sleep(5)
def green_light():
    turn_off(red_pins)
    turn_off(yellow_pins)
    turn_on(green_pins)
    time.sleep(5)
def yellow_light():
    turn_off(red_pins)
    turn_on(yellow_pins)
    turn_off(green_pins)
    time.sleep(2)
try:
    while True:
        red_light()
        yellow_light()
        green_light()
        yellow_light()
except KeyboardInterrupt:
    GPIO.cleanup
```

 知识检测

一、填空题

1. LED 的全称是_____。
2. 在树莓派中，使用_____命令行来进行操作。
3. 树莓派上用于连接外部设备的接口称为_____。
4. 用 Python 控制树莓派的 GPIO 口，常用的库是_____。
5. 在制作 LED 流水灯时，经常用到 Python 中的_____模块来控制时间。

6．如图 2.1.6 所示，LED 灯的长针脚表示_____，短针脚表示_____。

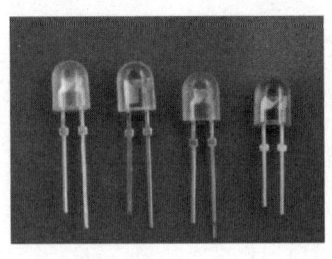

图 2.1.6　LED 灯

7．面包板用于_____。
8．LED 灯的导通方向是从_____到_____。
9．为了保护 LED 灯，需要在其电路中加入一个_____。
10．树莓派的默认操作系统是_____。

二、选择题

1．LED 灯主要用于（　　）。
　　A．发热　　　　　B．发光　　　　　C．储存信息　　　　D．放电
2．树莓派运行（　　）操作系统。
　　A．MacOS　　　　B．Windows　　　C．Linux　　　　　D．Android
3．以下是树莓派的编程语言的是（　　）。
　　A．Java　　　　　B．C++　　　　　C．Python　　　　　D．Swift
4．LED 灯在通电后能够发光是因为（　　）。
　　A．热电效应　　　B．声电效应　　　C．光电效应　　　　D．电致发光效应
5．在树莓派中，用于延时的 Python 函数是（　　）。
　　A．delay()　　　　B．pause()　　　　C．wait()　　　　　D．sleep()
6．使用面包板的主要目的是（　　）。
　　A．加热　　　　　B．存储数据　　　C．连接电路　　　　D．放大信号
7．为了保护 LED，需要计算（　　）。
　　A．电容　　　　　B．电抗　　　　　C．电阻　　　　　　D．电位差
8．树莓派上的 GPIO 代表（　　）。
　　A．General Purpose Input/Output　　　B．General Port Input/Output
　　C．General Python Input/Output　　　 D．General Pin Input/Output
9．LED 的基本工作原理是（　　）。
　　A．电流通过导致发热　　　　　　　　B．电流通过导致发光
　　C．电压通过导致发光　　　　　　　　D．电压通过导致发热
10．LED 灯可以用在（　　）。
　　A．制冷器　　　　B．电热水壶　　　C．交通灯　　　　　D．电磁炉
11．使用树莓派的 GPIO 口驱动 LED 灯时，限流电阻的主要目的是（　　）。
　　A．增加 LED 灯的亮度　　　　　　　B．限制流经 LED 灯的电流

C．为 LED 灯供电 D．减少 LED 灯的使用寿命

12．假设一个 LED 灯需要 2V，且最大电流为 20mA，树莓派的 GPIO 口输出电压为 3.3V，应该使用（　　）的电阻来限流。

　　A．47Ω　　　　B．68Ω　　　　C．100Ω　　　　D．150Ω

13．如果 LED 灯的最大额定电流被超出，会出现的情况是（　　）。

　　A．LED 灯会变得更亮　　　　B．LED 灯可能会烧毁
　　C．LED 灯会变色　　　　　　D．LED 灯会闪烁

14．不直接将 LED 灯连接到树莓派的 GPIO 口，却要串联一个限流电阻的原因是（　　）。

　　A．这样可以省去电阻　　　　B．LED 灯会工作得更好
　　C．可能会损坏 LED 灯和 GPIO 口　　D．这样电池会持续更长时间

15．使用限流电阻可以确保树莓派的 GPIO 口不会受到（　　）。

　　A．高温　　　　B．静电放电　　　　C．过大的电流　　　　D．电磁干扰

三、判断题

1．LED 灯只能发出红色光。　　　　　　　　　　　　　　　　　　　（　　）
2．树莓派不能运行 Python 程序。　　　　　　　　　　　　　　　　（　　）
3．可以使用树莓派的 GPIO 口控制 LED 灯。　　　　　　　　　　　（　　）
4．LED 灯需要很大的电流才能工作。　　　　　　　　　　　　　　（　　）
5．使用面包板可以方便地搭建和修改电路。　　　　　　　　　　　（　　）
6．树莓派默认的编程语言是 Java。　　　　　　　　　　　　　　　（　　）
7．LED 灯的长针脚是阴极。　　　　　　　　　　　　　　　　　　（　　）
8．电阻可以限制电流，保护 LED 灯。　　　　　　　　　　　　　　（　　）
9．LED 灯不能用于交通信号灯。　　　　　　　　　　　　　　　　（　　）
10．树莓派的 GPIO 口只能用于输出，不能用于输入。　　　　　　　（　　）

四、基础编程题

1．使用 Python 编写一个程序，通过树莓派的 GPIO 口控制 LED 灯，使其每隔 1 秒闪烁一次。

2．使用 Python 编写一个程序，实现 LED 流水灯效果，即多个 LED 灯按顺序点亮，然后按顺序熄灭，循环执行。

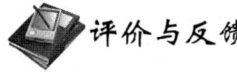 评价与反馈

评价项目	评价内容	自评	师评
意识形态评价（10 分）	通过螺丝钉精神明确 LED 灯的意义； 具有螺丝钉精神； 能认识到国家"碳达峰""碳中和"战略，做到低碳生活和节能减排		

续表

评价项目	评价内容	自评	师评
认知（10分）	会配置树莓派运行环境，让控制程序在树莓派中正常运行； 会使用面包板； 知道LED的单向导通特性； 知道数字电路的高低电平		
发现和辨别（10分）	能发现身边的公共设施、企业工厂、企业、学校、商场超市、办公等不同场景下LED技术应用		
理解（5分）	理解LED的单向导通性和伏安特性； 理解将LED与色环电阻串联的原理		
辩证（5分）	能找到LED灯点不亮的原因		
计算（10分）	能计算出串联LED电路的电阻阻值		
实验验证（10分）	能通过实验验证LED的单向导通特性和伏安特性； 能通过实验验证LED串联分压电路		
区分（5分）	能区分不同颜色、类型的LED的特性； 能区分色环电阻		
分析（5分）	能分析LED串联电路的工作原理		
应用（10分）	能对while循环语句应用、time模块进行熟练应用		
应用（技能复用）（10分）	能完成LED的流水灯控制、LED交通灯控制		
实践验证（10分）	能用LED灯进行项目实践		

项目二　用手机控制 LED 灯

 学习目标

知识目标	硬件知识	了解树莓派的基本硬件配置和 GPIO 口的使用方法； 理解 LED 灯的基本工作原理和控制方式
	软件知识	掌握 App Inventor 的基本操作和界面设计方法； 熟悉 Python 编程语言的基本语法和函数库； 会编写手机 App 的 Web 应用程序； 理解 Web 运行原理（IP 与端口）； 会配置 Bottle 框架的环境； 掌握 Bottle 的信息收发和路由的功能
技能目标		会使用 App Inventor 设计简单的程序界面，并实现控件之间的交互； 会使用 Python 编程语言控制 GPIO 口，实现对 LED 灯的控制； 会通过树莓派和手机 App 实现对 LED 灯的远程控制
素养目标		培养学生的创新思维和实践能力； 培养学生的信息素养和数字素养； 培养学生的环保意识和可持续发展意识
思政目标		培养学生的承担责任意识和安全意识； 培养学生的创新意识和实践能力； 培养学生的团队合作精神和沟通能力； 确立自身发展方向，用自身所学，用物联网产生的生产力；推动城乡共同富裕、乡村振兴；推动农业农村的工业化、智慧化、数字化转型升级

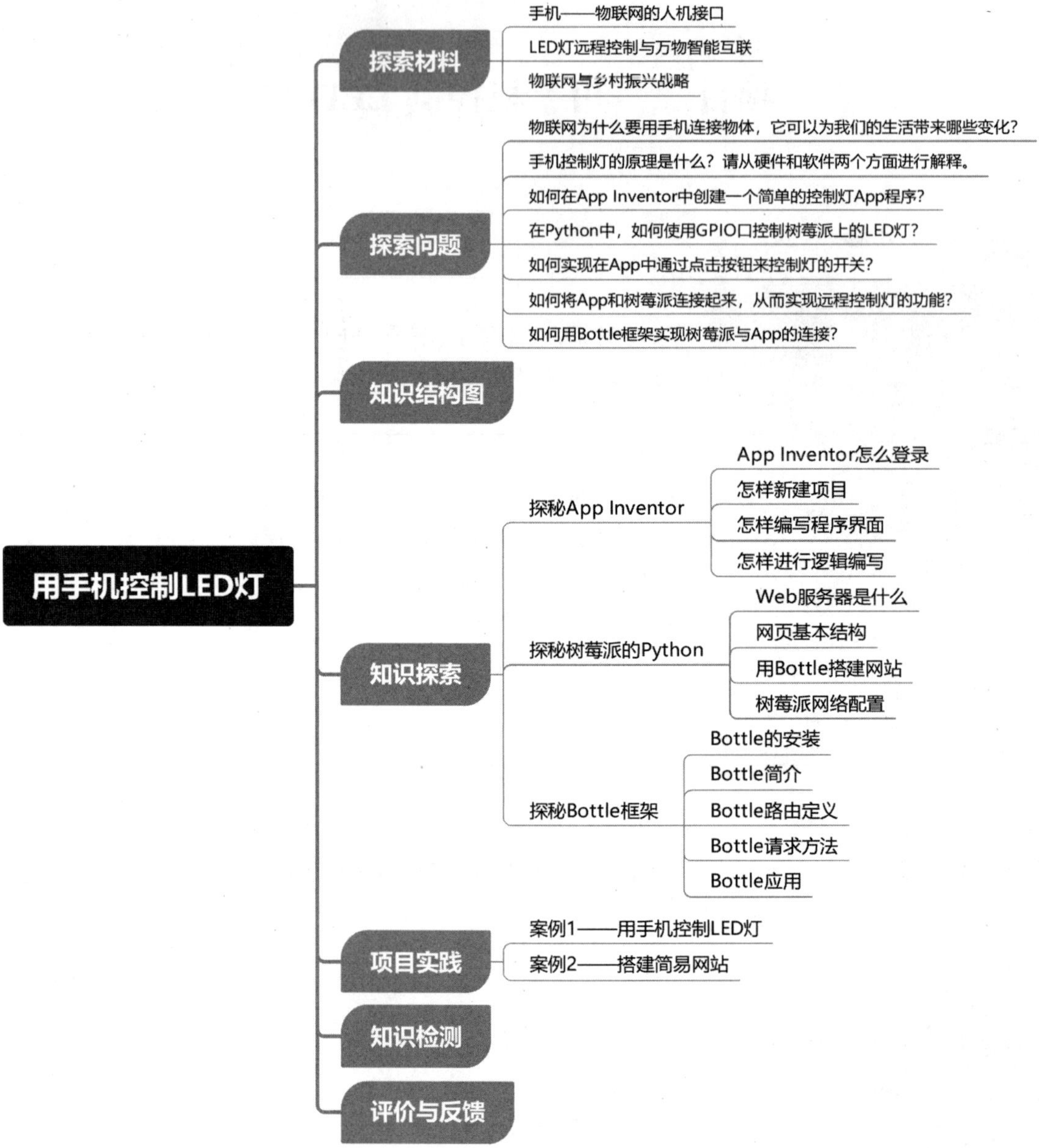

用手机控制LED灯

探索材料
- 手机——物联网的人机接口
- LED灯远程控制与万物智能互联
- 物联网与乡村振兴战略

探索问题
- 物联网为什么要用手机连接物体，它可以为我们的生活带来哪些变化？
- 手机控制灯的原理是什么？请从硬件和软件两个方面进行解释。
- 如何在App Inventor中创建一个简单的控制灯App程序？
- 在Python中，如何使用GPIO口控制树莓派上的LED灯？
- 如何实现在App中通过点击按钮来控制灯的开关？
- 如何将App和树莓派连接起来，从而实现远程控制灯的功能？
- 如何用Bottle框架实现树莓派与App的连接？

知识结构图

知识探索
- 探秘App Inventor
  - App Inventor怎么登录
  - 怎样新建项目
  - 怎样编写程序界面
  - 怎样进行逻辑编写
- 探秘树莓派的Python
  - Web服务器是什么
  - 网页基本结构
  - 用Bottle搭建网站
  - 树莓派网络配置
- 探秘Bottle框架
  - Bottle的安装
  - Bottle简介
  - Bottle路由定义
  - Bottle请求方法
  - Bottle应用

项目实践
- 案例1——用手机控制LED灯
- 案例2——搭建简易网站

知识检测

评价与反馈

背景材料

材料一　手机——物联网的人机接口

21世纪的今天，智能手机成为人们的必需品，它的功能几乎涉及了衣食住行的各方面，网购、移动支付、通信社交、出行导航、娱乐、工作等都可以通过一部小小的手机完成，甚至有这样的说法，出门可以不带任何东西，但不能不带手机。手机端是物联网的关键环节，通过手机与网络获取信息，发送命令指挥机器来帮助人们完成工作。在未来，手机将承担更多的智能物联网网络接口功能，如图2.2.1所示。而无人机与手机的远程控制组合就是一个经典的物联网案例，如图2.2.2所示。

图 2.2.1 手机控制植保无人机喷药

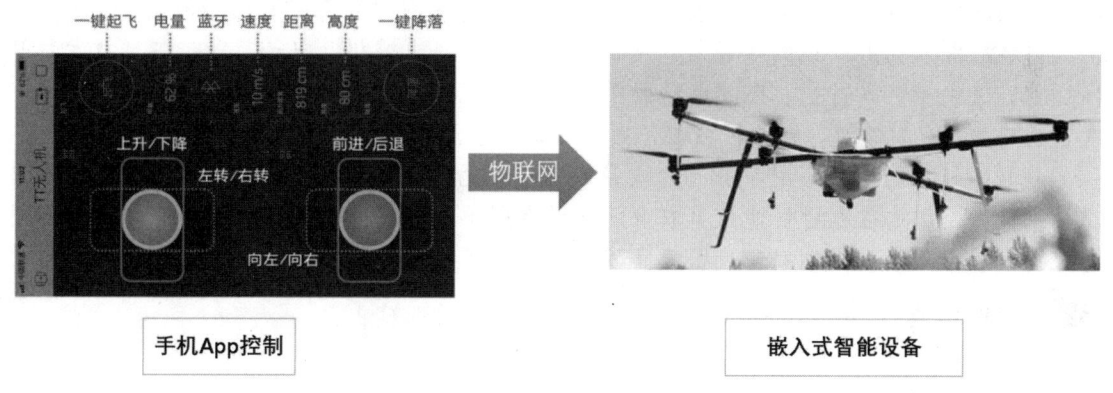

图 2.2.2 手机与嵌入式设备组成物联网

材料二 LED 灯远程控制与万物智能互联

LED 作为智能机器的一枚"螺丝钉",我们为什么要控制它呢?如图 2.2.3 所示,在城市中,上班与下班、上学与放学具有很强的潮汐性。在物联网时代,能否根据车流情况,交警指挥部门远程调整红绿灯的时间,缓解交通压力,达到交通指挥的最优化呢?在这万物互联的整个流程中,先实现 LED 灯远程控制,再实现红绿灯与车流监测万物互联的集中管控。我们能远程控制 LED 就能实现控制红绿灯，让信息在每个 LED 的红绿灯之前流通，多个红绿灯实现联动控制，最终实现交通系统高效的万物智能互联控制。

交警指挥交通

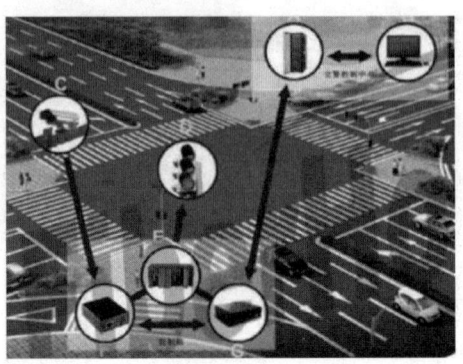

交警控制中心管理的
远程LED红绿灯控制

图 2.2.3　LED 组成机器信息表达工具

材料三　物联网与乡村振兴战略

　　这些年，随着我国城市化、城镇化的加速，城市发展中遇到了很多问题。随着大量工厂、企业用机器代替人力从事简单重复性劳动，现在的年轻人也意识到个人发展问题而不愿从事机械性流水线作业；同时因为资源配套上的差距，伴随着城市的外来务工人员的生活中的交通、住房、教育、医疗等众多的问题，与之形成巨大的反差的是，农村青年进城务工，在农村有大量的闲置土地无人耕种。农业是农村的支柱产业，如何响应国家提出的乡村振兴战略，实现城乡平衡发展？这些年，越来越多的返乡青年给出了他们的答案。

　　进城后深入生产一线的年轻人，从事电商、物流、机械化、电子行业、信息技术物联网行业、文化旅游等行业，在城市里面学到职业能力正是当下农村所紧缺的，他们可以发展农村电商、农村物流、农业机械化、物联网智慧农业、乡村文化旅游、直播定制农业等。

　　物联网技术的不断应用，当代进城务工年轻人无论是文化水平，还是手机、网络等信息技术能力，都是在农村长期从事农业的劳动者所不具有的。这些年轻人不受传统农业思维束缚，敢于对新技术创新应用，真正实现传统农业向数字化农业的转型升级。

 材料思考

读完上面的材料，请思考以下问题。

1．物联网为什么要用手机连接物体，它可以为我们的生活带来哪些变化？
2．手机控制灯的原理是什么？请从硬件和软件两个方面进行解释。
3．如何在 App Inventor 中创建一个简单的控制灯 App 程序？
4．在 Python 中，如何使用 GPIO 口控制树莓派上的 LED 灯？
5．如何实现在 App 中通过点击按钮来控制灯的开关？
6．如何将 App 和树莓派连接起来，从而实现远程控制灯的功能？
7．如何用 Bottle 框架实现树莓派与 App 的连接？

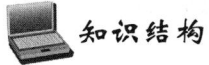
知识结构

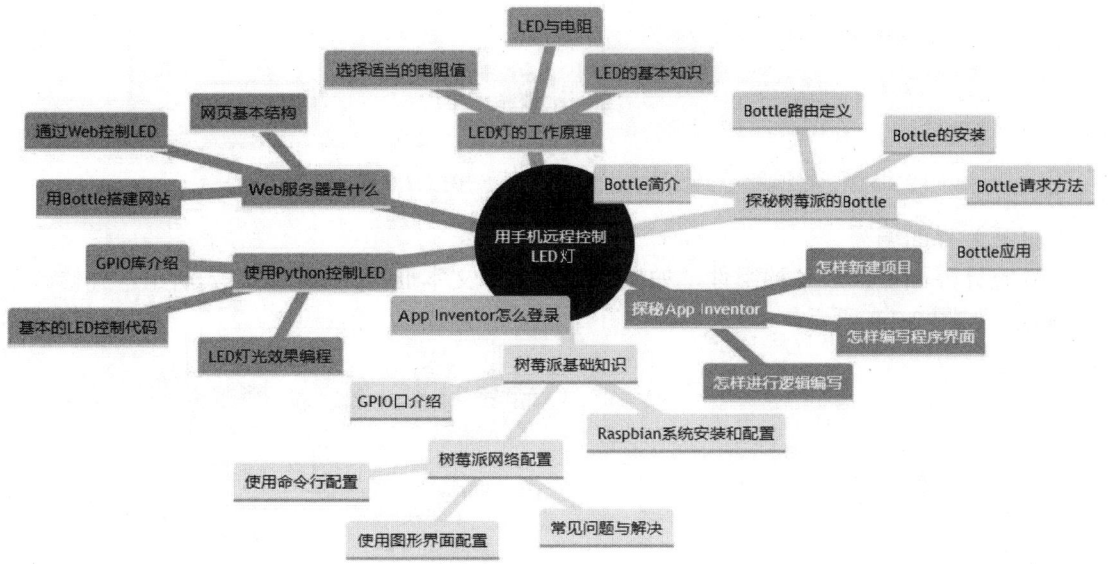

知识探索

一、探秘 App Inventor

（一）登录 App Inventor 开发平台

App Inventor 官方网站，如图 2.2.4 所示。

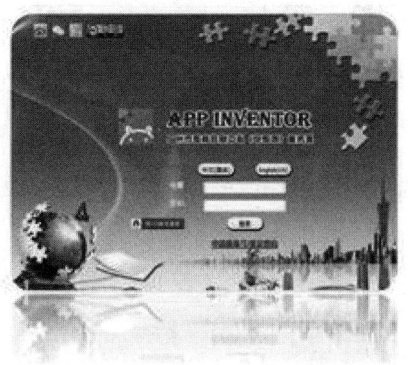

图 2.2.4　App Inventor 官方网站

（二）新建项目

登录开发网站，单击"项目"菜单中的"新建项目"，如图 2.2.5 所示，创建一个新项目。打开"新建项目"对话框中，在其中输入项目名称"App-led"，如图 2.2.6 所示。

项目名称最好是以字母开头的字母、数字和下划线的组合，做到"见名知义"。尽管该平台是中文版，但目前项目名称还不支持中文。

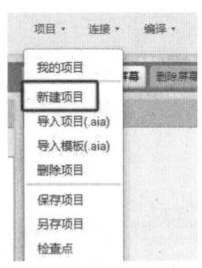 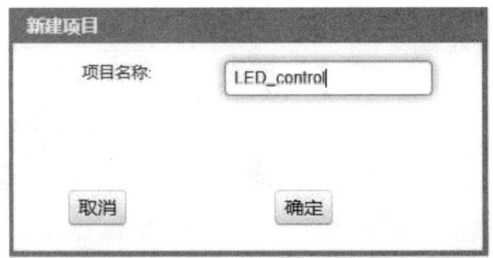

图 2.2.5　新建项目　　　　　　　图 2.2.6　项目名称

（三）界面编写

在设计界面上拖放各种组件，如按钮、标签和文本框等，如图 2.2.7 所示，并修改组件属性，如图 2.2.8 所示。

 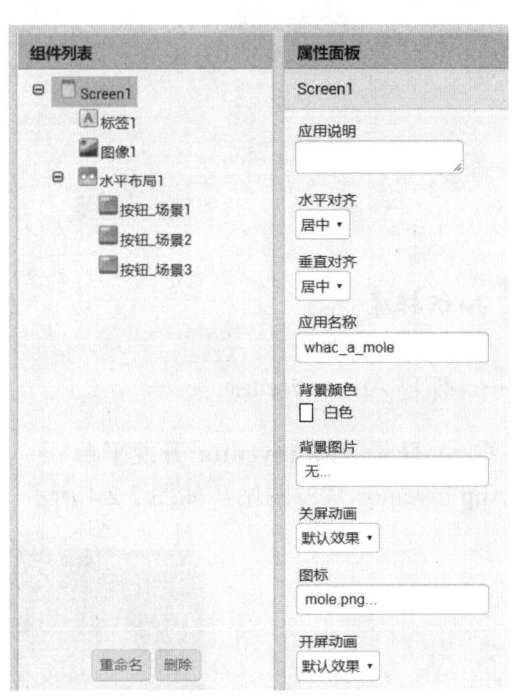

图 2.2.7　工具箱　　　　　　　　图 2.2.8　属性栏

（四）逻辑编写

App Inventor 的逻辑设计以积木块的形式呈现，简单易懂，如图 2.2.9 所示。

图 2.2.9　逻辑"积木块"

二、探秘树莓派的 Python

（一）Web 服务器

Web 服务器一般指网站服务器，是指驻留于因特网上某种类型计算机的程序，可以向浏览器等 Web 客户端提供信息的收发。

（二）制作"我的第一个网页"

（1）在桌面上创建一个文本文档，修改文件名和扩展名——"我的第一个网页.html"（扩展名用英文符号"."）。

（2）在文本文档内输入以下文本：

```
<html>
<head></head>
<body>
<h1>这是我的第一个网页，但是还没办法通过网址访问，它缺少服务器框架。微框架有很多种，如 Bottle、flask</h1>
</body>
</html>
```

（3）网页解析如图 2.2.10 所示。

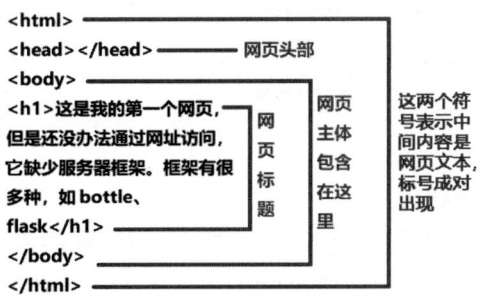

图 2.2.10　网页解析

（三）用树莓派搭建网站

（1）树莓派设置地区，如图 2.2.11 所示。

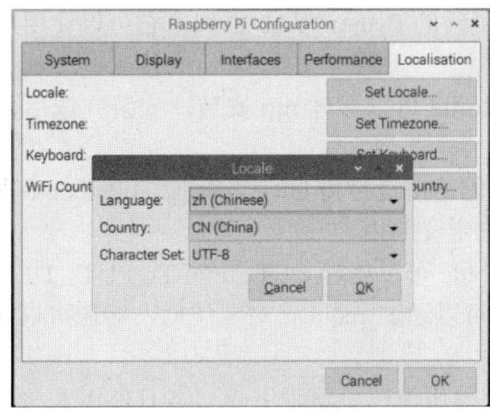

图 2.2.11　树莓派设置地区

（2）树莓派连接手机热点，记录树莓派的 IP，即服务器地址 IP，如图 2.2.12 所示。

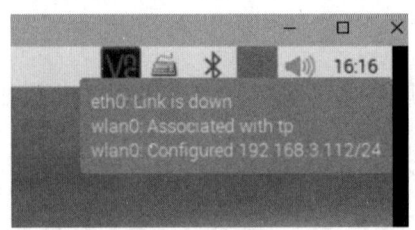

图 2.2.12　树莓派的 IP

（3）在 Bottle 文件旁边，树莓派内输入图 2.2.13 所示的程序。

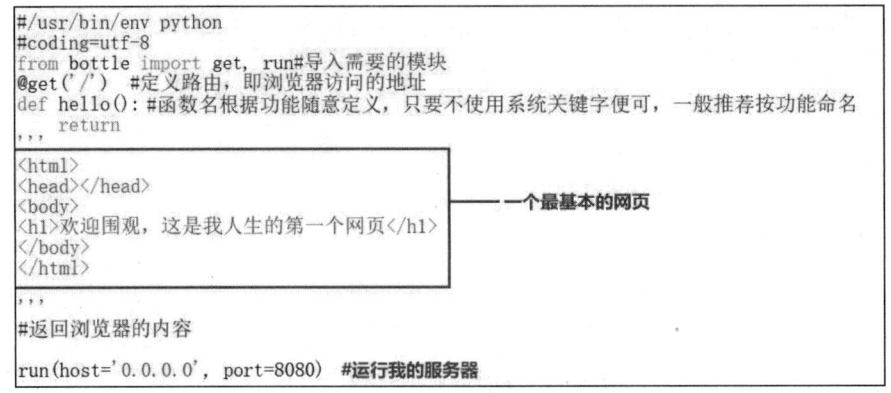

图 2.2.13　程序

（四）运行步骤与程序解析

（1）用外部设备（手机）输入网址，访问树莓派搭建的服务器。

（2）Python 运行 def 定义的函数里面的程序，其用 return 返回一个网页的文本，三个单引号中间的内容为一个基本的网页。

三、探秘 Bottle 框架

（一）Bottle 框架的基础知识

Bottle 框架是一个轻量级的 Python Web 框架，它可以让用户快速构建简单的 Web 应用程序。

（1）安装和导入：Bottle 可以通过 pip 安装，安装完成后，使用 import Bottle 导入框架。

（2）路由：Bottle 中的路由是指将 URL 与相应的 Python 函数相关联的过程，可以使用@Bottle.route( )装饰器来定义路由。

（3）请求和响应：Bottle 可以处理 GET、POST、PUT、DELETE 等 HTTP 请求方法，并返回相应的响应。请求可以通过 request 对象访问，响应可以通过返回值或 response 对象设置。

（4）模板：Bottle 支持使用模板引擎来生成动态 HTML 页面，常用的模板引擎有 jinja2 和 Mako。

（5）中间件：Bottle 支持使用中间件来处理请求和响应，常用的中间件有 session、auth、cors、jsonp 等。

（6）插件：Bottle 支持使用插件来扩展框架的功能，常用的插件有 sqlite、sqlalchemy、redis、mongodb 等。

（7）静态文件：Bottle 可以处理静态文件，如 CSS、JavaScript、图像等。可以使用 @Bottle.route('/static/<filename:path>')定义静态文件路由。

（8）错误处理：Bottle 可以处理 HTTP 错误，并返回相应的错误页面。可以使用 @Bottle.error()装饰器来定义错误处理函数。

Bottle 框架非常容易入门，使用其可以快速构建简单的 Web 应用程序。

（二）Bottle 框架的基本应用

（1）使用 pip 安装 Bottle 框架，程序如下。

```
pip install Bottle
```

（2）创建一个 Python 文件。在计算机上创建一个新的 Python 文件，并将其命名为 app.py。

（3）引入 Bottle 框架：将 Bottle 框架引入 Python 文件，程序如下。

```
from Bottle import *
```

（4）创建一个主页：使用@route 装饰器创建一个主页，将函数的返回值设置为要在网页上显示的内容。

```
@route('/')
def home():
    return "欢迎来到我的网站！"
```

（5）运行应用程序：在命令行中导航到 Python 文件所在的目录，并输入以下命令以启动应用程序。

```
python app.py
```

（6）访问网站：在浏览器中输入 http://localhost:8080/，即可访问搭建的网站。

完整的代码如下：

```
@route('/')
def home():
    return "欢迎来到我的网站！"
if __name__ == '__main__':
    run()
```

（三）Bottle 框架的 REQUEST 请求与 POST 请求

1. REQUEST 请求

在 Bottle 框架中，使用@route 装饰器定义路由处理函数，可以通过 request 对象获取请求信息。其中，request.method 属性表示 HTTP 请求的方法，可以是 GET、POST、PUT、DELETE 等；request.headers 属性可以获取请求头信息，如 User-Agent、Content-Type 等。request.query 属性可以获取 URL 中的查询参数，如 http://example.com/?name=John&age=25 中的 name 和 age。

2. POST 请求

对于 POST 请求，可以使用 request.forms 属性获取请求体中的表单数据，也可以使用 request.body.read()方法获取原始请求体。如果请求体是 JSON 格式，则可以使用 request.json 属性获取 JSON 数据。

以下是一个简单的 Bottle 框架应用程序。

```
from Bottle import route, run, request
@route('/')
def index():
    return '''
        <form method="POST" action="/hello">
            <input name="name" type="text" />
            <input type="submit" value="Submit" />
        </form>
    '''

@route('/hello', method='POST')
def hello():
    name = request.forms.get('name')
    return "Hello, {}!".format(name)
run(host='localhost', port=8080)
```

在上面的示例中，index()函数处理 GET 请求，返回一个包含表单的 HTML 页面；hello() 函数处理 POST 请求，从表单数据中获取 name 参数，返回一个包含欢迎信息的字符串；run()函数启动应用程序，监听本地的 8080 端口。

 实践探索

一、实践项目——用手机控制 LED 灯

Web 控制 LED 灯开关

1. 项目背景

随着物联网技术不断发展，远程控制硬件设备需求渐增。本项目聚焦用手机控制 LED 灯这一应用场景，借助安卓手机、树莓派等常见资源，通过实践操作，实现手机端对 LED 灯的便捷控制，帮助学习者掌握物联网远程控制的基础操作。

2. 项目要求

请使用安卓手机、树莓派、电阻、面包板、红色 LED 灯、杜邦线等材料制作用手机控制 LED 灯。

3. 准备材料

安卓手机（安装 App Inventor 应用）、树莓派（带 Raspbian 系统）、LED 灯 1 个（红色）、220Ω 电阻 1 个、面包板、杜邦线若干。

4. 操作步骤

（1）App 界面编写和 Web 网络设置。Web 客户端的 IP 地址为树莓派的地址，如图 2.2.14 所示。

（2）LED 控制逻辑设计，如图 2.2.15 所示。

图 2.2.14　界面设计

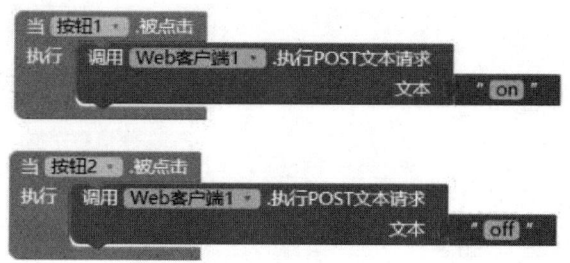

图 2.2.15　逻辑设计

（3）在 App Inventor 编译程序并下载到手机。用树莓派驱动 LED 硬件搭建，如图 2.2.16 所示。

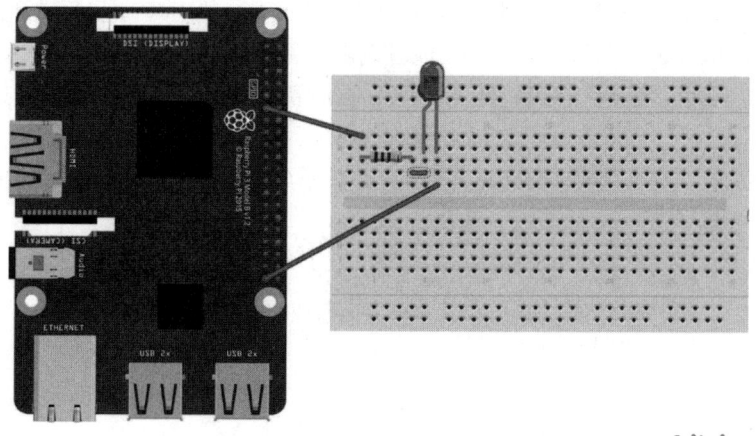

图 2.2.16　用树莓派制作闪烁的 LED 灯

5. 代码参考

```python
import RPi.GPIO as GPIO
from Bottle import post, request, template, run

led = 11
GPIO.setmode(GPIO.BOARD)
GPIO.setup(11, GPIO.OUT)

@post("/led")                                    #定义一个 POST 路由接收客户端信息
def led():                                       #当收到手机 App 信息时，运行这个函数
    a = request.body.read().decode()             #读取收到的 POST 信息，然后交给变量 a
    if a == "on":
        GPIO.output(11, True)
        time.sleep(0.5)
    if a == "off":
        GPIO.output(11, False)
        time.sleep(0.5)

def destroy():
    GPIO.cleanup()

run(host="0.0.0.0", port=8888)
if __name__ == "__main__":
    led()
    try:
        pass
    except KeyboardInterrupt:
        destroy()
```

二、实践项目——搭建简易网站

搭建简易网站

1. 项目背景

在互联网蓬勃发展的当下，掌握网站搭建技能日益重要。本项目旨在利用常见的树莓派、安卓手机及 Bottle 框架等资源，通过实践操作搭建简易网站，让学习者熟悉网站构建流程，了解框架应用，为进一步探索网络开发领域奠定基础。

2. 项目要求

请使用树莓派、安卓手机、Bottle 框架等材料搭建一个可以在浏览器访问的简易网页，并运行 Web 服务器。

3. 准备材料

树莓派（带 Raspbian 系统）、安卓手机（用于访问网页）、Bottle 框架（轻量级 Python Web 框架）。

4. 操作步骤

（1）在树莓派上安装 Bottle 框架，并搭建 Web 服务器。

（2）编写 Python 代码，定义 Web 页面内容。

（3）运行服务器，在浏览器访问网页。

5．代码参考

```
from bottle import Bottle, run, template

app = Bottle()

@app.route('/')
def index():
    return """
    <!DOCTYPE html>
    <html>
    <head>
        <title>树莓派简易网站</title>
    </head>
    <body>
        <h1>欢迎来到树莓派网站</h1>
        <p>这是一个使用 Bottle 框架搭建的简易网站</p>
        <p>当前日期：2025 年 05 月 29 日</p>
    </body>
    </html>
    """

if __name__ == '__main__':
    run(app, host='0.0.0.0', port=8080)
```

知识检测

一、填空题

1．在物联网中，手机是重要的终端，它在物联网中的主要作用是实现设备的_____控制、数据实时交互和_____交互。

2．当谈到万物智能互联，常常会用_____灯来做实例。

3．物联网与_____战略相结合，为农村地区带来了技术创新。

4．通过 App Inventor，用户可以创建一个简单的控制灯的_____。

5．使用 Python 编程语言，可以通过_____库来控制树莓派上的 LED 灯。

6．在 App Inventor 中，控制界面元素的部分被称为_____。

7．Web 服务器的主要功能是_____。

8．使用 Bottle 框架，可以通过定义_____来指定不同的页面和功能。

9．树莓派的网络配置允许其连接到_____。

10．在 App 中，当用户单击按钮控制灯的开关时，这是一个_____操作。

二、选择题

1．手机在物联网中的作用是（　　）。

  A．数据存储 B．数据处理 C．人机接口 D．数据生成

2. 使用树莓派控制 LED 灯的主要编程语言是（　　）。
   A．Java　　　　　B．C++　　　　　C．Python　　　　　D．JavaScript
3. 在 App Inventor 的（　　）中进行逻辑设计。
   A．设计视图　　　B．逻辑视图　　　C．项目管理　　　　D．资源管理
4. Bottle 框架是用（　　）语言编写的。
   A．PHP　　　　　B．Ruby　　　　　C．Python　　　　　D．Perl
5. 要连接 App 和树莓派进行远程控制，需要（　　）。
   A．电子邮件服务器　　　　　　　B．FTP 服务器
   C．Web 服务器　　　　　　　　 D．DNS 服务器
6. 在树莓派上，GPIO 口的作用是（　　）。
   A．数据存储　　　　　　　　　　B．数据处理
   C．外部设备控制　　　　　　　　D．网络连接
7. 物联网与乡村振兴战略的主要目标是（　　）。
   A．提高城市竞争力　　　　　　　B．加强农村技术创新
   C．加强农村文化传统　　　　　　D．提高农村网络速度
8. Bottle 框架中路由定义的主要目的是（　　）。
   A．指定页面颜色　　　　　　　　B．指定页面内容
   C．指定页面功能　　　　　　　　D．指定页面大小
9. 在 App Inventor 中新建项目的步骤是（　　）。
   A．登录→选择模板→填写项目名称→完成
   B．填写项目名称→选择模板→登录→完成
   C．登录→填写项目名称→选择模板→完成
   D．选择模板→登录→填写项目名称→完成
10. Web 服务器的主要功能是（　　）。
    A．设计网页　　　　　　　　　　B．存储数据
    C．传输网页内容　　　　　　　　D．加密数据

三、判断题

1. 手机可以作为物联网的人机接口。　　　　　　　　　　　　　　　（　　）
2. App Inventor 只能在 Windows 操作系统上使用。　　　　　　　（　　）
3. 树莓派可以用作一个简单的 Web 服务器。　　　　　　　　　　　（　　）
4. Bottle 框架不支持 Python 语言。　　　　　　　　　　　　　　　（　　）
5. 在 App Inventor 中，逻辑编写和程序界面设计是在同一部分完成的。（　　）
6. 物联网与乡村振兴战略无关。　　　　　　　　　　　　　　　　　（　　）
7. 用手机控制灯需要硬件和软件两方面的支持。　　　　　　　　　　（　　）
8. 树莓派的网络配置只支持有线连接。　　　　　　　　　　　　　　（　　）
9. Bottle 框架的主要功能是数据存储。　　　　　　　　　　　　　　（　　）
10. 在 Python 中，GPIO 口是用来控制树莓派上的外部设备的库。　　（　　）

四、编程题

1. 使用 Python 和 Bottle 框架,创建一个简单的 Web 服务器,该服务器在访问时返回 "Hello, World!"。

2. 在 App Inventor 中,设计一个包含一个按钮的简单界面,当单击该按钮时,发送一个请求到树莓派,控制 LED 灯的开关。

评价与反馈

评价项目	评价内容	自评	师评
探索材料的全面性（10分）	是否充分探索了相关材料,包括物联网的概念、LED灯的控制技术、物联网与乡村振兴战略的联系		
问题解决的深度（10分）	是否能够深入理解并解释物联网与手机连接的原因,以及手机控制灯的原理		
应用开发的技术性（10分）	App Inventor 和 Python 中控制 LED 灯的技术实现程度		
创新性和实用性（10分）	项目在创新性和实用性方面的表现		
实践操作的准确性（10分）	实际手机控制灯和搭建简易网站的操作准确性和可行性		
材料探索的细致程度（10分）	是否展现了对项目材料深入地研究和探索		
问题解决的逻辑性（10分）	解决问题的过程是否逻辑清晰,给出的解释是否合理		
技术实现的准确性（10分）	在 App Inventor 和 Python 等软件的应用是否得体,技术实现是否准确		
项目的创造性（10分）	项目是否有创新元素,是否能在现实中找到应用场景		
实操和项目报告（10分）	项目实操是否流畅,报告是否完整,表达是否清晰		

项目三 搭建手机聊天服务器

 学习目标

知识目标	硬件知识	理解编程的逻辑性和结构化思考； 能意识到编程在解决实际问题中的重要性
	软件知识	掌握树莓派和 Bottle 服务器的基本操作； 了解移动互联网和即时通信的基本原理
技能目标		能熟练安装和配置 Bottle 服务器； 能使用 App Inventor 与树莓派进行通信，实现消息的发送和接收； 能独立搭建一个简单的手机聊天服务器
素养目标		培养学生的团队合作和项目管理能力，让他们在实践中体验到团队的力量； 培养学生的创新思维，鼓励他们在项目中不断尝试和优化； 培养学生的自主学习能力，使其能够独立解决遇到的问题
思政目标		能意识到信息技术在社会发展中的重要作用，增强信息安全意识； 培养社会责任感，鼓励学生利用技术服务社会，为人民群众提供便利； 培养爱国情怀，让学生意识到自己的学识可以为国家的信息技术发展作出贡献

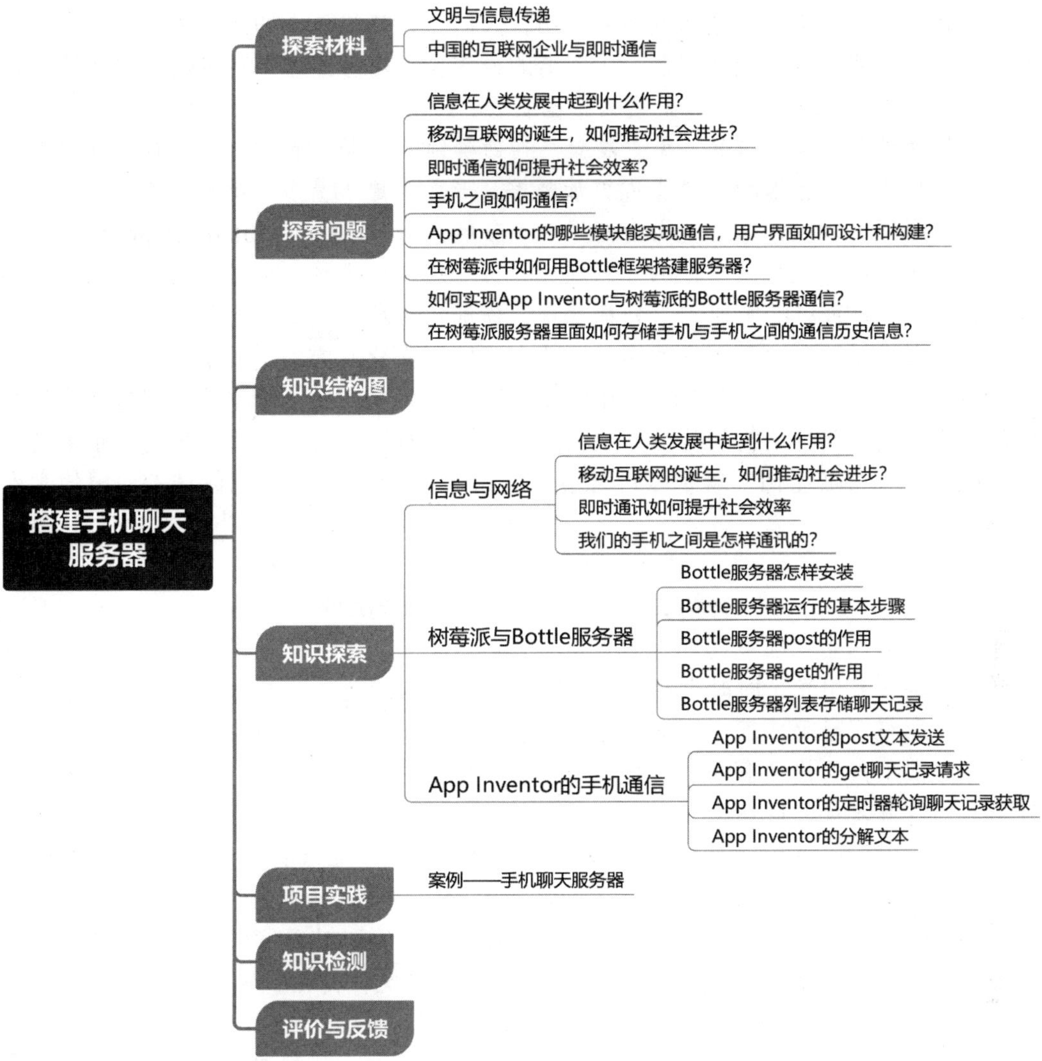

项目三 搭建手机聊天服务器

- 探索材料
  - 文明与信息传递
  - 中国的互联网企业与即时通信
- 探索问题
  - 信息在人类发展中起到什么作用？
  - 移动互联网的诞生，如何推动社会进步？
  - 即时通信如何提升社会效率？
  - 手机之间如何通信？
  - App Inventor的哪些模块能实现通信，用户界面如何设计和构建？
  - 在树莓派中如何用Bottle框架搭建服务器？
  - 如何实现App Inventor与树莓派的Bottle服务器通信？
  - 在树莓派服务器里面如何存储手机与手机之间的通信历史信息？
- 知识结构图
- 知识探索
  - 信息与网络
    - 信息在人类发展中起到什么作用？
    - 移动互联网的诞生，如何推动社会进步？
    - 即时通讯如何提升社会效率
    - 我们的手机之间是怎样通讯的？
  - 树莓派与Bottle服务器
    - Bottle服务器怎样安装
    - Bottle服务器运行的基本步骤
    - Bottle服务器post的作用
    - Bottle服务器get的作用
    - Bottle服务器列表存储聊天记录
  - App Inventor的手机通信
    - App Inventor的post文本发送
    - App Inventor的get聊天记录请求
    - App Inventor的定时器轮询聊天记录获取
    - App Inventor的分解文本
- 项目实践
  - 案例——手机聊天服务器
- 知识检测
- 评价与反馈

背景材料

材料一　文明与信息传递

中华五千年的文明发展与信息的交流传递息息相关。信息技术在促进人与人之间的交流方面发挥着越来越重要的作用。从古代的烽火台、驿站，到近现代的无线电、电报，再到现代的 BBS、手机即时通信等，信息传递在推动中国社会、经济、文化、生活的繁荣中发挥着重要作用。

在古代，烽火台作为一种重要的信息传递方式，将边境的警报迅速传递至中央。在战争时期，烽火台起到了至关重要的作用，使得国家能够迅速做出决策，部署军队。同时，驿站作为古代中国信息传递和物资运输的重要节点，连接起了各个地区。通过驿站，信息能够迅速传递，大大提高了信息传输的效率。这些古代信息技术，虽然原始，但在当时起到了至关重要的作用，为中国社会的繁荣和发展奠定了基础。

进入近现代，随着无线电和电报的发明，人们可以跨越更大的距离进行通信。无线电技术使得信息传播不再受地理限制，远距离的通信变得容易。电报则将信息传递速度提升到了一个新的层次。这些技术的发展为中国社会、经济、文化带来了巨大的影响。商业上，企业能更快速地获取市场信息，做出决策。在政治领域，国家间的沟通更加便捷，促进了外交合作。文化上，各地的思想交流更加频繁，形成了更丰富多元的文化景观。

随着互联网的诞生，信息技术迈向了一个新的高峰。BBS（Bulletin Board System，电子公告板系统）作为互联网早期的一种在线社区形式，极大地促进了人与人之间的交流。在 BBS 上，用户可以畅所欲言，分享观点、资源和信息，激发了思想交流与创新。BBS 的普及对于培养了一代中国网民的网络素养和互联网文化具有深远影响。

20 世纪 90 年代初期，BBS 在中国开始萌芽。最早的 BBS 系统是基于电话线进行数据传输的，许多高校和科研机构开始尝试搭建自己的 BBS 站点。北京大学的"水木清华"和清华大学的"未名空间"就是当时著名的高校 BBS 站点，极大地促进了中国的学术交流和科学技术发展。

材料二　中国的互联网企业与即时通信

中国的互联网企业在过去几十年里取得了显著发展。从创新到发展，这些企业逐渐成为中国经济的重要引擎，同时也在全球范围内产生了深远的影响。中国的互联网企业在即时通信领域取得了显著成就，创造了许多知名的即时通信产品和服务。这些企业和产品不仅满足了中国用户的沟通需求，还推动了互联网行业的发展和创新。以下是一些主要的即时通信软件及其发展的概述。

腾讯 QQ：腾讯 QQ 是中国最早的即时通信软件之一，由腾讯公司于 1998 年推出。原名 OICQ（Open ICQ，即开放版的 ICQ），后因商标纠纷更名为腾讯 QQ。随着功能的不断丰富和用户基数的扩大，QQ 已经成为中国最具影响力的即时通信软件，拥有数亿用户。除文字聊天功能外，QQ 还提供语音聊天、视频聊天、文件传输、空间动态等功能。

微信：微信是由腾讯公司于 2011 年推出的一款即时通信软件，已经成为国内领先的通信软件之一。微信的核心功能包括文字聊天、语音通话、视频通话、朋友圈、公众号、小程序等，满足了用户在生活、工作、娱乐等方面的需求。微信还支持移动支付功能，让用户在生活中可以方便地进行线上支付。截至 2024 年第二季度，微信全球活跃用户数近 13.71 亿。

阿里旺旺：阿里旺旺是阿里巴巴集团推出的即时通信工具，最早应用于淘宝网（现今阿里巴巴旗下的电商平台）。它主要为买家和卖家提供实时沟通功能，方便双方进行交易咨询和售后服务。随着阿里巴巴业务的扩展，阿里旺旺也逐渐发展为一款支持多种应用场景的即时通信软件。

钉钉：钉钉是阿里巴巴集团于 2014 年推出的一款企业级即时通信软件。它主要面向企业用户，提供团队协作、任务管理、企业邮箱、视频会议等功能，帮助企业提高工作效率。钉钉在国内企业级市场具有广泛的用户基础，已经成为中国领先的企业级通信软件之一。

企业微信：企业微信是腾讯公司针对企业市场推出的即时通信软件，于 2016 年上线。企业微信提供丰富的企业级功能，如团队协作、审批流程、会议预订、企业云盘等，帮助企业实现高效沟通和管理。通过企业微信，员工可以方便地与同事、领导、合作伙伴进行沟通，同时满足企业数据安全、管理需求。

 材料思考

读完上面的材料，请思考以下问题。
1．信息在人类发展中起到什么作用？
2．移动互联网的诞生，如何推动社会进步？
3．即时通信如何提升社会效率？
4．手机之间如何通信？
5．App Inventor 的哪些模块能实现通信，用户界面如何设计和构建？
6．在树莓派中如何用 Bottle 框架搭建服务器？
7．如何实现 App Inventor 与树莓派的 Bottle 服务器通信？
8．在树莓派服务器里面如何存储手机与手机之间的通信历史信息？

 **知识结构**

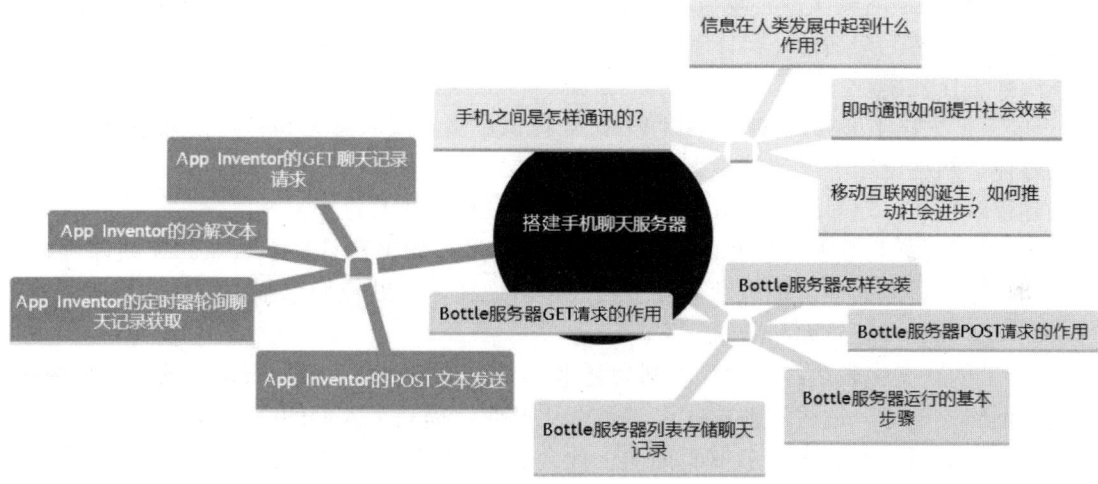

 **知识探索**

一、信息与网络

（一）信息在人类发展中的作用

信息在人类发展中具有举足轻重的作用，它贯穿了社会的各个领域并推动着人类不断向前。信息传播促进了人类的交流与沟通，使得人们能够在不同地域和文化背景下分享思想、观点和知识。这种交流对于人类社会的融合与发展具有重要意义。

信息的传播与记录为学习和知识传承提供了基础。书籍、报纸、杂志和数字媒体等形式的信息载体，让人们可以学习和继承前人的经验与智慧。这有助于知识的积累、传承，以及推动人类文明的发展。

在科技创新方面，信息传播扮演了至关重要的角色。科技领域的知识得以迅速传播和共享，促进了全球范围内的科技创新。科研人员可以通过多种途径了解最新研究成果，从而加速科技进步。

信息在经济发展中也发挥着关键作用。信息流通使市场信息更加透明，有助于资源配置的优化。同时，信息技术的发展推动了全球贸易和投资，为经济增长创造了新的机会。

（二）移动互联网推动社会进步

移动互联网的诞生极大地推动了社会进步，它在以下几个方面产生了显著影响。

（1）提高信息获取速度：移动互联网使人们随时随地可以访问互联网，获取实时信息。这大大提高了信息获取速度，促进了知识传播和分享。

（2）加强沟通与协作：移动互联网提供了各种即时通信工具，如微信、QQ等，使得人们能够随时保持联系，进行实时沟通。这加强了人际交往，促进了跨地域、跨文化的协作与交流。

（3）促进经济发展：移动互联网为企业提供了新的商业模式和市场机会。例如，电商平台、共享经济、网络广告等行业的兴起，为经济增长提供了新的动力。此外，移动支付和数字货币的普及也为全球贸易和投资提供了便利。

（4）提高生活品质：移动互联网提供了丰富的应用程序和服务，使人们的生活更加便捷。例如，网上购物、外卖订餐、在线医疗咨询、远程办公等服务，都提高了人们的生活品质和工作效率。

（5）扩大民主参与：移动互联网为民众提供了更多发表意见和参与公共事务的渠道。社交媒体、网络论坛等平台使得民众能够更方便地表达观点、参与讨论，并向政府和企业提出建议或批评。这有助于扩大民主参与，推动社会公正与进步。

（6）促进教育普及：移动互联网使得教育资源更加丰富且易于获取。在线课程、教育应用程序等资源为学生和教师提供了新的学习途径，帮助他们克服地域、经济等限制。这有助于提高教育普及率和质量。

（7）创新文化表达：移动互联网为艺术家和创作者提供了新的表达方式，如短视频、直播、网络文学等。这些创新形式丰富了文化产业，提高了人们的文化体验。

移动互联网的诞生在很多方面推动了社会进步。它改变了人们的生活方式，提高了信息获取速度，加强了沟通。

（三）即时通信提升社会效率

即时通信通过实时沟通、高效协作、跨地域交流、快速响应、信息管理、多功能集成以及社交网络拓展等方面，显著提高了社会效率。下面是即时通信的特点。

（1）实时沟通：即时通信工具使得人们能够进行实时沟通，无论对方身处何地。这种实时沟通提高了信息传递速度，减少了误解和沟通成本。

（2）高效协作：即时通信工具支持多人群聊、文件共享等功能，方便团队成员之间的协作。这有助于提高团队工作效率，加快项目进度。

（3）即时通信：即时通信通过资源共享与知识传播提升社会效率，打破传播壁垒，快速分享学术、行业、生活等多类资源。如教育者群组共享课件、专业人士交流前沿资讯，加速知识迭代，助力社会成员高效获信息，减少重复探索，推动领域发展。

（4）跨地域交流：即时通信消除了地理距离的障碍，使得人们可以轻松地与国内外的朋友、同事和合作伙伴进行沟通。这促进了跨地域、跨文化的交流与合作，为全球化提供了支持。

（5）响应速度：即时通信工具可以快速发送和接收消息，使得企业和客户之间的沟通更加高效。客户可以迅速获得解答和支持，有助于提高客户满意度和企业的市场竞争力。

（6）信息管理：即时通信工具通常具有信息搜索、聊天记录存储等功能，方便用户查找和回顾过往沟通内容。这有助于提高信息管理效率，避免重复劳动。

（7）多功能集成：许多即时通信工具还整合了其他功能，如语音通话、视频会议、日程安排等。这使得用户可以在同一个平台上完成多种任务，提高了工作效率。

（8）社交网络拓展：即时通信工具有助于人们扩大社交圈，结识新朋友或寻找合作伙伴。这有利于人们建立有价值的人际关系，提升社会资源的利用效率。

（四）手机之间的通信

手机通信是通过移动通信网络（如 GSM、CDMA、4G、5G 等）进行语音、短信和数据的传输技术。手机与通信网络之间的连接由以下几个部分组成：

（1）手机：手机设备包含了无线电发射器和接收器，用于与移动网络基站通信。

（2）基站：基站是移动网络的核心组成部分，负责处理手机与其他网络设备之间的通信。

（3）移动交换中心：移动交换中心负责管理和路由电话和数据连接。

本项目就是用 Bottle 框架充当移动交换中心（服务器），充当众多手机的信息交换平台。

二、树莓派与 Bottle 服务器

（一）Bottle 服务器怎样安装

使用 pip 安装 Bottle，在树莓派终端输入：pip3 install bottle。

（二）Bottle 服务器运行的基本步骤

（1）在 app.py 文件中，使用以下代码创建一个简单的 Bottle 应用程序。

```python
from bottle import Bottle, run
app = Bottle()
@app.route('/')
def hello():
    return "Hello, World!"
if __name__ == '__main__':
    run(app, host='0.0.0.0', port=8080)
```

这个应用程序在根目录（/）下定义了一个简单的路由，返回"Hello, World!"。

（2）保存并退出文本编辑器，在终端中，定义到程序目录，运行命令启动 Bottle 服务器。

```
python3 app.py
```

（三）Bottle 服务器 POST 请求的作用

POST 请求的作用主要是从客户端向服务器提交数据，这些数据可以是表单数据、

JSON 数据或其他格式的数据。POST 请求通常用于创建新的资源、修改现有资源或执行特定操作。

```
from bottle import Bottle, request
app = Bottle()
@app.route('/submit_data', method='POST')
def handle_post_request():
    #获取表单数据
    form_data = request.forms.get('field_name')
    #获取 JSON 数据
    json_data = request.json
    #处理数据，例如存储到数据库或其他操作
    #...
    #返回响应
    return 'Data submitted successfully'
```

在这个例子中，定义了一个处理 POST 请求的路由/submit_data。当客户端向这个路由发送 POST 请求时，handle_post_request 函数将被调用。在这个函数中，可以通过 request.forms 和 request.json 获取表单数据和 JSON 数据。处理完数据后，可以返回一个响应给客户端。

与 GET 请求相比，POST 请求具有更好的安全性，因为它不会将数据暴露在 URL 中。POST 请求还可以发送更大量的数据，因为它不受 URL 长度的限制。

（四）Bottle 服务器 GET 请求的作用

在 Bottle 框架中，GET 请求是一种 HTTP 请求方法，用于从服务器检索信息。它通常用于获取页面内容、查询参数或其他需要从服务器获取数据的场景。GET 请求是 HTTP 请求方法中最常用的一种，浏览器默认的请求方法就是 GET。

在 Bottle 服务器中，可以使用@app.route()装饰器为 GET 请求创建路由，例如：

```
from bottle import Bottle, run
app = Bottle()
@app.route('/hello', method='GET')
def hello():
    return "Hello, this is a GET request."
if __name__ == '__main__':
    run(app, host='0.0.0.0', port=8080)
```

在这个例子中，为/hello 路径创建了一个 GET 请求的路由。当客户端向服务器发出 GET 请求时，服务器将返回字符串"Hello, this is a GET request."。

GET 请求通常用于不会对服务器数据产生修改的场景，例如获取静态页面、查询数据等。与其他 HTTP 请求方法（如 POST、PUT、DELETE 等）相比，GET 请求具有幂等性，这意味着多次执行相同的 GET 请求将产生相同的结果，而不会对服务器数据产生任何副作用。使用 Bottle 框架，可以轻松为 GET 请求创建路由，并处理客户端发出的这类请求。

（五）Bottle 服务器列表存储聊天记录

在 Bottle 中创建一个全局列表变量 messages 来存储聊天记录。

```
messages = []
```

创建一个用于添加新消息的路由。这里使用 POST 请求，因为它适用于向服务器发送数据。可以使用 request.forms.get()方法从客户端获取消息内容。

```
from bottle import Bottle, run, request
app = Bottle()
messages = []
@app.route('/add_message', method='POST')
def add_message():
    message = request.forms.get('message')
    if message:
        messages.append(message)
        return {"status": "success", "message": "Message added successfully."}
    else:
        return {"status": "error", "message": "Message cannot be empty."}
```

创建一个用于获取所有消息的路由。这里使用 GET 请求，因为它用于从服务器检索数据。

```
@app.route('/get_messages', method='GET')
def get_messages():
    return {"messages": messages}
```

可以使用 App Inventor 编写手机客户端，通过发送 POST 请求将新消息发送到服务器的/add_message 端点，并使用 GET 请求从/get_messages 端点获取聊天记录。

三、App Inventor 的手机通信

（一）App Inventor 的文本发送

定义一个 App Inventor 的 Web 客户端，如图 2.3.1 所示，然后在 App Inventor 中定义一个按钮和文本框，单击该按钮调用 POST 请求发送文本框文本，如图 2.3.2 所示。

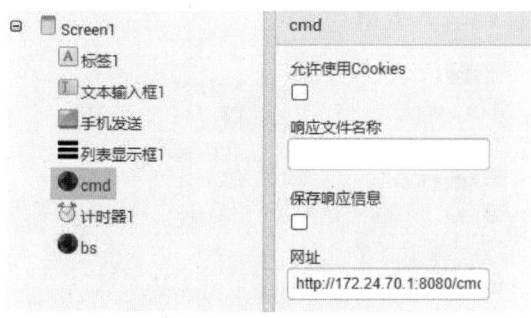

图 2.3.1　Web 组件及属性

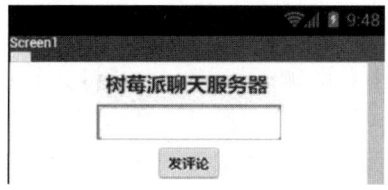

图 2.3.2　界面设计

当"发评论"按钮被单击时,调用名字为 cmd 的客户端发送文本框文本,同时调用计时器记录当前时间,发给树莓派 Bottle 服务器,逻辑设计如图 2.3.3 所示。

图 2.3.3　逻辑设计

(二) App Inventor 的聊天记录请求

定义一个 App Inventor 的 Web 客户端,在其中定义一个按钮获取聊天服务器的聊天记录,但是单击按钮获取方式较烦琐,可以定义一个定时器,每隔一定时间刷新轮询聊天记录,逻辑设计如图 2.3.4 所示。

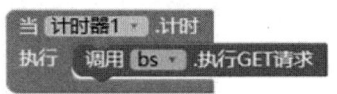

图 2.3.4　计时器逻辑设计

(三) App Inventor 的定时器轮询聊天记录获取

将"计时器"组件拖放到设计视图中,单击"计时器"组件,在属性面板中将"启用计时"属性设置为 true(默认值),并将"计时间隔"属性设置轮询聊天记录的时间间隔(以毫秒为单位)。设置为 2000 表示每 2 秒轮询一次,如图 2.3.5 所示。

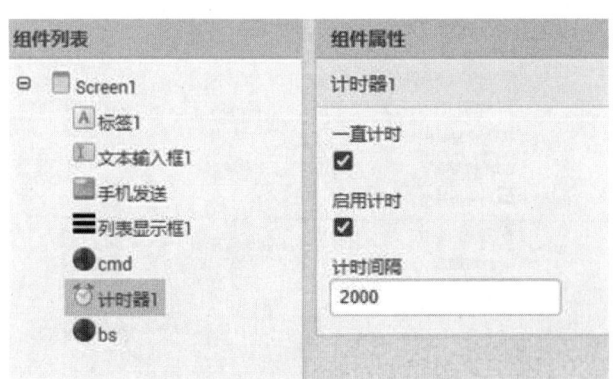

图 2.3.5　计时器属性

(四) App Inventor 的分解文本与列表显示框

App Inventor 用 GET 请求获取聊天记录,为了将其显示在列表显示框上,如图 2.3.6 所示,必须对文本内容进行分解,分解时候要分析文本内容。分析相关内容,以逗号为分隔符,分解后形成列表,分别显示在列表显示框的每个栏目,逻辑设计如图 2.3.7 所示,交互过程如图 2.3.8 所示。

项目三　搭建手机聊天服务器

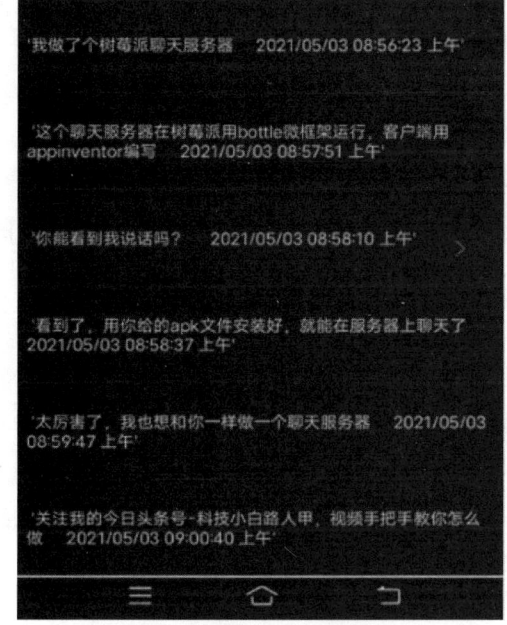

图 2.3.6　测试效果

图 2.3.7　获得文本逻辑设计

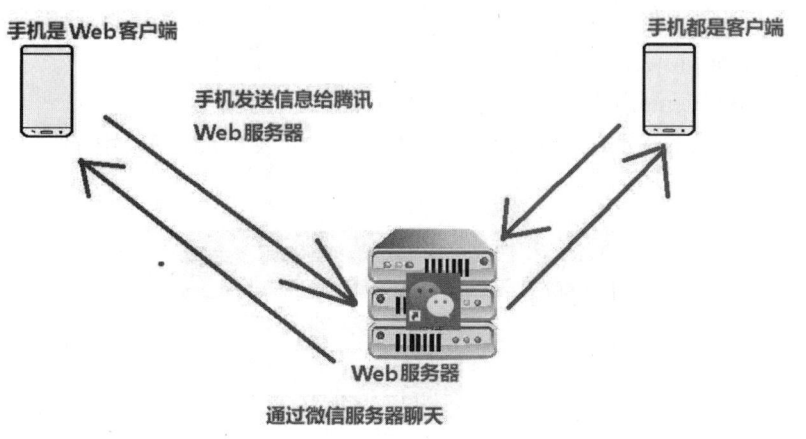

图 2.3.8　互联过程

 **实践探索**

搭建聊天服务器

实践项目——手机聊天服务器

1. 项目背景

在移动互联网普及的今天,便捷的即时通信需求旺盛。本项目以打造手机聊天服务器为目标,利用 Android 手机、树莓派及相应网络条件等材料,通过一系列步骤搭建服务器、创建手机应用,旨在让学习者熟悉网络通信开发,掌握简易聊天系统构建流程。

2. 项目要求

使用 Android 手机、Wi-Fi 或有线网络、树莓派(推荐树莓派 4B),搭建一个可以发送和接收消息的手机聊天服务器。

3. 准备材料

树莓派(4B 推荐)、Android 手机、Wi-Fi 或有线网络、Bottle 框架、App Inventor。

4. 操作步骤与参考代码

(1)安装 Bottle 框架。

(2)编写 Bottle 服务器代码。

```python
from bottle import get,post,run,request,template
import threading
global c
c=[]
@get("/bs")
def bs():
    return '%s'%c
@post('/cmd')
def cmd():
    a=request.body.read().decode()
    c.append(a)
    print(c)
run(host="0.0.0.0",port=8080)
```

(3)使用 App Inventor 创建手机应用。

1)打开 App Inventor 网站,创建一个新项目。

2)使用设计器添加所需组件(按钮、文本框、列表视图等),用于实现聊天界面,如图 2.3.9 所示。

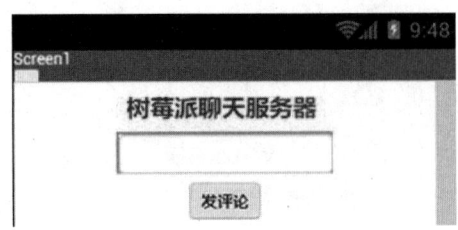

图 2.3.9 界面设计

3）使用编程模块，编写代码实现与 Bottle 服务器的通信，包括发送消息和获取消息，如图 2.3.10 所示。

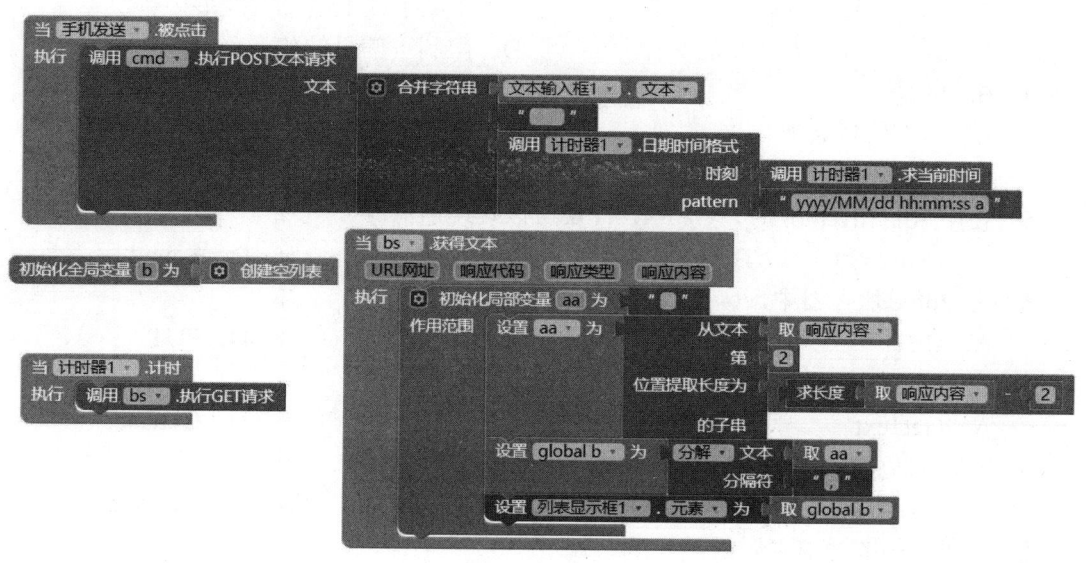

图 2.3.10　逻辑设计

（4）测试聊天功能。

一、填空题

1．在古代，信息主要依靠_____和_____进行传递。
2．_____是目前国内最大的即时通信公司。
3．信息在人类的发展中，对于_____和_____都起到了重要作用。
4．移动互联网的诞生对社会进步的主要体现是_____。
5．当使用手机进行通信时，信息是通过_____和_____传输的。
6．使用 App Inventor 构建通信应用时，至少需要_____和_____两个模块。
7．Bottle 服务器在树莓派上的安装命令是_____。
8．在 Bottle 服务器中，_____负责接收数据，_____负责发送数据。
9．在 App Inventor 中，使用_____方法发送文本信息。
10．树莓派服务器使用_____方式存储手机通信信息。

二、选择题

1．在古代中华文明中，不是用来传递信息的是（　　）。
　　A．烽火　　　　　　B．信鸽　　　　　　C．电子邮件　　　　D．马递
2．即时通信的主要特点是（　　）。
　　A．可以编辑邮件　　　　　　　　　　　B．可以浏览网页

C．实时发送和接收消息 D．可以播放音乐

3．移动互联网的诞生对社会产生的积极影响是（   ）。
    A．使人们更加依赖纸质书籍 B．推动了线上购物的发展
    C．减少了人与人之间的交往 D．限制了信息的传播

4．Bottle 是（   ）。
    A．一个饮料品牌 B．一个 Python Web 框架
    C．一个数据库软件 D．一个音乐软件

5．使用 App Inventor 时，（   ）模块可以实现通信。
    A．Canvas B．Clock C．Web D．Sound

6．在 Bottle 服务器中，（   ）是用来接收数据的。
    A．GET B．POST C．DELETE D．PUT

7．在 App Inventor 中，（   ）方法可以获取聊天记录。
    A．GetText B．PostText C．CallText D．GetChat

8．树莓派是基于（   ）操作系统。
    A．Windows B．MacOS C．Raspbian D．Android

9．手机之间的通信主要依赖（   ）。
    A．电视信号 B．广播信号
    C．无线网络信号 D．有线电话信号

10．在 Bottle 服务器中，列表用来（   ）。
    A．存储图片 B．存储音乐
    C．存储聊天记录 D．存储软件

三、判断题

1．在古代，信息主要依靠电子方式传递。（   ）
2．互联网的出现没有影响到即时通信的发展。（   ）
3．使用 App Inventor 可以构建手机应用。（   ）
4．Bottle 服务器不能在树莓派上运行。（   ）
5．App Inventor 和树莓派之间可以实现通信。（   ）
6．在 Bottle 服务器中，GET 方法主要用来发送数据。（   ）
7．App Inventor 的定时器可以用来轮询聊天记录。（   ）
8．互联网企业对即时通信没有任何贡献。（   ）
9．树莓派的服务器可以存储大量的手机通信信息。（   ）
10．移动互联网的出现使得人与人之间的沟通更加困难。（   ）

四、编程题

1．使用 Python 和 Bottle 框架在树莓派上搭建一个简单的 Web 服务器，并设置一个路由来接收 POST 请求的聊天信息。

2．在 App Inventor 中，设计一个简单的用户界面，包含一个输入框和一个按钮。当用户输入文本并单击按钮时，使用 Web 模块将文本发送到树莓派的 Bottle 服务器。

评价与反馈

评价项目	评价内容	自评	师评
意识形态评价（10 分）	能够充分理解信息交流对现代文明的意义，重视个人隐私和网络安全，有效做好数据保护，明确国家安全信息意识、网络文明意识		
认知（10 分）	能熟练搭建树莓派环境、操作程序与调用模块；深入理解 Bottle 框架原理并部署服务器；精通 App Inventor，规划逻辑、高效编写优化手机端 UI		
发现和辨别（10 分）	能够在项目实践过程中发现网络、通信问题，并对问题提出解决方案，尝试解决		
理解（5 分）	理解项目涉及的各个方面的知识，包括硬件、软件、网络通信等		
辩证（5 分）	从不同角度审视问题，充分考虑项目中的利弊，提出合理的改进方案		
计算（10 分）	运用计算方法解决项目中的问题，如字符序列的位置计算		
实验验证（10 分）	设计方案实现聊天服务器的搭建，通过实验验证所提出的解决方案的有效性		
区分（5 分）	区分项目中的关键问题与次要问题，以便更好地组织项目实施		
分析（5 分）	能够分析项目中的各个环节，找出潜在的问题并提出合理的解决方案		
应用（10 分）	能够将所学知识应用于实际项目中，实现手机之间的物联网通信，解决项目实践中遇到的问题		
应用（技能复用）（10 分）	在项目实践中发现技能的通用性，将所学技能应用于其他领域		
实践验证（10 分）	通过实际项目实践，验证所学知识和技能的正确性和有效性		

项目四　手机获取超声波传感器信息

学习目标

知识目标	硬件知识	了解超声波传感器工作原理（压电效应）、物理特性（传播规律等）； 理解 HY-SRF04 硬件知识（发射功率等）； 掌握超声波模块接口、时序图及硬件调试
	软件知识	掌握 Python 读写 GPIO 口，编写获取传感器信息程序，实现距离计算与结果输出
技能目标		能正确连接 HY-SRF04 超声波传感器； 能调试 HY-SRF04 超声波传感器，并获取正确信息； 能编写程序获取超声波信息； 能编写手机 App 程序与树莓派通信获取信息
素养目标		通过超声波传感器的调试，培养追本溯源的科学精神，通过查找模块参数和工作原理分析传感器，从而提升传感器测量效率和准确性； 将超声波传感器与生活和工作场景结合，开发超声波传感器的创新应用
思政目标		提升社会责任，将超声波传感器与安全驾驶、灾害预防、医疗应用联系到一起，同时提升自我安全意识

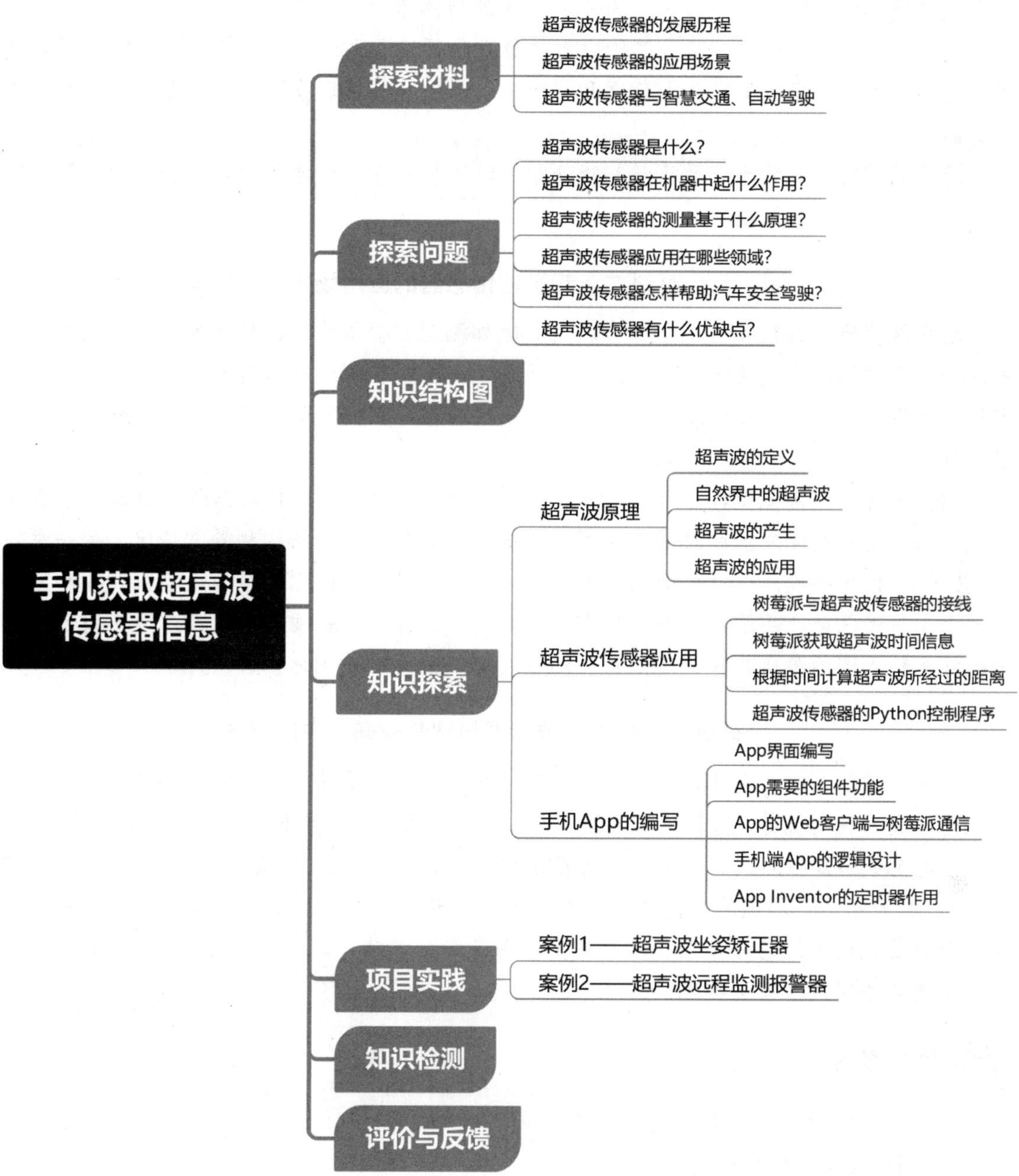

项目四 手机获取超声波传感器信息

```
手机获取超声波传感器信息
├── 探索材料
│   ├── 超声波传感器的发展历程
│   ├── 超声波传感器的应用场景
│   └── 超声波传感器与智慧交通、自动驾驶
├── 探索问题
│   ├── 超声波传感器是什么？
│   ├── 超声波传感器在机器中起什么作用？
│   ├── 超声波传感器的测量基于什么原理？
│   ├── 超声波传感器应用在哪些领域？
│   ├── 超声波传感器怎样帮助汽车安全驾驶？
│   └── 超声波传感器有什么优缺点？
├── 知识结构图
├── 知识探索
│   ├── 超声波原理
│   │   ├── 超声波的定义
│   │   ├── 自然界中的超声波
│   │   ├── 超声波的产生
│   │   └── 超声波的应用
│   ├── 超声波传感器应用
│   │   ├── 树莓派与超声波传感器的接线
│   │   ├── 树莓派获取超声波时间信息
│   │   ├── 根据时间计算超声波所经过的距离
│   │   └── 超声波传感器的Python控制程序
│   └── 手机App的编写
│       ├── App界面编写
│       ├── App需要的组件功能
│       ├── App的Web客户端与树莓派通信
│       ├── 手机端App的逻辑设计
│       └── App Inventor的定时器作用
├── 项目实践
│   ├── 案例1——超声波坐姿矫正器
│   └── 案例2——超声波远程监测报警器
├── 知识检测
└── 评价与反馈
```

背景材料

材料一 超声波传感器的发展历程

超声波传感器是一种常用的距离测量设备，传感器的发明是很多科学技术的探索结果。

早在19世纪，科学家们就已经开始研究声波的传播和应用。1880年，法国物理学家皮埃尔·居里和雅克·居里兄弟通过实验发现，当一块石英晶体受到压力时，会产生电荷。

这个现象被称为压电效应,后来成为制造超声波传感器的基础。

随着电子技术的进步,超声波传感器的原理也得到了改进。现代超声波传感器通常使用压电陶瓷晶片或振荡器作为发射器和接收器,通过发射超声波脉冲并测量回波的时间来计算距离。

超声波传感器的背后涉及声学、物理学、电子技术等多个学科的研究和探索,是一种十分重要的测量和检测设备。

材料二　超声波传感器的应用场景

超声波传感器在很多领域中都有应用,比如测距、物体检测、避障等。超声波传感器可以用于实现倒车雷达功能。倒车雷达可以通过安装在车辆后方的超声波传感器来检测后方是否有障碍物,当检测到障碍物时,系统发出警报,以提醒司机注意安全,避免发生碰撞事故。

超声波除了距离测量,还可以应用于医学成像、材料检测、自动驾驶等领域。在医学成像领域,超声波传感器可以用来探测人体内部组织和器官的结构和异常情况,是一种安全、无创的检查手段。在材料检测领域,超声波传感器可以检测材料的缺陷、裂纹和密度等信息,对于保证产品质量和安全具有重要意义。在自动驾驶领域,超声波传感器可以用来检测车辆周围的障碍物和距离,是自动驾驶车辆的关键技术之一。

材料三　超声波传感器与智慧交通、自动驾驶

智慧交通体系中,雷达是重要的路侧感知单元,具有不受天气和光照影响、可全天候探测感知交通流的优势。随着技术的进步和发展,交通感知系统正在经历从"感知在节点"到"全时全域感知在路网"的演进。随着雷达芯片算力的提升,"摄像头+4D雷达+超声波传感器+激光雷达"形成的多传感器融合,能够创建高分辨率可识别区域的冗余感知,但是这个需要比较高的芯片算力和研发更复杂的多传感器融合算法。未来的智慧交通,需要人们用更多的实践探索去实现。

 材料思考

读完上面的材料,请思考以下问题。

1. 超声波传感器是什么?
2. 超声波传感器在机器中起什么作用?
3. 超声波传感器的测量基于什么原理?
4. 超声波传感器应用在哪些领域?
5. 超声波传感器怎样帮助汽车安全驾驶?
6. 超声波传感器有什么优缺点?

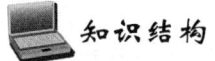 知识结构

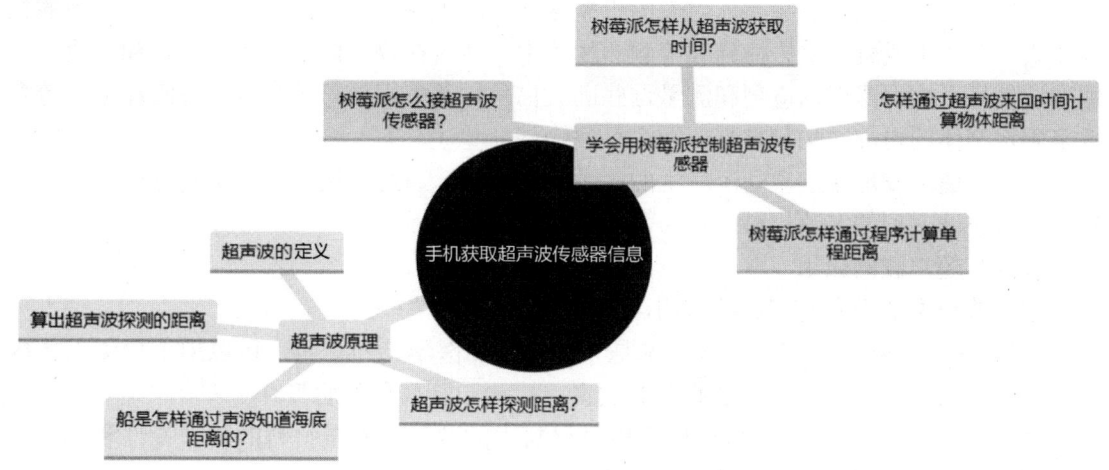

 知识探索

一、超声波原理

（一）超声波的定义

超声波是一种机械波，其频率高于人类能听到的频率范围（一般为 20kHz）。在物理学中，声波是通过介质中的分子振动而传播的一种机械波，超声波的频率高于声波，因此它的波长更短。

（二）自然界中的超声波

在自然界中，超声波广泛存在于各种生物体内和周围的环境中。以下是一些自然界中的超声波例子。

（1）蝙蝠：蝙蝠使用超声波来探测周围环境中的物体和飞行路线。它们发出超声波信号，然后根据回波的反射时间和频率差异来判断物体的位置、形状和距离。

（2）鲸鱼：鲸鱼使用超声波来进行远距离通信和声呐导航。它们发出超声波信号，然后根据回波的反射时间和频率差异来判断物体的位置和方向。

（3）昆虫：某些昆虫，如蟋蟀和蚊子，也使用超声波来进行通信和导航。它们发出超声波信号，然后根据回波的反射时间和频率差异来判断周围环境中的物体和方向。

（4）水中生物：水中生物，如鱼和海豚，使用超声波来进行声呐导航和通信。它们发出超声波信号，然后根据回波的反射时间和频率差异来判断物体的位置和方向。

总之，超声波在自然界中有着广泛的应用，帮助生物体进行探测和导航，并在生物学、生态学和环境学等领域中扮演着重要的角色。

（三）超声波的产生

超声波是由振动源（通常是晶体）产生的高频机械振动，这些振动通过介质（如气体、液体或固体）传播并引起压力波。这些压力波沿着介质中的分子传播，并引起分子的周期

性振动，形成一系列的高频机械波，即超声波。

在超声波成像等应用中，通常使用压电晶体作为振动源。当施加电场到压电晶体上时，它会发生形状变化，并引起晶体内部的机械振动，产生超声波。这些超声波经过适当的耦合介质（例如水或凝胶）传播到被检测的物体中，然后在物体内部反射、散射和吸收，产生回波信号。接收器可以检测和测量这些回波信号，并根据信号的强度、时间和频率等参数来确定物体的内部结构和特性。

总之，超声波是通过振动源产生的高频机械振动，通过介质传播并引起分子的周期性振动，形成一系列的高频机械波。

（四）超声波的应用

超声波在生活中有着广泛的应用，以下是其中的一些例子。

（1）医疗诊断：超声波成像技术是一种常用的医学诊断工具，可以用于检测人体内部器官的结构和功能，例如检查胎儿的发育，检测心脏病和肿瘤等。

（2）工业检测：超声波可以用于检测材料中的缺陷，测量材料的物理特性和厚度，例如在汽车制造中用于检测轮毂中的裂纹。

（3）清洗和消毒：超声波可以产生高频振动，可用于清洗和消毒物体表面上的微小细节，例如清洗眼镜和牙齿等。

（4）声波聚焦：超声波可以用于声波聚焦，可以将声波的能量集中在一个小区域内，从而产生高温或高压力，例如用于物体的切割、焊接或熔化等。

（5）气体检测：超声波可以用于检测气体流量、气体成分和压力等参数，例如在工业和环境监测中用于检测空气中的污染物。

总之，超声波在医疗、工业、清洁、安全等方面都有广泛的应用，已经成为现代生活中不可或缺的技术。

二、超声波传感器应用

（一）树莓派与超声波传感器的接线

如图 2.4.1 所示，HY-SRF04 有四个接口，从左到右为 1～4 号接口。传感器需要 5V 电源；1 号口和 4 号口接树莓派 5V 电源正负极；2 号口是超声波指令接收端，接收到一个指令工作一次（测一次距离）；3 号口把测到的距离用一个高电平形式返回给树莓派。

图 2.4.1　超声波传感器（HY-SRF04）

超声波的接线方式，如图 2.4.2 所示，树莓派 11 输出口告诉超声波要测距离，12 输入口接收超声波的信息值。

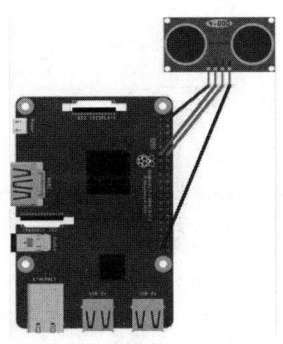

图 2.4.2　超声波与树莓派的连接

（二）树莓派获取超声波时间信息

如图 2.4.3 所示，从时序图中可以看出，树莓派控制 HY-SRF04 的过程有以下三个步骤。

（1）Trig 接口触发 10μs 秒信号给超声波传感器，超声波传感器开始工作。

（2）超声波传感器开始工作，发射 8 个频率脉冲，每间隔一段时间发射一次脉冲。

（3）如果脉冲探测到物体，Echo 接口接收 1 个高电平，如图 2.4.3 所示，"3.1"处低电平变成高电平，开始时间为 s1，"3.2"处高电平变低电平，结束时间为 s2，即可以求得脉冲宽度（计算时间 s2-s1 获得）。

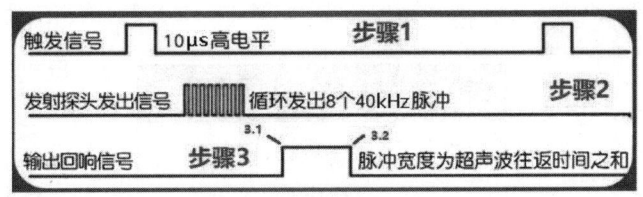

图 2.4.3　HY-SRF04 时序图

（三）根据时间计算超声波所经过的距离

已知声速是 343m/s，根据时间和速度，可计算出超声波往返的距离，再除以 2 得到单程的距离。

（四）超声波传感器的 Python 控制程序

```
import RPi.GPIO as GPIO
import time
#定义引脚
TRIG_PIN = 11
ECHO_PIN = 12
#设置 GPIO 模式
GPIO.setmode(GPIO.BCM)
#设置引脚的输入/输出模式
GPIO.setup(TRIG_PIN, GPIO.OUT)
GPIO.setup(ECHO_PIN, GPIO.IN)
#发送 10μs 的脉冲
GPIO.output(TRIG_PIN, False)
time.sleep(0.1)
GPIO.output(TRIG_PIN, True)
```

```
time.sleep(0.00001)
GPIO.output(TRIG_PIN, False)
#计算超声波回传时间
while GPIO.input(ECHO_PIN) == 0:
    pulse_start = time.time()
while GPIO.input(ECHO_PIN) == 1:
    pulse_end = time.time()
#计算距离
pulse_duration = pulse_end - pulse_start
distance = pulse_duration * 17150     #声速为343m/s,除以2为来回距离,单位为厘米
distance = round(distance, 2)         #四舍五入,保留两位小数
#输出距离
print("Distance:", distance, "cm")
#清理GPIO口
GPIO.cleanup()
```

三、手机 App 的编写

（一）App 界面编写

App 界面设计如图 2.4.4 所示，有两个开关按钮，一个标签。按钮用于控制传感器，标签用于显示获取的超声波的数值信息。

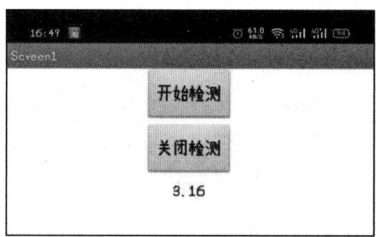

图 2.4.4　手机 App 界面

（二）App 需要的组件功能

App 的控制过程如下，需要的组件如图 2.4.5 所示。

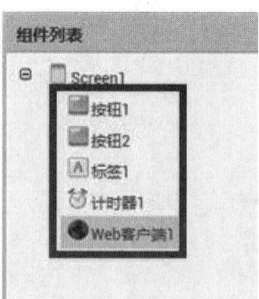

图 2.4.5　App Inventor 功能组件

（1）单击"开始检测"按钮，定时器开始计时。

（2）计时器获取 Web 客户端信息。

（3）单击"关闭检测"按钮，定时器停止计时。

（三）App 的 Web 客户端与树莓派通信

在同一局域网下，手机 App 与树莓派的通信过程：Web 客户端执行 GET 请求，树莓派 Bottle 服务器收到请求，调用 loop()函数获取超声波的值，返回给手机 App 的 Web 客户端，具体通信过程如图 2.4.6 所示。

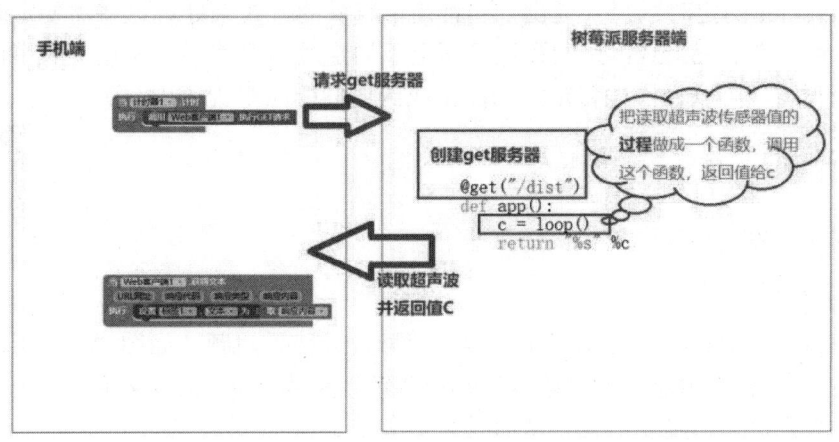

图 2.4.6 手机 Web 客户端与树莓派 Bottle 微框架的交流过程

（四）手机端 App 的逻辑设计

手机端 App 的逻辑设计如图 2.4.7 所示。

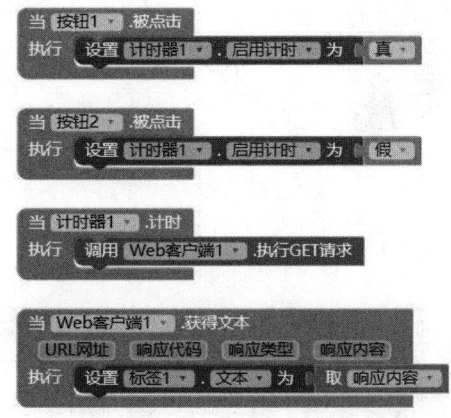

图 2.4.7 手机端 App 的逻辑设计

（五）App Invenor 的定时器作用

App Inventor 中的定时器（Timer）组件主要用于在应用程序中执行定时任务。这个组件可以在设定的时间间隔内重复触发一个事件，使开发者能够在这些间隔执行特定的代码或功能。定时器的常见用途包括：

（1）周期性更新：定时器可用于定期更新应用界面，如显示实时数据、动画效果或计时器。

（2）延迟执行：可以在特定时间后执行代码，而不是立即执行，如在一段时间后启动一个活动或显示消息。

（3）轮询：如果应用需要定期检查或请求外部数据（如从网络服务获取更新），定时器可以用来实现轮询。

（4）计时：在游戏或应用中实现计时功能，如作为一个烹饪应用中的厨房计时器。

（5）背景任务：即使用户没有与应用交互，也可以在背景中执行任务。

App Inventor 的定时器组件提供了一种简单有效的方式来处理这些需要定时或重复执行的任务。通过在 App Inventor 的设计界面上添加定时器组件，并在相关的事件处理器中编写代码，开发者可以轻松地将定时功能集成到他们的应用程序中。

实践探索

一、实践项目——超声波坐姿矫正器

1. 项目背景

学生群体中普遍存在坐姿不端正的现象，导致近视等问题，如图 2.4.8 所示。请制作一款"坐姿矫正器"，用超声波传感器辅助提醒矫正坐姿，如图 2.4.9 所示。同时家长手机 App 可实时收到孩子的坐姿信息，从而及时提醒孩子。

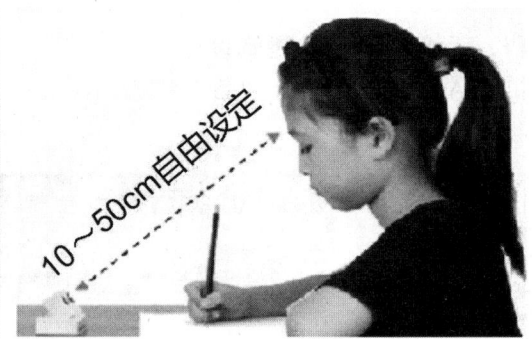

图 2.4.8　坐姿矫正器功能说明

图 2.4.9　坐姿矫正器效果展示

2. 项目要求

使用树莓派、HY-SRF04 超声波传感器、Bottle 框架等材料，制作超声波坐姿矫正器，并通过家长 App 接收孩子坐姿信息及时提醒。

3. 准备材料

树莓派、HY-SRF04 超声波传感器、Bottle 框架、面包板、杜邦线、纸板、胶水。

4. 操作步骤

（1）连接超声波传感器到树莓派，并测试其工作状态。

（2）编写 Python 代码，测量与监控距离变化。

（3）配置 Bottle 框架，实现坐姿数据的实时传输。

5. 代码参考

该代码通过超声波传感器测量与物体的距离，返回实时坐姿数据，结合 App 可实现实时坐姿监控与提醒。

```python
import time
import RPi.GPIO as GPIO
from bottle import get,request,template,run
ting = 11
echo = 12
GPIO.setmode(GPIO.BOARD)
GPIO.setwarnings(False)
GPIO.setup(11, GPIO.OUT)
GPIO.setup(12, GPIO.IN)
def loop():
    global distance1
    while True:
        GPIO.output(11, False)
        time.sleep(0.5)
        GPIO.output(11, True)
        time.sleep(0.00001)
        GPIO.output(11, False)
        while GPIO.input(12) == 0:
            pass
        start = time.time()
        while GPIO.input(12) == 1:
            pass
        stop = time.time()
        elapsed = stop - start
        distance = elapsed * 34300
        distance = distance / 2
        print("Distance:%s cm"%(distance));time.sleep(0.5)
        distance1 = round(distance, 2)
        return distance1
@get("/dist")
def app():
    c = loop()
    return "%s" %c
run(host="0.0.0.0", port=8888)
```

二、实践项目——超声波远程监测报警器

1. 项目背景

超声波远程监测报警器

广州某住宅小区旁边有个楼盘正在旧改建设,经常都会有小孩去工地玩耍,如图 2.4.10 所示。为了防止事故发生,请在小区和工地的通道处安装超声波距离检测传感器,工地安全管理员在室内工作时,如果有小孩或者其他物体靠近时,手机能接收到预警信息,及时发现安全隐患。要求超声波传感器检测距离数据显示在手机上,当距离高于 5cm 时,灯不亮,低于 5cm 时,灯常亮,同时手机界面显示"有人靠近"四个字,如图 2.4.11 所示。

图 2.4.10 工地警示

图 2.4.11 效果展示

2. 项目要求

使用树莓派、HY-SRF04 超声波传感器、面包板等材料,搭建一个远程监测报警系统,当传感器检测到物体距离小于 5cm 时,手机会接收到预警并显示"有人靠近"。

3. 准备材料

树莓派、HY-SRF04 超声波传感器、面包板、杜邦线、纸板、胶水。

4. 操作步骤

(1)连接超声波传感器并测试传感器的距离测量功能。
(2)编写代码判断距离,并根据条件控制 LED 和手机提醒。
(3)配置手机界面,显示预警信息。

5. 代码参考

```python
import time
import RPi.GPIO as GPIO
GPIO.setmode(GPIO.BCM)
GPIO_TRIGGER = 13
GPIO_ECHO = 19
print ("Ultrasonic Measurement")
GPIO.setup(GPIO_TRIGGER,GPIO.OUT)        #配置 Trigger 口
GPIO.setup(GPIO_ECHO,GPIO.IN)            #配置 Echo 口
GPIO.output(GPIO_TRIGGER, False)
time.sleep(0.5)
GPIO.output(GPIO_TRIGGER, True)
time.sleep(0.00001)
GPIO.output(GPIO_TRIGGER, False)
```

```
start = time.time()
while GPIO.input(GPIO_ECHO)==0:
start = time.time()

while GPIO.input(GPIO_ECHO)==1:
    stop = time.time()
elapsed = stop-start
distance = elapsed * 34300
distance = distance / 2
distance = round(distance,2)
print("Distance: {}cm".format(distance))
GPIO.cleanup()
```

 知识检测

一、填空题

1．超声波传感器在_____年首次被发明。
2．在智慧交通中，超声波传感器主要用于_____。
3．超声波传感器的主要原理是_____。
4．为了帮助汽车安全驾驶，超声波传感器可以检测_____。
5．超声波传感器在自然界中的一个例子是_____。
6．超声波是由_____产生的。
7．使用树莓派和超声波传感器，时间信息可通过_____获得。
8．在 Python 控制程序中，超声波传感器的测量数据通常存储在_____变量中。
9．手机 App 的 Web 客户端与树莓派进行通信的关键技术是_____。
10．在 App Inventor 中，定时器用于_____。

二、选择题

1．超声波传感器主要应用于（　　）领域。
　　A．音乐制作　　　B．画画　　　　C．停车辅助　　　D．写作
2．超声波的测量原理是（　　）。
　　A．反射　　　　　B．折射　　　　C．分散　　　　　D．吸收
3．在自然界中，利用超声波进行导航的是（　　）。
　　A．老鼠　　　　　B．猫头鹰　　　C．蝙蝠　　　　　D．鲸鱼
4．树莓派从超声波传感器获取时间信息的方法是（　　）。
　　A．电压测量　　　　　　　　　　B．距离测量
　　C．时间戳记录　　　　　　　　　D．重量测量
5．超声波传感器的主要优点之一是（　　）。
　　A．价格昂贵　　　　　　　　　　B．可以发出可见光
　　C．在特定范围内精确测距　　　　D．能听到声音

6. 手机 App 的界面编写通常需要考虑（ ）。
   A．用户体验　　　　　　　　　B．服务器容量
   C．电源管理　　　　　　　　　D．树莓派版本
7. 在根据时间计算超声波所经过的距离时，其关键因素是（ ）。
   A．声音速度　　B．光速　　C．电磁波速度　　D．风速
8. 在超声波传感器 Python 控制程序中，主要使用（ ）语言。
   A．Java　　　B．C++　　C．JavaScript　　D．Python
9. App Inventor 的主要用途是（ ）。
   A．编写操作系统　　　　　　　B．编写移动应用
   C．做数学运算　　　　　　　　D．网络游戏开发
10．App 需要（ ）主要组件功能来与树莓派通信。
   A．Bluetooth　　B．GPS　　C．NFC　　D．Wi-Fi

三、判断题

1．超声波传感器最早用于医疗领域。　　　　　　　　　　　　　　（　）
2．超声波传感器无法在空气中传播。　　　　　　　　　　　　　　（　）
3．蝙蝠使用超声波来定位猎物。　　　　　　　　　　　　　　　　（　）
4．手机 App 的用户体验并不重要。　　　　　　　　　　　　　　（　）
5．超声波传感器在汽车上的主要应用是导航。　　　　　　　　　　（　）
6．超声波的速度取决于其传播媒介。　　　　　　　　　　　　　　（　）
7．树莓派是一种移动电话。　　　　　　　　　　　　　　　　　　（　）
8．超声波传感器不能检测透明物体。　　　　　　　　　　　　　　（　）
9．App Inventor 是一种专为移动应用开发的工具。　　　　　　　（　）
10．超声波传感器在水下的表现比在空气中更好。　　　　　　　　（　）

四、编程题

1．使用 Python 编写一个程序，从超声波传感器获取时间信息，并根据声音在空气中的速度（约为 343m/s）计算距离。

2．设计一个简单的手机 App 界面，展示超声波传感器测量的距离数据，并提供一个按钮来触发新的测量请求。

评价与反馈

评价项目	评价内容	自评	师评
编程思维（10 分）	对问题的分析、解决策略与程序设计的逻辑性		
编程基础（20 分）	对 Python 语言的理解，代码的结构性，语法的正确性		
技能应用（10 分）	将所学知识应用于实际场景中，如项目、解决具体问题等		

续表

评价项目	评价内容	自评	师评
创新意识（10分）	在编程和解决问题时，表现出的创新思路和方法		
信息素养（10分）	能够有效检索、分析、评估、使用和引用信息		
终身学习（10分）	主动寻找学习资源，持续学习和自我提升的意愿和能力		
社会责任感（10分）	通过编程解决生活中、工作中出现的问题，解决社会需要的迫切问题		
批判性思维（10分）	对遇到的问题进行深入思考，不轻易接受，持有独立判断		
职业规划（10分）	对未来职业发展的方向有明确规划，了解行业动态		

项目五　手机远程 PWM 调光

学习目标

知识目标	硬件知识	理解 PWM 技术在节能减排和视力保护中的应用； 掌握 PWM 技术的基本概念与工作原理； 学习 LED 的基本构造和工作方式； 了解树莓派 GPIO 口的使用方式和 PWM 输出原理； 掌握硬件电路如何进行搭建和计算
	软件知识	掌握 PWM 控制程序的编写方法； 熟悉 Bottle 框架的基本概念及其在树莓派上的应用方法； 学习如何使用 App Inventor 编写远程控制 LED 灯的手机端 App 以及与树莓派进行通信
技能目标		能够应用 PWM 调光原理完成 LED 灯的调光操作； 掌握树莓派 PWM 控制原理及程序编写技巧； 能够搭建 LED 电路并进行硬件计算； 能够使用 App Inventor 设计并编写远程控制 LED 灯的手机端 App
素养目标		培养学生的节能环保意识； 提高学生实际操作和项目实践的能力； 培养学生解决实际问题时的创新思维； 增强学生在物联网应用背景下的技术探索和应用能力
思政目标		通过学习能源浪费与环保的关系，增强学生的环保意识； 让学生认识到技术在解决实际问题中的价值和重要性，培养责任感和使命感

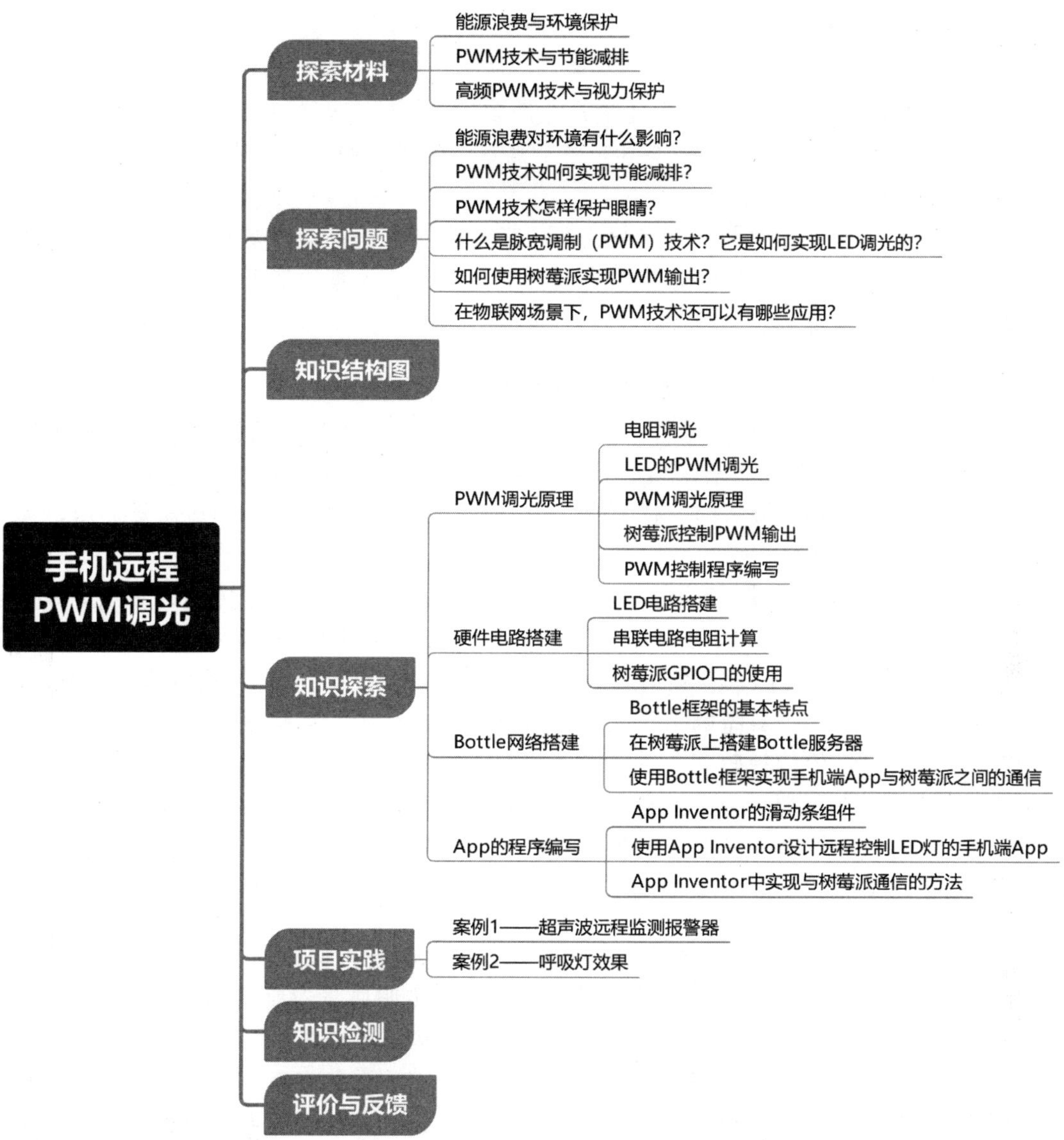

项目五 手机远程PWM调光

- **手机远程PWM调光**
  - **探索材料**
    - 能源浪费与环境保护
    - PWM技术与节能减排
    - 高频PWM技术与视力保护
  - **探索问题**
    - 能源浪费对环境有什么影响？
    - PWM技术如何实现节能减排？
    - PWM技术怎样保护眼睛？
    - 什么是脉宽调制（PWM）技术？它是如何实现LED调光的？
    - 如何使用树莓派实现PWM输出？
    - 在物联网场景下，PWM技术还可以有哪些应用？
  - **知识结构图**
  - **知识探索**
    - PWM调光原理
      - 电阻调光
      - LED的PWM调光
      - PWM调光原理
      - 树莓派控制PWM输出
      - PWM控制程序编写
    - 硬件电路搭建
      - LED电路搭建
      - 串联电路电阻计算
      - 树莓派GPIO口的使用
    - Bottle网络搭建
      - Bottle框架的基本特点
      - 在树莓派上搭建Bottle服务器
      - 使用Bottle框架实现手机端App与树莓派之间的通信
    - App的程序编写
      - App Inventor的滑动条组件
      - 使用App Inventor设计远程控制LED灯的手机端App
      - App Inventor中实现与树莓派通信的方法
  - **项目实践**
    - 案例1——超声波远程监测报警器
    - 案例2——呼吸灯效果
  - **知识检测**
  - **评价与反馈**

背景材料

材料一　能源浪费与环境保护

随着人类社会的不断发展，人们对能源的需求越来越大。然而，过度的能源消耗与浪费不仅导致能源资源紧张，还对环境产生了严重的负面影响。在这种情况下，加强能源管理，提高能源利用效率，减少能源浪费，成为当今世界面临的重要课题。

1. 能源浪费加剧资源紧张

过度的能源消耗和浪费将导致能源资源的紧张。以化石燃料为例，石油、天然气和煤炭等非可再生资源在不断地开采过程中，逐渐减少。能源浪费不仅加剧了资源的紧张，还助长了对非可再生能源的依赖，影响了可持续发展。

2. 能源浪费导致环境污染

能源的开采、加工、运输和消耗过程中，会产生大量的污染物，如废气、废水和固体废物等。这些污染物会对大气、水源和土壤产生严重污染，破坏生态平衡，影响人类的生存和发展。此外，过度消耗化石燃料还会导致增加温室气体排放增加，加剧全球气候变化问题。

3. 能源浪费影响生态系统

能源浪费不仅导致资源紧张和环境污染，还对生态系统产生严重影响。能源开采过程中，土地、水资源和生物多样性等生态资源会受到破坏。大量的能源消耗和浪费还可能引发自然灾害，加大生态系统的压力。

材料二　PWM 技术与节能减排

随着全球气候变化和环境问题日益严重，节能减排成为世界各国共同关注的重要课题。在这一背景下，科技发挥着关键作用，为实现绿色发展、可持续发展提供了强大支持。其中，LED 的脉宽调制（PWM）技术便是一个典型例子，它在各个领域广泛应用，为节能减排作出了积极贡献。

LED 灯具有高效、节能、环保、寿命长等优点，已经逐渐替代了传统的白炽灯和节能灯。然而，为了进一步提高 LED 的节能效果，科学家们采用了 PWM 技术。PWM 技术通过改变脉冲宽度来控制 LED 灯的亮度，从而实现更精细的调光控制，有效降低能耗。

在实际应用中，一个典型的例子是城市道路照明。过去，道路照明设备通常采用高压钠灯或金卤灯，它们的能耗较高，且不能实现调光。而现在，许多城市已经开始采用基于 PWM 调光的 LED 智能照明系统。这种系统可以根据路况、行人和车辆流量等因素，自动调整 LED 灯的亮度，以实现最佳照明效果。在减少能耗的同时，还能降低光污染，提高城市居民的生活质量。

材料三　高频 PWM 技术与视力保护

随着科技的发展，人们越来越关注眼睛健康，而照明质量对眼睛健康有着直接影响。现代社会，人面对手机屏幕的时间越来越长，高频 PWM 调光是目前顶级 OLED 的护眼技术。现在手机已经能达到 2160Hz 超高频 PWM 调光，而目前市场上主流的调光还是以 1440Hz 高频 PWM 调光、1920Hz 高频 PWM 调光为主。LED 高频调光技术可以改善学生和员工的学习和工作环境，有助于提高学习和工作效率，减轻视力疲劳。这就是科技发展改善我们的健康环境。

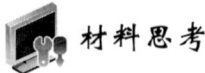 材料思考

读完上面的材料，请思考以下问题。

1. 能源浪费对环境有什么影响？
2. PWM 技术如何实现节能减排？
3. PWM 技术怎样保护眼睛？
4. 什么是脉宽调制（PWM）技术？它是如何实现 LED 调光的？
5. 如何使用树莓派实现 PWM 输出？
6. 在物联网场景下，PWM 技术还可以有哪些应用？

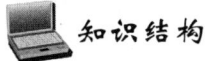知识结构

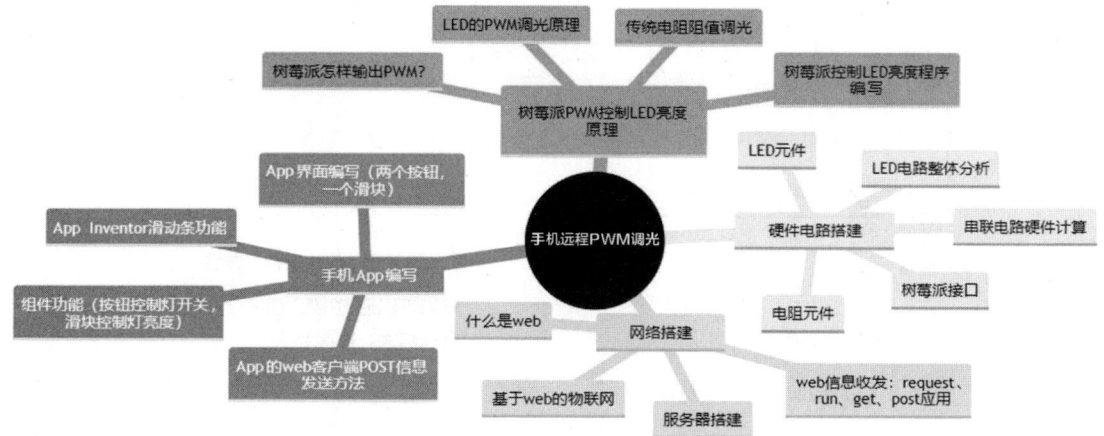

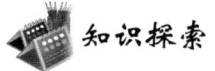知识探索

一、PWM 调光原理

（一）电阻调光

你以前做过调光实验吗？回顾一下初中物理的调光实验。电阻和灯泡构成串联电路，通过滑动变阻器调节电阻大小，从而控制串联电路中的电流强度，实现灯泡亮度的调节，如图 2.5.1 所示。

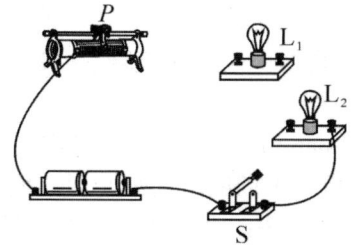

图 2.5.1　电阻调光

（二）LED 的 PWM 调光

LED 的电路如图 2.5.2 所示，LED 灯要串联一个电阻，思考一下为什么不能用调节电阻的方式调节 LED 亮度，电阻调光二极管和电阻的伏安特性曲线如图 2.5.3 所示。

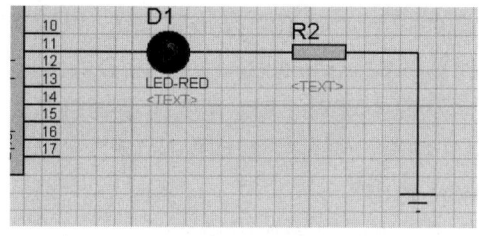

图 2.5.2　LED 电路

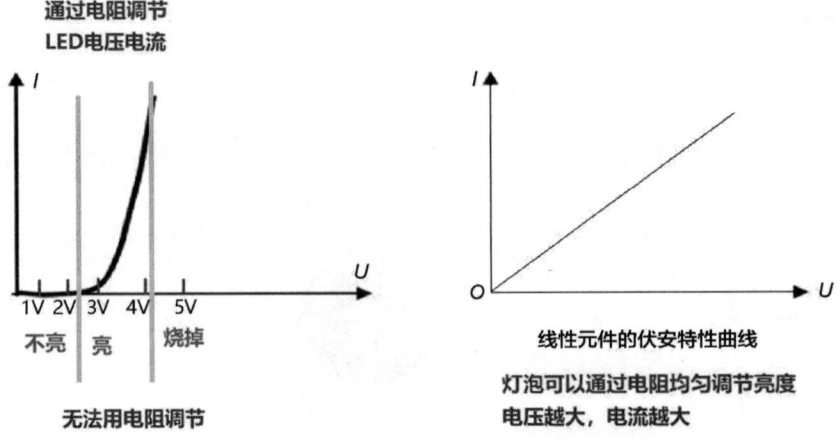

(a) LED 的非线性伏安特性　　　　(b) 灯泡的线性伏安特性

图 2.5.3　电阻调光二极管和电阻的伏安特性曲线

通过改变 LED 串联电路中的电阻值，可以控制流过 LED 的电流，从而调节亮度。然而，这种方法存在一些缺点：

（1）效率较低：在调节电阻中会产生较大的功率损耗，特别是在高电流 LED 应用中。这种损耗会导致能量浪费和设备发热。

（2）精确度较差：调节电阻方法对于 LED 亮度的调节精确度相对较差，难以实现精细的亮度控制。

（3）非线性关系：LED 的亮度与流过电流之间的关系并非完全线性。这意味着，通过简单地改变电阻值来调节亮度可能导致 LED 亮度的不稳定。

相比之下，PWM 是调节 LED 亮度的更常用、更高效的方法。此外，PWM 可以将 LED 驱动至其最大额定电流，避免因调节电阻引起的功率损耗。

（三）PWM 调光原理

脉宽调制（Pulse Width Modulation，PWM）是一种常用于调节 LED 亮度的技术。PWM 调光原理主要基于控制 LED 开启和关闭的时间来实现亮度调节。具体来说，PWM 通过生成一系列周期性的脉冲信号来控制 LED 的电源。这些脉冲信号的占空比（开启时间与周期总时间的比值）可以调节 LED 的亮度。

PWM 调光原理的关键参数包括：

（1）占空比：占空比定义为脉冲信号在一个周期内的开启时间与周期总时间的比值。占空比越大，LED 的亮度越高；反之，LED 的亮度越低。

（2）频率：频率表示脉冲信号周期的重复次数，通常以赫兹（Hz）为单位。在调节 LED 亮度时，通常选择较高的频率（如 100Hz 或更高），以避免人眼察觉到闪烁现象。

在实际应用中，微控制器（如 Arduino）、专用 LED 驱动芯片或其他类似电路可以用于生成和控制 PWM 信号，从而实现对 LED 亮度的精确调节。相较于调节电阻的方法，PWM 调光具有更高的效率和精度，并能更好地保持 LED 的光输出稳定性。

（四）树莓派控制 PWM 输出

设置 PWM 前需要把对应引脚设置为输出模式。

设置 PWM 频率：

p = GPIO.PWM(channel, frequency)

开启 PWM 并设置占空比（高电平占的比重）：

p.start(dc) #0.0 <= dc <= 100.0

修改 PWM 频率：

p.ChangeFrequency(freq)

修改占空比：

p.ChangeDutyCycle(dc) #0.0 <= dc <= 100.0

关闭 PWM：

p.stop()
p = GPIO.PWM(channel, 2)
p.start(60)

说明：PWM 频率为 2，则引脚电平值一秒刷新 2 次。占空比为 60，则高电平比重为 60%（占空比越大，高电平占的比重越大）。如果在引脚上接一个 LED（要串联一个电阻）时，则 LED 每秒闪烁 2 次。PWM 在引脚上的电平变化的时序图，如图 2.5.4 所示。

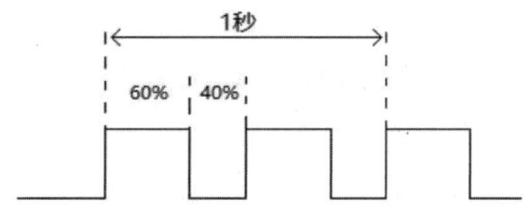

图 2.5.4　电平变化时序图

（五）PWM 控制程序编写

下面是树莓派（3B）的 PWM 控制程序。案例展示如何使用 Python 和 RPi.GPIO 库控制一个 LED 的亮度，通过 PWM 输出实现亮度的渐变。假设 LED 的正极连接到树莓派（3B）的 GPIO 口 18 引脚，负极通过限流电阻连接到地（GND）。

```python
import RPi.GPIO as GPIO
import time
#设置 GPIO 模式为 BCM
GPIO.setmode(GPIO.BCM)
#定义使用的 GPIO 引脚编号
led_pin = 18
#设置 GPIO 引脚为输出模式，并初始化为 LOW
GPIO.setup(led_pin, GPIO.OUT)
GPIO.output(led_pin, GPIO.LOW)
#创建一个 PWM 实例，指定频率为 100Hz
pwm_led = GPIO.PWM(led_pin, 100)
#启动 PWM，初始占空比为 0
pwm_led.start(0)
try:
```

```
            while True:
                #从 0～100%的亮度渐变
                for duty_cycle in range(0, 101, 5):
                    pwm_led.ChangeDutyCycle(duty_cycle)
                    time.sleep(0.1)

                #从 100%～0 的亮度渐变
                for duty_cycle in range(100, -1, -5):
                    pwm_led.ChangeDutyCycle(duty_cycle)
                    time.sleep(0.1)
        except KeyboardInterrupt:
            #如果接收到键盘中断，停止 PWM 并清理 GPIO 资源
            pwm_led.stop()
            GPIO.cleanup()
```

树莓派（3B）控制连接到 18 引脚的 LED 实现 PWM 输出。在实际操作时，请确保正确连接 LED 及其限流电阻，并根据需要调整 GPIO 引脚编号。

二、硬件电路搭建

（一）LED 电路搭建

（1）220Ω 限流电阻（LED 电压为 2V 时，220Ω 的限流电阻适用于 3.3V 的逻辑电平；具体数值可能根据 LED 的类型和颜色而变化）。

（2）将 LED 的长脚（正极）插入面包板的一列中，短脚（负极）插入另一列。

（3）将 220Ω 限流电阻的一端插入 LED 短脚所在的列，另一端插入面包板的空闲列。这将限制通过 LED 的电流，防止损坏 LED。

（4）使用一根杜邦线（公—母）连接树莓派的 GPIO 引脚（如 GPIO18、BCM 编号）到 LED 正极（长脚）所在的列。

（5）使用另一根杜邦线（公—母）连接树莓派的地（GND）引脚到限流电阻另一端所在的列。

（二）串联电路电阻计算

为了计算树莓派（3B）连接单个 LED 灯电路中的限流电阻，需要知道以下参数：

（1）树莓派（3B）的输出电压：对于树莓派（3B），GPIO 引脚的输出电压为 3.3V。

（2）LED 的正向电压（V_f）：根据 LED 的颜色和类型，正向电压可能有所不同。典型值如下：

1）红色 LED：1.8～2.2V。
2）绿色 LED：2.0～3.4V。
3）蓝色 LED：3.0～3.4V。
4）白色 LED：2.8～3.4V。

（3）LED 的额定电流（I_f）：大多数常规 LED 的额定电流在 15～20mA 之间。请查阅 LED 的数据手册以获取确切数值。

计算限流电阻的公式为：

$$R = (V_{supply} - V_f) / I_f$$

其中，R 是限流电阻，V_{supply} 是树莓派（3B）的输出电压（3.3V），V_f 是 LED 的正向电压，I_f 是 LED 的额定电流。

例如，要计算一个红色 LED（正向电压 2V，额定电流 20mA）所需的限流电阻：

$$R = (3.3V - 2V) / 0.02A = 1.3V / 0.02A = 65\Omega$$

为了确保 LED 安全运行，可以选择一个稍大的标准电阻值，如 68Ω。

这个公式仅适用于恒定电压源。在实际应用中，可以根据 LED 的颜色和类型选择适当的限流电阻。建议查阅 LED 的数据手册以获取准确的电气参数。

（三）树莓派 GPIO 口的使用

树莓派的 GPIO 口是一组多功能的引脚，它们可以用作数字输入/输出、模拟输入/输出、PWM 输出、串行通信、I2C 通信等。GPIO 口可用于连接 LED、按钮、传感器、扩展板等，以满足各种应用需求。以下是树莓派 GPIO 口的功能和使用方法：

(1) 数字输入/输出：GPIO 口可以用作数字输入或数字输出。数字输入用于读取外部设备（如按钮）的状态（高电平或低电平），而数字输出用于控制外部设备（如 LED）的状态。在 Python 中，可以使用 RPi.GPIO 库或 GPIO Zero 库来控制 GPIO 口的输入/输出功能。

(2) PWM 输出：部分 GPIO 口支持脉冲 PWM 输出，用于控制设备（如 LED、伺服电机）的亮度、速度或角度。在树莓派（3B）上，GPIO12、GPIO13、GPIO18 和 GPIO19 支持硬件 PWM。可以使用 Python 的 RPi.GPIO 库或 GPIO Zero 库来实现 PWM 控制。

三、Bottle 网络搭建

（一）Bottle 框架的基本特点

Bottle 是一个轻量级、简洁的 Python Web 框架，非常适合在树莓派这样的资源有限设备上运行。安装简单，只需使用 Python 包管理器（如 pip）进行安装。Bottle 框架的设计使得开发 Web 应用变得简单快捷，其提供了易于使用的 API 来定义路由、处理 HTTP 请求和生成 HTTP 响应。

树莓派常用于物联网项目，Bottle 框架能快速搭建 Web 服务器，用于接收和发送数据、监控和控制连接的设备（如传感器、执行器等）。Bottle 框架与许多 Python 库（如 RPi.GPIO、GPIO Zero 等）兼容，可轻松集成树莓派的 GPIO 功能及其他 Python 库功能。

Bottle 框架还具有良好的可扩展性，可以使用插件扩展功能，如数据库集成、用户认证等。但对于高并发、大型项目，Bottle 框架可能不如 Django、Flask 等更强大的 Web 框架。然而，在树莓派上，对于小型项目和物联网应用，Bottle 框架仍具有很好的性能和便利性。

（二）在树莓派上搭建 Bottle 服务器

(1) 安装 Bottle：确保树莓派（3B）已连接到互联网，然后在终端中输入以下命令安装 Bottle 框架。

```
pip3 install bottle
```

（2）编写一个简单的 Bottle 应用：创建一个名为 app.py 的文件，并在其中编写以下代码。

```
from bottle import Bottle, run
app = Bottle()
@app.route('/')
def index():
    return "Hello, World!"
if __name__ == '__main__':
    run(app, host='0.0.0.0', port=8080)
```

这段代码创建了一个简单的 Bottle 应用，其中有一个根路由（"/"），当访问这个路由时，它将返回"Hello, World!"。

（3）运行 Bottle 应用。在终端中，进入 app.py 所在的目录，然后输入以下命令运行 Bottle 应用：

```
python3 app.py
```

此时，应用将在树莓派（3B）上启动一个 Web 服务器，并监听 8080 端口。

（4）访问 Web 服务器。在浏览器中输入树莓派（3B）的 IP 地址和端口号（例如，http://192.168.1.100:8080），看到输出"Hello, World!"。

（三）使用 Bottle 框架实现手机端 App 与树莓派之间的通信

物联网也是一种信息交流，在这里不是人和人的交流，而是物体和物体的交流，如图 2.5.5 所示。

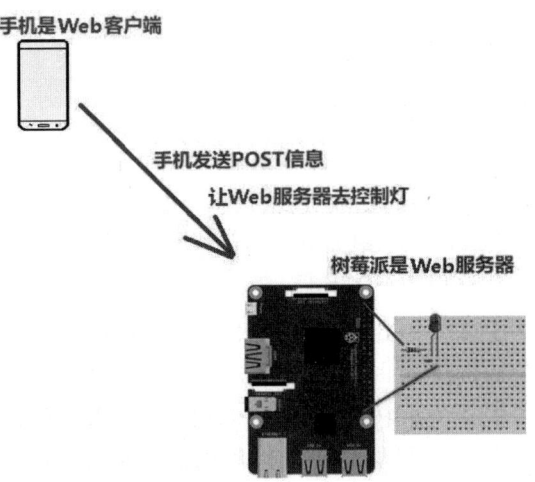

图 2.5.5　手机端 App 与树莓派的通信

四、App 的程序编写

（一）App Inventor 的滑动条组件

在 App Inventor 中，滑动条组件（Slider）是一种可用于获取用户输入的组件。用户可以通过滑动滑块来选择一个特定范围内的值。滑动条组件常用于调整音量、亮度等设置。操作步骤如下：

（1）添加滑动条组件：要在 App Inventor 项目中添加滑动条组件，可从组件面板中的"用户界面"部分拖动一个 Slider 组件到设计面板上。

（2）自定义滑动条组件属性：在属性面板中，可以自定义滑动条组件的各种属性，如颜色、最小值、最大值、初始值等。例如，可以设置：

MinValue：滑动条的最小值。

MaxValue：滑动条的最大值。

ThumbPosition：滑动条的当前位置，对应一个介于最小值和最大值之间的值。

Width：滑动条组件的宽度。

Color：滑动条的颜色。

（3）为滑动条组件添加事件处理程序：在 Blocks 视图中，可以为滑动条组件添加事件处理程序。常用的事件处理程序为 PositionChanged（当滑动条的位置发生变化时，此事件被触发）。可以通过这个事件获取滑动条的当前值，并根据需要更新其他组件或执行操作。

（二）使用 App Inventor 设计远程控制 LED 灯的手机端 App

要想实现 App 控制 LED 灯调节亮度，可以按照下面步骤

（1）添加按钮和滑动条组件，如图 2.5.6 所示。

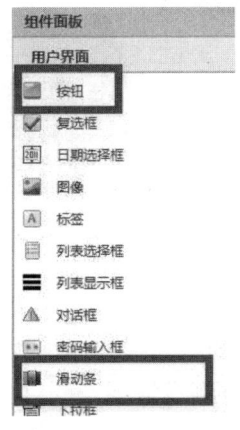

图 2.5.6　组件面板

（2）界面设计，放置两个开关按钮和一个滑块，如图 2.5.7 所示。

图 2.5.7　界面设计

（3）添加 Web 组件并将地址设置为获取的树莓派 IP 地址。

（4）逻辑设计：手机是客户端，通过 POST 方法发送信息给服务器控制灯。发送 on 点亮灯，发送 off 关闭灯，滑块位置发送灯亮度百分比，如图 2.5.8 所示。

图 2.5.8　逻辑设计

（三）App Inventor 中实现与树莓派通信的方法

如图 2.5.9 所示，滑块位置是发送给树莓派服务器，因为百分比设定为 0～100%的整数，所以要四舍五入取整数。

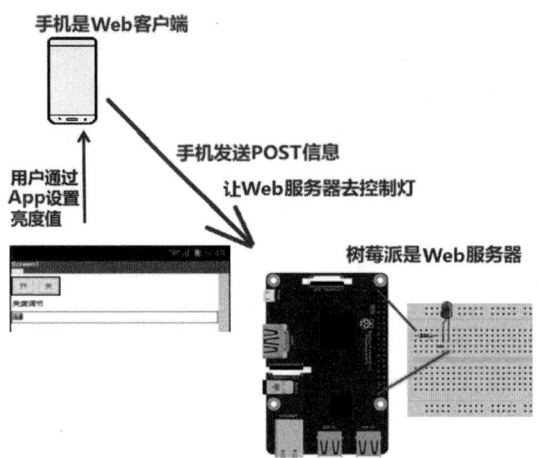

图 2.5.9　手机端 App 与树莓派的通信图

一、实践项目——超声波远程监测报警器

1. 项目背景

在诸多场景中，远程监测报警有着重要作用。本项目立足于此，利用树莓派、LED 灯等常见材料制作超声波远程监测报警器。通过搭建服务器、编写应用程序，实现远程控制与监测报警功能，让学习者掌握物联网远程控制及监测相关实操技能。

2. 项目要求

使用树莓派（3B）、LED 灯、220Ω 电阻、杜邦线等材料，制作超声波远程监测报警器，实现通过手机远程控制 LED 灯亮度，并根据传感器反馈报警。

3. 准备材料

树莓派（3B）、LED 灯、220Ω 电阻、杜邦线、超声波传感器、面包板、手机等

4. 操作步骤

（1）准备工作：确保树莓派已连接到 LED 灯并使用 PWM 方式控制亮度。安装 Bottle 库，并测试树莓派与 LED 之间的连接。

（2）设置树莓派 Bottle 服务器：在树莓派上创建一个 Bottle 服务器，提供 API 来控制 LED 灯的亮度。

5. 代码参考

（1）编写 Python 脚本 led_server.py，并运行以启动服务器，如图 2.5.10 所示。

```python
import RPi.GPIO as GPIO
from bottle import request,template,run,post
import time

led = 11

GPIO.setmode(GPIO.BOARD)
GPIO.setwarnings(False)
GPIO.setup(11,GPIO.OUT)
p_led = GPIO.PWM(led,50)


@post('/led')
def led():
    #setup()
    val = request.body.read().decode()
    print(type(val))
    if val=='on':
        p_led.start(20)
    
    elif val=='off':
        p_led.ChangeDutyCycle(0)
    else:
        val1 = int(val)
        p_led.ChangeDutyCycle(val1)

run(host='0.0.0.0',port=8570)
```

图 2.5.10　Python 脚本代码

（2）编写 App Inventor 应用程序：打开 App Inventor 并创建一个新项目。在设计器中添加滑动条和 Web 组件，如图 2.5.11 所示。

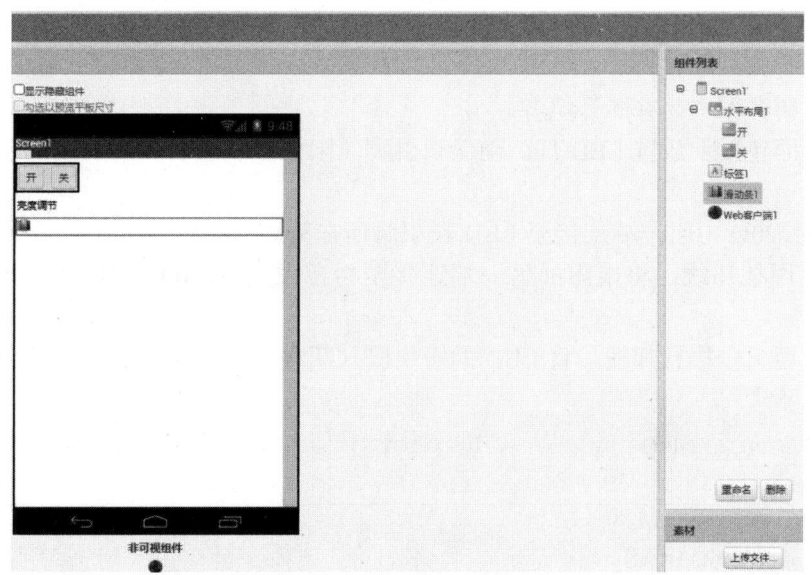

图 2.5.11　添加滑动条和 Web 组件

在 Blocks 视图中，为滑动条组件添加 PositionChanged 事件处理程序，用于将新的亮度值发送到树莓派的 Bottle 服务器，如图 2.5.12 所示。

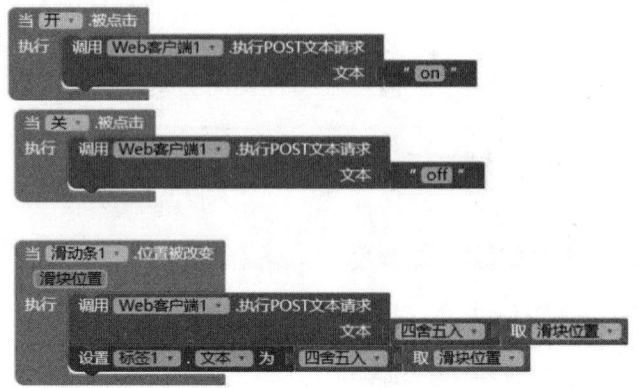

图 2.5.12　代码块

（3）测试应用：使用 App Inventor 的仿真器或安卓设备测试应用，验证手机应用与树莓派之间的通信以及 LED 灯的调光功能。

二、实践项目——呼吸灯效果

1. 项目背景

呼吸灯效果常用于美化设备外观，模拟呼吸的节奏。通过控制 LED 灯的亮度变化，使其看起来像在呼吸。本项目利用树莓派和 PWM 技术实现这一效果，帮助学习者掌握 LED 灯亮度控制技术。

2. 项目要求

请使用树莓派、LED 灯（红）、电阻（220Ω）、杜邦线、面包板等材料制作呼吸灯的效果。

3. 操作步骤

（1）将树莓派关闭并断开电源。

（2）在面包板上放置 LED 灯，确保长引脚（阳极）和短引脚（阴极）分别插入不同的列。

（3）将 220Ω 电阻一端连接至 LED 长引脚所在列。

（4）使用杜邦线，将电阻的另一端连接至树莓派的 GPIO18 端口（或其他可用的 GPIO 口）。

（5）使用另一根杜邦线，将 LED 的短引脚（阴极）连接至树莓派的 GND 端口。

4. 代码参考

```
import RPi.GPIO as GPIO
import time
#设置 GPIO 模式为 BCM 编号方式
GPIO.setmode(GPIO.BCM)
#定义 LED 的 GPIO 端口号
LED_PIN = 18
#设置该端口为输出模式
```

```
GPIO.setup(LED_PIN, GPIO.OUT)
#设置 PWM 频率为 100Hz
pwm_led = GPIO.PWM(LED_PIN, 100)
#启动 PWM，初始占空比为 0（LED 关闭）
pwm_led.start(0)

try:
    while True:
        #逐渐增加 LED 的亮度
        for i in range(0, 101, 1):   #0～100
            pwm_led.ChangeDutyCycle(i)
            time.sleep(0.02)
        #逐渐减少 LED 的亮度
        for i in range(100, -1, -1):  #100～0
            pwm_led.ChangeDutyCycle(i)
            time.sleep(0.02)
except KeyboardInterrupt:
    pass

pwm_led.stop()
GPIO.cleanup()
```

知识检测

一、填空题

1. 能源浪费会导致_____和_____的问题。
2. 通过 PWM 技术，可以达到_____和_____的目的。
3. 与传统的电阻阻值调光相比，LED 的 PWM 调光更具有_____。
4. 脉宽调制技术的英文缩写为_____。
5. 在物联网应用中，PWM 技术可以用于_____。
6. 树莓派 3B 的_____口支持 PWM 输出。
7. 树莓派安装 Bottle 框架的命令是_____。
8. 使用 Bottle 框架可以在树莓派上搭建_____。
9. 在 App Inventor 中，_____组件可以用来调整 LED 的亮度。
10. 为了让手机端 App 与树莓派通信，需要使用_____技术。

二、选择题

1. PWM 技术主要应用于（　　）领域。
   A．调光　　　　　B．通信　　　　　C．空调　　　　　D．游戏

2. 能源浪费可能会导致（　　）。
   A．环境污染　　　　B．经济增长　　　　C．健康饮食　　　　D．交通便利
3. 树莓派的 GPIO 口主要用于（　　）。
   A．视频播放　　　　B．音频处理　　　　C．网络通信　　　　D．外设控制
4. Bottle 框架主要用于（　　）。
   A．数据库管理　　　B．网络应用　　　　C．图像处理　　　　D．机器学习
5. 为了实现远程控制 LED 灯，需要（　　）。
   A．图形设计软件　　　　　　　　　　　B．数据库系统
   C．服务器框架　　　　　　　　　　　　D．3D 建模软件
6. 高频 PWM 技术的一个主要好处是（　　）。
   A．提高能效　　　　　　　　　　　　　B．增强通信速度
   C．保护视力　　　　　　　　　　　　　D．提升游戏体验
7. 传统电阻阻值调光的缺点是（　　）。
   A．高能耗　　　　　B．贵　　　　　　　C．难以制造　　　　D．体积大
8. App Inventor 主要用于（　　）。
   A．编写服务器程序　　　　　　　　　　B．设计手机应用
   C．数据分析　　　　　　　　　　　　　D．图像编辑
9. 在物联网场景中，PWM 技术潜在的应用是（　　）。
   A．空气质量检测　　　　　　　　　　　B．游戏开发
   C．音乐播放　　　　　　　　　　　　　D．灯光控制
10. LED 的 PWM 调光主要利用（　　）原理。
    A．电流变化　　　　B．脉宽调制　　　　C．光频调制　　　　D．电压调整

三、判断题

1. PWM 技术可以帮助实现节能减排。　　　　　　　　　　　　　　　　　　（　　）
2. 高频 PWM 技术对视力是有害的。　　　　　　　　　　　　　　　　　　　（　　）
3. 树莓派的 GPIO 口只能用于输入，不能用于输出。　　　　　　　　　　　（　　）
4. Bottle 框架是一种数据库管理系统。　　　　　　　　　　　　　　　　　（　　）
5. App Inventor 只能用于设计电脑应用，不能设计手机应用。　　　　　　（　　）
6. PWM 调光原理与传统电阻阻值调光原理完全相同。　　　　　　　　　　（　　）
7. 使用 PWM 技术可以实现更精细的亮度调整。　　　　　　　　　　　　　（　　）
8. 在物联网场景中，PWM 技术没有实际应用价值。　　　　　　　　　　　（　　）
9. PWM 技术主要用于音频处理。　　　　　　　　　　　　　　　　　　　　（　　）
10. 串联电路硬件计算与 LED 电路设计无关。　　　　　　　　　　　　　　（　　）

四、编程题

1. 编写一个简单的程序，使用 PWM 技术控制 LED 灯的亮度。
2. 使用 Bottle 框架，编写一个简单的服务器程序，接收手机端的 PWM 调光指令并控制 LED 灯的亮度。

评价与反馈

评价项目	评价内容	自评	师评
编程思维（10 分）	对问题的分析、解决策略与程序设计的逻辑性		
编程基础（20 分）	对 Python 语言的理解，代码的结构性，语法的正确性		
技能应用（10 分）	将所学知识应用于实际场景中，如项目、解决具体问题等		
创新意识（10 分）	在编程和解决问题时，表现出的创新思路和方法		
信息素养（10 分）	能够有效检索、分析、评估、使用和引用信息		
终身学习（10 分）	主动寻找学习资源，持续学习和自我提升的意愿和能力		
社会责任感（10 分）	通过编程解决生活中、工作中出现的问题，解决社会需要的迫切问题		
批判性思维（10 分）	对遇到的问题进行深入思考，不轻易接受，持有独立判断		
职业规划（10 分）	对未来职业发展的方向有明确规划，了解行业动态		

项目六 手机控制舵机与机械臂

 学习目标

知识目标	硬件知识	理解舵机的起源、发展，及其与机器人的关系； 掌握舵机与普通电机、伺服电机的区别和特点； 理解工业机器人的作用及舵机在其中的应用
	软件知识	能够描述舵机的主要组成部分、工作原理和闭环控制系统； 能够明白舵机和树莓派的连接方式及其控制原理
技能目标		能够实际操作并连接舵机与树莓派； 能够熟练编写 Python 程序，利用树莓派控制舵机； 能够使用 App Inventor 工具创建并配置手机应用界面，实现对舵机的远程控制； 应具备基本的机械臂操作和控制技能
素养目标		培养学生探究舵机及其应用的兴趣和好奇心； 具备跨学科的学习能力，能将编程、机械和电子知识结合实践； 能够批判性地思考舵机在现代工业中的作用和重要性，并培养创新思维
思政目标		学生能够认识到机器人与"中国制造"的重要关系，理解我国在机器人技术领域的努力和进步； 培养学生的爱国情怀，为国家的制造业和技术发展做出贡献的决心

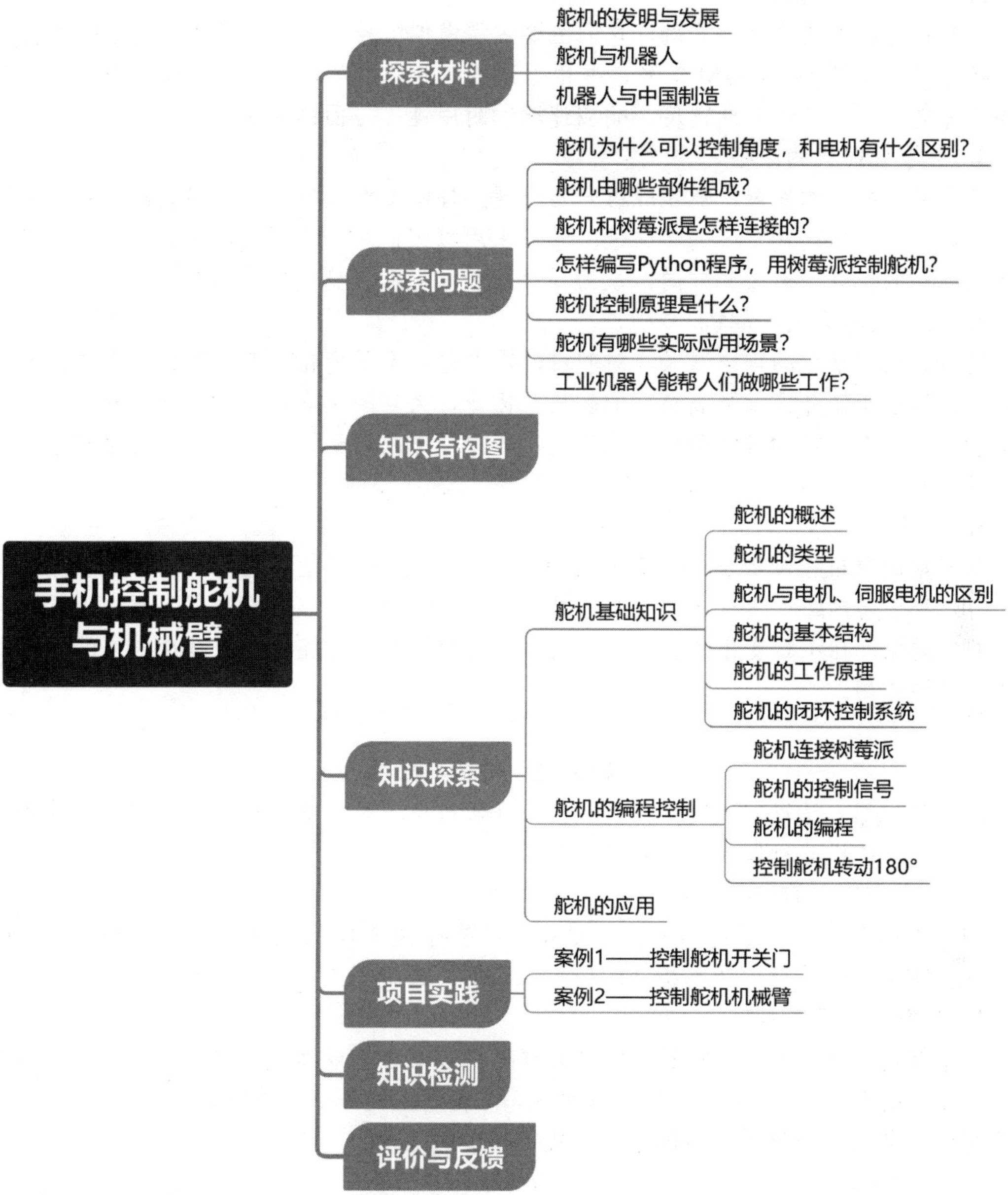

项目六 手机控制舵机与机械臂

手机控制舵机与机械臂

- **探索材料**
  - 舵机的发明与发展
  - 舵机与机器人
  - 机器人与中国制造

- **探索问题**
  - 舵机为什么可以控制角度，和电机有什么区别？
  - 舵机由哪些部件组成？
  - 舵机和树莓派是怎样连接的？
  - 怎样编写Python程序，用树莓派控制舵机？
  - 舵机控制原理是什么？
  - 舵机有哪些实际应用场景？
  - 工业机器人能帮人们做哪些工作？

- **知识结构图**

- **知识探索**
  - 舵机基础知识
    - 舵机的概述
    - 舵机的类型
    - 舵机与电机、伺服电机的区别
    - 舵机的基本结构
    - 舵机的工作原理
    - 舵机的闭环控制系统
  - 舵机的编程控制
    - 舵机连接树莓派
    - 舵机的控制信号
    - 舵机的编程
    - 控制舵机转动180°
  - 舵机的应用

- **项目实践**
  - 案例1——控制舵机开关门
  - 案例2——控制舵机机械臂

- **知识检测**

- **评价与反馈**

背景材料

材料一 舵机的发明与发展

1. 起源与初步应用

舵机的技术起源可以追溯到早期的自动控制系统。在 20 世纪初的航空领域，为了精确控制飞机的方向舵、升降舵和副翼等部件，研究者们开始探索一种可以精确控制转角和位置的设备。这种设备需要响应飞行员的操作或飞行计算机的指令，使飞机在三维空间中稳定飞行。从这样的需求中，舵机应运而生。

2. 技术进步与模拟舵机

早期的舵机主要是模拟式的,它们主要依靠模拟信号来控制其位置。这些舵机接收来自遥控器或控制设备的 PWM 信号,并根据这些信号调整其位置。虽然模拟舵机在当时已经相当先进,但它们仍受到精度、响应速度和耐用性等方面的限制。

3. 数字化时代的来临

随着数字技术的发展,数字舵机开始出现。与模拟舵机相比,数字舵机具有更高的精度、更快的响应速度和更好的持久性。它们采用数字信号处理器(DSP)或微控制器来精确控制舵机的位置、速度和方向,从而提供了更加可靠和稳定的性能。

4. 工业化与大功率舵机

随着工业自动化的需求增长,对舵机的需求也发生了变化。工业领域需要能够承受更大负荷、持续工作并提供更高精度的舵机。因此,大功率和高精度的工业舵机应运而生。这些舵机不仅在航空和模型领域得到应用,还被广泛应用于机器人、自动化生产线、医疗设备等领域。

5. 结论

从早期的飞机控制到现代的机器人和工业自动化,舵机已经经历了一个多世纪的发展历程。这种设备的每一次进步都反映了技术和工程的进步,以及对更好、更快、更强大设备的持续追求。在不断变化和创新的驱动下,我们可以期待舵机将继续在未来的技术领域中发挥关键作用。

材料二 舵机与机器人

舵机是机器人运动的关键部件,舵机在现代机器人技术的发展中具有关键性作用。下面几点反映了舵机与机器人密不可分的关系。

1. 运动控制中的核心元素

舵机为机器人提供了运动能力。机器人的多个关节或部位通常由一个或多个舵机驱动。这些舵机可以精确地调整指定的位置或角度,为机器人提供了多种运动模式。

2. 精确性和可靠性

由于舵机的设计原理,它们可以非常精确地控制位置或速度,这是机器人对外界反应或执行任务所必需的。例如,在机器人手中,精确地控制每个指关节的角度是至关重要的,无论是为了拿起一个脆弱的物体,还是执行精密的操作。

3. 实时反馈

许多高级舵机都配有位置反馈功能,这允许机器人知道其部件的实际位置,而不仅仅是预期位置。这种反馈机制使得闭环控制成为可能,从而实现更高的精确度和对外部变化的快速反应。

4. 模块化和标准化

舵机的标准化设计和接口使得机器人设计者能够轻松地将它们集成到系统中,同时也便于维护和更换。这种模块化思维加速了机器人原型设计和迭代。

5. 多功能性

舵机不仅仅是单一的位置控制设备。根据设计和应用,它们可以为连续旋转、提供更大的扭矩或速度提供支持,这为机器人提供了更大的功能范围。

6. 灵活性与适应性

舵机的广泛可用性和多样性意味着机器人设计者可以为特定应用选择最适合的舵机，从超小型到工业级规模。

材料三　机器人与中国制造

1. 人形机器人

机器人被誉为是"制造业皇冠顶端的明珠"，深圳一家企业研发的机器人先后 4 次登上春晚舞台，如图 2.6.1 所示，他们自主研发伺服舵机用于机器人的关节，不仅降低了成本，还拥有了核心技术。

图 2.6.1　机器人

2. 工业机器人

中国工业机器人产业发展水平稳步提升，如图 2.6.2 所示。作为"世界工厂"，中国工业生产规模已居世界第一位，并具有按产业门类划分最为齐全完整的工业生产体系。可以预见，工业机器人的运用不仅能使工业生产效率显著提升，而且将推动诸多行业领域发生颠覆性变革。

图 2.6.2　国产埃斯顿机器人

2022年，我国工业机器人装机量占全球比重超50%，稳居全球第一大工业机器人市场，制造业机器人密度达到每万名工人392台。

2022年中国工业机器人保有量135.7万台，主要为多关节机器人和SCARA机器人，其占比分别为60%、40%左右。

3. 空间站的爬行机械臂

机械臂作为空间站总体系统中必不可少的一部分，在空间站运行中承担着重要的任务，如爬行、舱段转位、载荷操作、巡检、支持航天员出舱和货物转运等。

中国"天宫空间站"搭载的大机械臂长约10米，小机械臂长约5米，如图2.6.3所示，级联后的组合体活动范围大大增加。在未来空间站应用中，机械臂组合体可以进行空间站舱段间大范围转移、舱段巡检、物品搬运等工作。

图2.6.3 巡检空间站舱外设备

机械臂两个末端具有多个传感器以及视觉系统，通过内部的中央控制器，可以实现自动制定动作方案，完成精确的动作。机械臂可以自主分析，也可以由航天员进行遥控。视觉监视系统体现在机械臂的肩部、腕部、肘部各有1台视觉相机；其中肩部与腕部视觉相机能对舱外状态进行监视，并能对舱表状态进行检查，以备监测到空间碎片可能对舱外暴露的实验载荷产生撞击。因此，通过机械臂在舱体表面的爬行，配合视觉相机监视，就如同空间站伸出了一个大大的自拍杆，实现了360°全覆盖无死角的监视，非常巧妙地实现了对于空间站舱外设备的巡检功能。

 材料思考

读完上面的材料，请思考以下问题。
1. 舵机为什么可以控制角度，和电机有什么区别？
2. 舵机由哪些部件组成？
3. 舵机和树莓派是怎样连接的？
4. 怎样编写Python程序，用树莓派控制舵机？
5. 舵机控制原理是什么？
6. 舵机有哪些实际应用场景？
7. 工业机器人能帮人们做哪些工作？

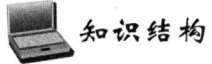
知识结构

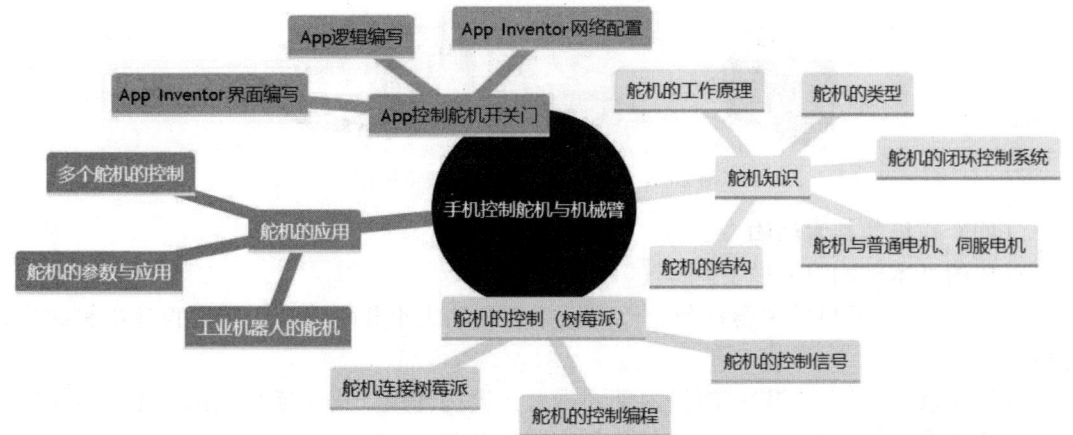

一、舵机基础知识

（一）舵机的概述

舵机（Servo Motor）是一种自动控制设备，它可以将接收到的信号转化为一个确定的角度或线性位移。在模型、机器人和其他应用中，舵机通常用来控制一个物体的运动。它有三条线：一条是供电，一条是地端（GND），还有一条是信号线。

舵机的工作原理是当它接收到一个来自控制器的脉冲，该脉冲的宽度会决定舵机轴要转动的角度。例如，一个 1.5ms 宽的脉冲可以使舵机转到中间位置。不同的舵机型号对脉冲宽度的要求可能会有所不同，但通常情况下，脉冲宽度的范围在 0.5～2.5ms 之间。

（二）舵机的类型

舵机主要有两种类型：位置舵机和连续旋转舵机。

（1）位置舵机：最常见的舵机类型，具有物理停止点，通常可以转动从 0°～180°之间的角度，但也有一些特殊型号可以转 360°或更多。

（2）连续旋转舵机：这种舵机没有物理停止点，它就像一个电机，可以连续旋转。脉冲宽度决定了转速和方向，而不是位置。

（三）舵机与电机、伺服电机的区别

舵机、电机和伺服电机都是转换电能为机械能的设备，但它们的工作原理、控制方式和应用领域都不相同，如图 2.6.4 所示。

（1）电机：电机的速度和方向通常由电压、电流或频率来控制，但在没有额外的控制系统的情况下，电机不能提供精确的位置控制。

（2）舵机：舵机通常内置一个控制电路和一个电机，使其能够精确地控制旋转的角度或速度。舵机经常用于需要精确控制位置的应用，如模型、机器人等。

（3）伺服电机：伺服电机可以提供非常高的精度、速度和扭矩。它经常用于需要精密、高速、高扭矩控制的场合，如工业自动化、机器人、数控机床等。伺服电机的控制比

普通电机复杂，需要专用的驱动器和控制器。

图 2.6.4　电机、舵机和伺服电机图

（四）舵机的基本结构

舵机的基本结构组成如下。

（1）电机：舵机的主要驱动元件。根据舵机的大小和用途，可以是直流电机或步进电机。

（2）减速器（齿轮组）：舵机内部通常有一套齿轮组，用于增加输出扭矩并减小输出速度。齿轮组还将电机的连续旋转转化为有限的旋转角度。

（3）控制电路：舵机的"大脑"，控制电路接收外部信号（如 PWM 信号）并确定电机旋转的方向和角度。

（4）位置传感器：最常见的是电位计（旋转型的电阻器），它连续地提供关于舵机轴当前位置的反馈信号。当舵机轴旋转时，电位计的阻值会改变，控制电路会读取这个阻值，并根据设定值和当前值调整电机的旋转，从而确保舵机轴移动到正确的位置。

（5）外壳：通常是塑料或金属制成，提供了机械支撑，并保护内部部件免受尘土和其他有害物质的侵害。

（6）接线：舵机通常有三根线——红色（电源+极）、黑色或棕色（电源-极或地线）和橙色、黄色或白色（信号线），如图 2.6.5 所示。

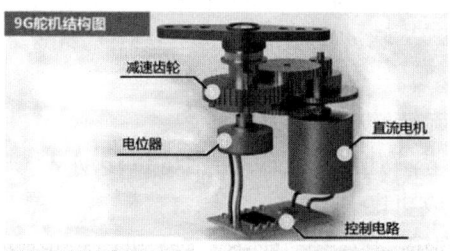
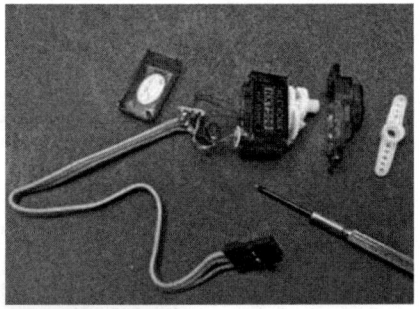
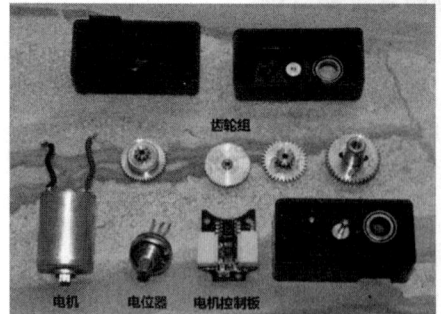

图 2.6.5　舵机基本结构

（五）舵机的工作原理

舵机的最基本工作原理可以归纳为以下几个步骤。

（1）接收 PWM 信号：舵机从外部控制器（如微控制器）接收脉冲 PWM 信号。这个信号的脉冲宽度决定了舵机应该旋转的目标位置。

（2）读取当前位置：通过一个电位计或其他类型的位置传感器，舵机知道其当前的旋转位置。这个电位计通常与舵机的轴直接或通过齿轮连接，从而它的阻值会随着舵机轴的旋转而改变。

（3）比较目标与当前位置：舵机的内部控制电路会比较 PWM 信号指示的目标位置和电位计提供的当前位置。

（4）驱动电机：如果当前位置与目标位置不符，控制电路会驱动内部的电机，使其旋转到指定位置。电机的旋转方向取决于当前位置与目标位置的关系，如果当前位置小于目标位置，电机正转；如果当前位置大于目标位置，电机反转。

（5）达到目标位置：一旦电位计的反馈表明舵机已经旋转到 PWM 信号指示的目标位置，控制电路会停止电机。

（6）维持当前位置：在没有新 PWM 信号输入的情况下，舵机会尝试维持其当前位置，对抗任何外部力量的扭转，如图 2.6.6 所示。

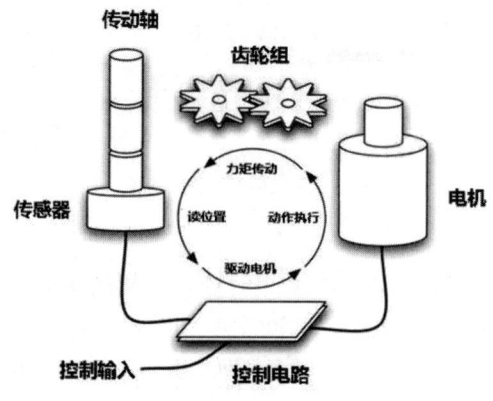

图 2.6.6　舵机工作原理

（六）舵机的闭环控制系统

舵机的核心在于一个闭环控制系统，其中 PWM 信号定义目标位置，电位计或其他传感器提供当前位置的反馈，控制电路根据这两个信息来驱动电机，使其旋转到正确的位置，如图 2.6.7 所示。

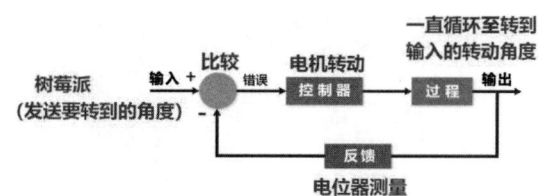

图 2.6.7　舵机闭环控制系统

二、舵机的编程控制

（一）舵机连接树莓派

舵机通常有三根线：红线（或其他颜色），电源正极（V+）；黑线或棕线，电源负极（GND）；橙线、黄线或白线，信号线。

舵机与树莓派进行如下连接：

将舵机的电源正极（红线）连接到外部电源的正极；将舵机的电源负极（黑线或棕线）连接到外部电源的负极，并确保外部电源的负极也连接到树莓派的 GND，从而共地；将舵机的信号线（橙线或黄线）连接到树莓派的某个 GPIO 引脚，这个引脚将用于输出 PWM 信号，如图 2.6.8 所示。

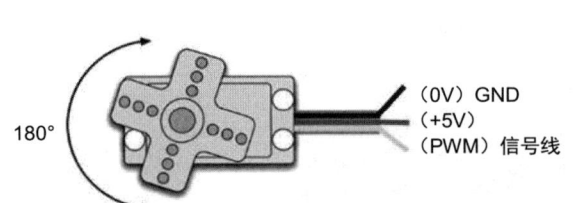
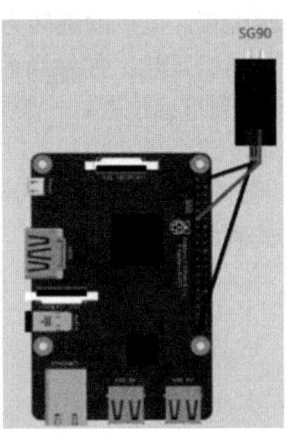

图 2.6.8　树莓派接线图

（二）舵机的控制信号

SG90 舵机接收树莓派发出的 PWM 脉冲信号。信号的周期固定为 20ms（50Hz），理论上脉冲宽度分布应在 0.5～2.5ms 之间，脉冲宽度和舵机的转角 0°～180°相对应。如脉冲宽度为 0.5ms，对应舵机转到 0°位置，脉冲宽度为 1.5ms，对应舵机转到 90°位置，如图 2.6.9 所示。

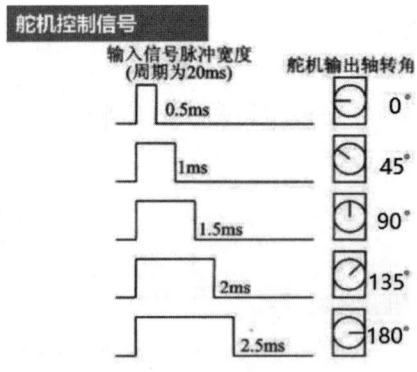

图 2.6.9　PWM 脉宽与舵机转动角度

（三）舵机的编程

1. 树莓派的 PWM 信号输出控制

（1）创建 PWM 对象。

```
led=11          #输出接口为 11 口
p_sevo=GPIO.PWM(sevo,50)    #创建一个 PWM 对象，对象的接口是 11 接口，频率是 50Hz（1 秒钟闪 50 下）
```

（2）启动。

```
p_sevo.start()
```

启动 PWM 对象（p_sevo），若占空比是 20%，则微亮启动

（3）调节占空比。

```
p_led.ChangeDuty（dc）     #dc 可以设置成 0～100%范围内的数字
```

2. 树莓派控制舵机的角度

根据图 2.6.10 所示，确定 PWM 脉冲角度。

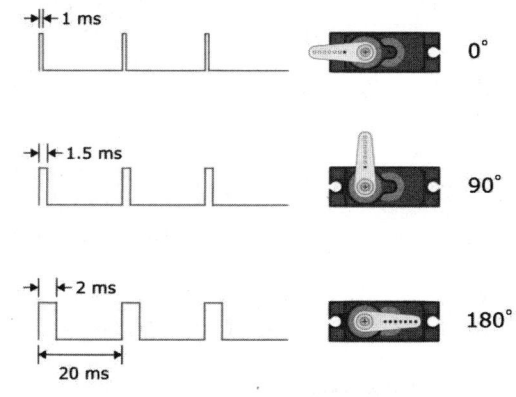

图 2.6.10 脉冲图

（1）创建 PWM 对象。

根据 20ms 的一个脉冲周期，确定频率 20ms=0.02s，$F=1/T=1/0.02=50$Hz。创建 50Hz 的 PWM 输出对象。

```
p_sevo=GPIO.PWM(sevo,50)
```

（2）控制舵机转动 0°。

当要调节舵机到 0°时，根据图 2.6.10 查询到高电平时间为 1ms，用高电平时间/脉冲周期获得占空比。占空比为 1ms/20ms=0.05=2.5%。

```
p_duo.ChangeDutyCycle(2.5)
```

（3）控制舵机转动 90°。

当要调节舵机到 90°时，根据图 2.6.10 查询到高电平时间为 1.5ms，用高电平时间/脉冲周期获得占空比。占空比为 1.5ms/20ms=0.075=7.5%。

```
p_duo.ChangeDutyCycle(7.5)
```

（四）控制舵机转动 180°

当要调节舵机到 180°时，根据图 2.6.10 查询到高电平时间为 2.5ms，用高电平时间/

脉冲周期获得占空比。占空比=2.5ms/20ms=0.075=12.5%。
```
p_duo.ChangeDutyCycle(12.5)
```

三、舵机的应用

1. 舵机参数

SG90 是一款常见的微型伺服马达（舵机），由于它既便宜又实用，受到 DIY 爱好者和模型制作者的青睐，其参数如图 2.6.11 所示。

2. 扭矩的含义

SG90 的力气有多大？可以用初中学过的力矩公式 $M=F\times L$ 计算得到，SG90 最大力矩为 1.4kg·cm，相当于舵机上挂 28cm 的木棍，并用其提 50g 的鸡蛋，如图 2.6.12 所示。

型号：SG90
厂家给出的技术数据：
尺寸：21.5mm×11.8mm×22.7mm
重量：9g
无负载速度：0.12s/60°（4.8V）
堵转扭矩：1.2～1.4kg/cm（4.8V）
使用温度：–30～+60℃
死区设定：7μs
工作电压：4.8～6V

图 2.6.11　参数

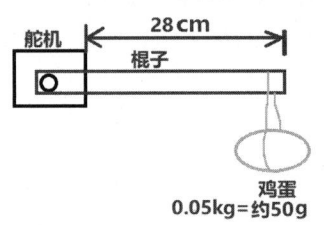

28cm×0.05kg=1.4kg·cm

图 2.6.12　SG90 力矩大小示意图

3. 不同扭矩舵机的异同

如图 2.6.13 所示，舵机的扭矩越大，体积越大，价格越高。

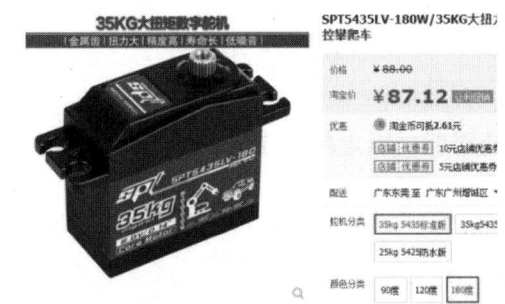

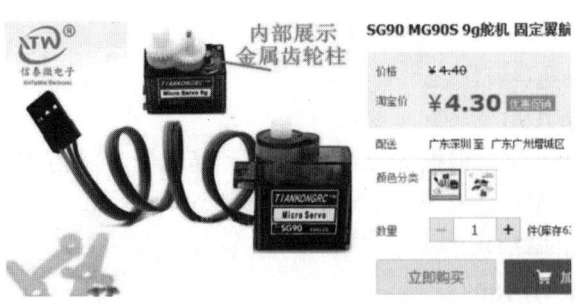

图 2.6.13　舵机价格对比

4. 360°舵机和180°舵机的区别

360°舵机是由PWM控制旋转速度和旋转方向，500～1500μs时，PWM控制它正转，值越小，旋转速度越大；1500～2500μs时，PWM控制它反转，值越大，旋转速度越大；1500μs时，PWM控制它停止（由于每一个舵机的中位可能会不一样，所以有些舵机可能是1520μs时，舵机才会停下来。需要自己实际测试出舵机的中位）。

连续旋转舵机只能连续旋转，不能控制旋转角度。有限旋转舵机，可以控制旋转角度，但是旋转角度有限制，两种不同类型舵机的比较见表2.6.1。

表2.6.1 两种不同类型舵机的比较

舵机类型	有限旋转舵机	连续旋转舵机
控制方式	PWM控制旋转角度	PWM控制旋转速度和旋转方向
能否控制旋转角度	能	否
能否连续旋转	否	能
主要应用场合	需要控制旋转角度的场合，如机械臂、开关	需要连续旋转的场合，如驱动轮子

 实践探索

控制舵机开关门

一、实践项目——控制舵机开关门

1. 项目背景

本项目通过设计智能家居门禁系统，实现通过手机App控制舵机开关门，适用于智能家居门禁、远程仓库管理和办公室门控等场景。用户可远程控制门的开关，提升生活和工作便利性。

2. 项目要求

使用树莓派、舵机、电源、手机/平板、网络设备等材料，制作控制舵机开关门系统。

3. 准备材料

树莓派、舵机、电源及线缆、手机或平板电脑、网络连接设备。

4. 操作步骤

（1）硬件连接：连接舵机到树莓派的GPIO引脚，确保电源和网络连接正常。

（2）树莓派设置：安装RPi.GPIO或gpiozero库，编写Python脚本控制舵机开关门动作，测试舵机工作。

（3）App Inventor创建应用：设计App，添加按钮和标签，配置与树莓派通信的网络组件，设置按钮点击事件控制舵机。

（4）App测试：编译并安装App，确保与树莓派连接正常，测试舵机的开关门动作。

（5）调试与优化：根据需要调整舵机控制脚本，优化App界面和用户体验。

5. 代码参考

```
import cv2
import RPi.GPIO as GPIO
```

```python
#设置 GPIO 模式
GPIO.setmode(GPIO.BCM)
#设置舵机的 GPIO 端口号
servo_pin = 18
GPIO.setup(servo_pin, GPIO.OUT)

#设置舵机的 PWM 参数
p = GPIO.PWM(servo_pin, 50)
p.start(7.5)

#初始化摄像头
cap = cv2.VideoCapture(0)
#加载人脸检测模型
face_cascade = cv2.CascadeClassifier('haarcascade_frontalface_default.xml')
while True:
    ret, frame = cap.read()
    if not ret:
        break
    #灰度转换
    gray = cv2.cvtColor(frame, cv2.COLOR_BGR2GRAY)
    #检测人脸
    faces = face_cascade.detectMultiScale(gray, 1.3, 5)
    for (x, y, w, h) in faces:
        #在检测到的人脸周围画一个矩形框
        cv2.rectangle(frame, (x, y), (x+w, y+h), (255, 0, 0), 2)

        #当检测到人脸时，控制舵机打开门
        p.ChangeDutyCycle(12.5)        #改变舵机角度来打开门

    #显示视频流
    cv2.imshow('Video', frame)
    if cv2.waitKey(1) & 0xFF == ord('q'):
        break
cap.release()
cv2.destroyAllWindows()
p.stop()
GPIO.cleanup()
```

二、实践项目——控制舵机机械臂

控制舵机机械臂

1. 项目背景

在工业自动化领域，可以设计远程控制系统来监控和调整生产线上的机械臂。工程师或运营人员可以通过手机 App 实时掌握机械臂的状态，进行远程干预。

2. 项目要求

使用树莓派、四个舵机、机械臂组件、电源、手机或平板、网络设备等材料，实现机械臂的远程控制。

3. 准备材料

树莓派、四个舵机、电源及线缆、机械臂组件、手机或平板电脑、网络连接设备。

4. 操作步骤

（1）硬件连接：连接四个舵机到树莓派的 GPIO 引脚，将机械臂组件连接到舵机，确保电源和网络连接正常。

（2）树莓派设置：安装 RPi.GPIO 或 gpiozero 库，编写 Python 脚本通过 GPIO 控制四个舵机，驱动机械臂运动。

（3）AppInventor 创建应用：创建 App 界面，添加四个按钮，控制不同动作，配置与树莓派通信的网络组件。

（4）App 测试：编译并安装 App，测试与树莓派连接，验证机械臂动作是否正常。

（5）调试与优化：使用调试工具定位问题，调整舵机控制脚本，优化 App 界面与交互。

5. 代码参考

```python
import RPi.GPIO as GPIO
import time
from bottle import post,request,template,run
led=[11,12,13,15]
GPIO.setmode(GPIO.BOARD)
GPIO.setwarnings(False)
GPIO.setup(led,GPIO.OUT)
p_11=GPIO.PWM(11,50)
p_12=GPIO.PWM(12,50)
p_13=GPIO.PWM(13,50)
p_15=GPIO.PWM(15,50)
p_11.start(0)
p_12.start(0)
p_13.start(0)
p_15.start(0)
@post('/led')
def led():
    a=request.body.read().decode()
    if a=='-':
        p_11.ChangeDutyCycle(3.5)
    elif a=='.':
        p_11.ChangeDutyCycle(11.5)
    elif a=='':
        p_12.ChangeDutyCycle(3.5)
    elif a=='':
        p_12.ChangeDutyCycle(11.5)
    elif a=='y':
```

```
                p_13.ChangeDutyCycle(4.5)
        elif a=='Y':
                p_13.ChangeDutyCycle(10.5)
        elif a=='0':
                p_15.ChangeDutyCycle(3.5)
        elif a=='o':
                p_15.ChangeDutyCycle(11.5)
        elif a=='1':
                p_11.ChangeDutyCycle(0)
                p_12.ChangeDutyCycle(0)
                p_13.ChangeDutyCycle(0)
                p_15.ChangeDutyCycle(0)
def destroy():
        GPIO.cleanup()
run(host='0.0.0.0',port=8888)
try:
        len()
except KeyboardInterrupt:
        pass
```

知识检测

一、填空题

1. 舵机起源于_____年，主要用于_____。
2. 与伺服电机相比，舵机的主要区别是_____。
3. 舵机的主要部件包括_____、_____和_____。
4. 舵机和树莓派连接时，通常使用_____引脚。
5. 使用 Python 控制舵机时，主要用到的库是_____。
6. 舵机的控制信号是通过_____实现的。
7. 舵机的工作原理主要依赖于_____和_____。
8. 舵机的闭环控制系统可以确保_____。
9. 工业机器人中，舵机的主要作用是_____。
10. 通过 App Inventor 制作的 App，可以在手机端实现_____功能。

二、选择题

1. 舵机的起源主要与（　　）领域有关。
   A．机器人制造　　B．航空领域　　C．通信技术　　D．医疗设备
2. 伺服电机和舵机的主要区别是（　　）。
   A．价格　　B．控制方式　　C．电源需求　　D．外观尺寸
3. 树莓派连接舵机时，通常使用的是（　　）。
   A．HDMI　　B．USB　　C．GPIO　　D．Ethernet

4. 舵机的控制信号是（　　）。
   A．模拟信号　　　B．数字信号　　　C．脉冲信号　　　D．RF 信号
5. 舵机的工作原理主要是（　　）。
   A．电磁感应　　　B．电阻变化　　　C．脉宽调制　　　D．数字转换
6. 舵机的闭环控制系统目的是（　　）。
   A．降低功耗　　　B．增强信号　　　C．保持稳定位置　　　D．提高转速
7. 工业机器人中，舵机的作用是（　　）。
   A．提供动力　　　B．传输数据　　　C．控制方向　　　D．监测环境
8. App Inventor 是用于（　　）。
   A．设计网页　　　B．3D 建模　　　C．制作 App　　　D．音视频编辑
9. 舵机与普通电机的主要区别是（　　）。
   A．转速　　　B．大小　　　C．控制精度　　　D．电压需求
10. 舵机常见的应用场景是（　　）。
    A．电视遥控　　　B．手机震动　　　C．机器人关节　　　D．电脑散热

三、判断题

1. 舵机最初是为机器人设计的。　　　　　　　　　　　　　　　　　　（　　）
2. 舵机和伺服电机完全相同。　　　　　　　　　　　　　　　　　　　（　　）
3. 舵机的工作原理与脉宽调制技术有关。　　　　　　　　　　　　　　（　　）
4. 树莓派上无法控制舵机。　　　　　　　　　　　　　　　　　　　　（　　）
5. 舵机通常只在工业机器人中应用。　　　　　　　　　　　　　　　　（　　）
6. 舵机的控制编程主要使用 Python 语言。　　　　　　　　　　　　　（　　）
7. App Inventor 只能制作 iOS 应用。　　　　　　　　　　　　　　　（　　）
8. 舵机的控制信号通常是模拟信号。　　　　　　　　　　　　　　　　（　　）
9. 机器人与中国制造关系不大。　　　　　　　　　　　　　　　　　　（　　）
10. 舵机闭环控制系统的主要功能是节能。　　　　　　　　　　　　　（　　）

四、编程题

1. 使用 Python 编写一个简单的程序，通过树莓派的 GPIO 口控制舵机转到 90°位置。
2. 使用 App Inventor 设计一个含有一个滑动条的简单界面，当滑动条滑动时，可以控制舵机转动的角度，范围是 0～180°。

评价与反馈

评价项目	评价内容	自评	师评
编程思维（10 分）	对问题的分析、解决策略与程序设计的逻辑性		
编程基础（20 分）	对 Python 语言的理解，代码的结构性，语法的正确性		

续表

评价项目	评价内容	自评	师评
技能应用（10分）	将所学知识应用于实际场景中，如项目、解决具体问题等		
创新意识（10分）	在编程和解决问题时，表现出的创新思路和方法		
信息素养（10分）	能够有效检索、分析、评估、使用和引用信息		
终身学习（10分）	主动寻找学习资源，持续学习和自我提升的意愿和能力		
社会责任感（10分）	通过编程解决生活中、工作中出现的问题，解决社会需要的迫切问题		
批判性思维（10分）	对遇到的问题进行深入思考，不轻易接受，持有独立判断		
职业规划（10分）	对未来职业发展的方向有明确规划，了解行业动态		

项目七 人脸检测舵机开门

 学习目标

知识目标	硬件知识	学习机器思考、机器学习、深度学习的基础概念； 理解计算机如何看待和处理图像； 掌握计算机模型的构建和作用； 学习矩阵与计算机图像之间的关系及其在大数据处理中的应用； 熟悉 OpenCV 的基础知识和其内置的人脸检测功能
	软件知识	理解人工智能的工作方式及其与人类的相似性； 掌握机器视觉的基础知识和其在各领域的应用； 了解人脸识别在支付和安全领域的应用
技能目标		能够调用 OpenCV 库实现基本的人脸识别； 学会用矩阵解决实际问题； 掌握舵机的接线、占空比计算和程序编写； 能够结合人脸识别和舵机技术实现门的自动开启
素养目标		培养创新思维和解决问题的能力； 促进对机器学习和深度学习的持续兴趣； 提高对新技术的接受能力和应用能力； 增强团队合作与沟通能力
思政目标		认识到科技创新在国家发展中的重要作用； 培养社会责任感和爱国主义精神； 通过项目实践，培养担当精神和奉献精神

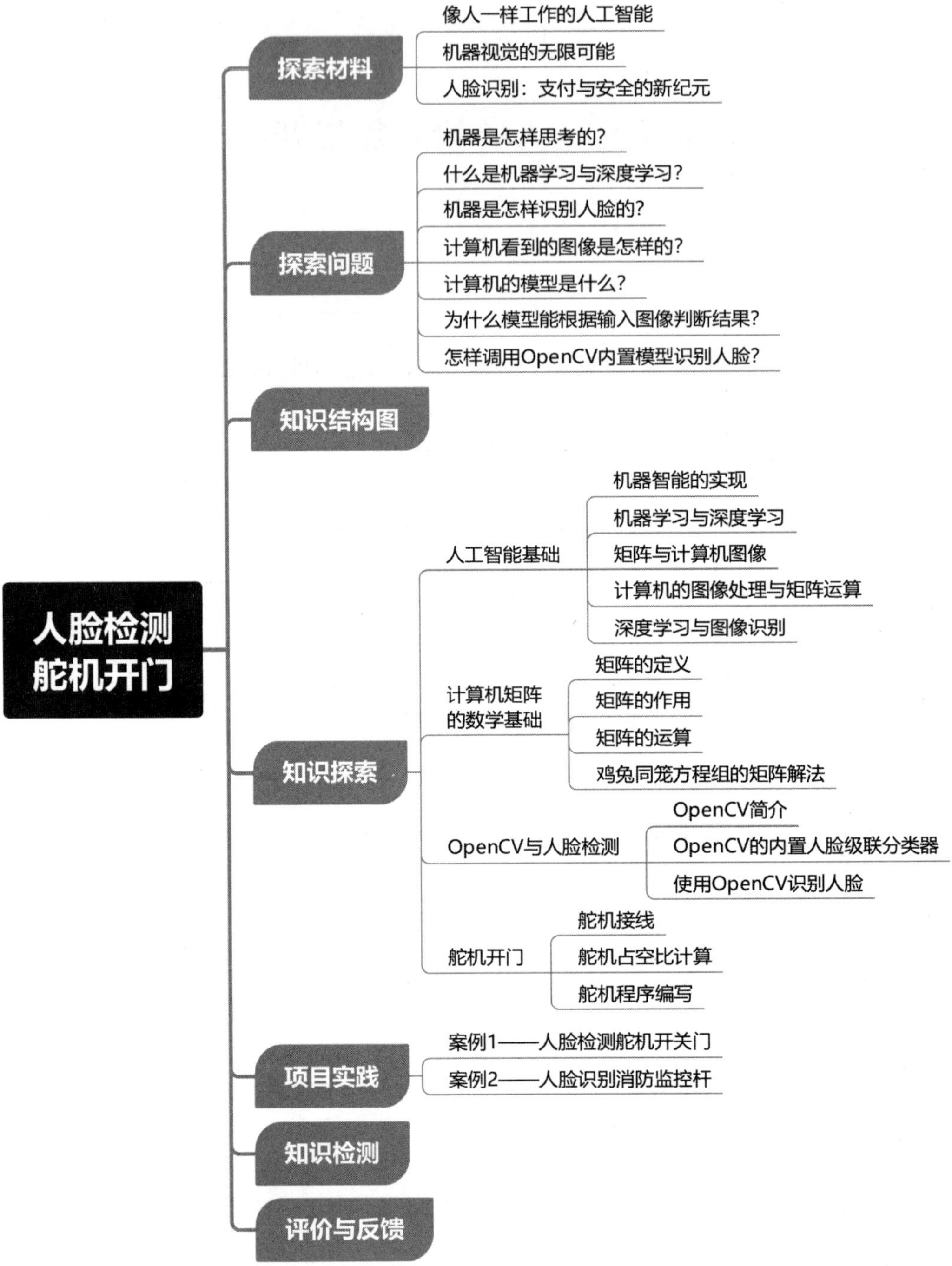

```
                              ┌─ 像人一样工作的人工智能
                  ┌─ 探索材料 ─┼─ 机器视觉的无限可能
                  │           └─ 人脸识别：支付与安全的新纪元
                  │
                  │           ┌─ 机器是怎样思考的？
                  │           ├─ 什么是机器学习与深度学习？
                  │           ├─ 机器是怎样识别人脸的？
                  ├─ 探索问题 ─┼─ 计算机看到的图像是怎样的？
                  │           ├─ 计算机的模型是什么？
                  │           ├─ 为什么模型能根据输入图像判断结果？
                  │           └─ 怎样调用OpenCV内置模型识别人脸？
                  │
                  ├─ 知识结构图
                  │                          ┌─ 机器智能的实现
                  │                          ├─ 机器学习与深度学习
                  │           ┌─ 人工智能基础 ─┼─ 矩阵与计算机图像
人脸检测            │           │              ├─ 计算机的图像处理与矩阵运算
舵机开门 ─────────┤           │              └─ 深度学习与图像识别
                  │           │              ┌─ 矩阵的定义
                  │           ├─ 计算机矩阵   ├─ 矩阵的作用
                  ├─ 知识探索 ─┤  的数学基础   ├─ 矩阵的运算
                  │           │              └─ 鸡兔同笼方程组的矩阵解法
                  │           │                  ┌─ OpenCV简介
                  │           ├─ OpenCV与人脸检测 ┼─ OpenCV的内置人脸级联分类器
                  │           │                  └─ 使用OpenCV识别人脸
                  │           │           ┌─ 舵机接线
                  │           └─ 舵机开门 ─┼─ 舵机占空比计算
                  │                       └─ 舵机程序编写
                  │
                  ├─ 项目实践 ─┬─ 案例1——人脸检测舵机开关门
                  │           └─ 案例2——人脸识别消防监控杆
                  │
                  ├─ 知识检测
                  │
                  └─ 评价与反馈
```

材料一　像人一样工作的人工智能

人工智能（AI）已经逐渐渗透我们的生活，并带来了革命性的变化，如图2.7.1所示。以下是人工智能如何通过模拟人类的多个认知功能来工作。

图 2.7.1 仿人形机器人

1. 认知能力

AI 通过机器学习和深度学习算法来模拟人类的认知过程。这些算法使 AI 能够从大量的数据中学习和提取信息,从而不断提高其性能和准确性。AI 的认知能力使其能够识别模式,做出预测,并在没有人类干预的情况下做出决策。

2. 智力表现

通过算法和计算能力,AI 可以快速处理和分析庞大的数据集,完成复杂的任务,其"智力"表现在许多方面超越了人类。例如,在国际象棋和围棋等棋类游戏中,AI 已经能够击败世界顶级的人类选手。

3. 视觉感知

计算机视觉是 AI 的一大应用领域,通过此技术,AI 能够"看"和理解图片和视频中的内容。计算机视觉应用广泛,比如面部识别、自动驾驶汽车的环境感知,以及医学影像的诊断分析。

4. 听觉感知

自动语音识别(ASR)使 AI 能够"听"和理解人类的语言。ASR 技术已经应用于各种产品和服务,包括语音助手、自动字幕生成系统和客服机器人。

5. 语言表达

文本到语音(TTS)技术使 AI 可以"说话"。通过 TTS 技术,AI 可以将文本信息转换为语音,为用户提供更自然的交互体验,这在智能助手和阅读器中非常常见。

6. 执行能力

AI 可以自动执行一系列任务,不仅仅局限于数字环境,还包括对实物世界的操作。例如,通过控制机械臂,AI 可以进行拣选、组装和包装等工作,极大地提高了生产效率。

7. 感知整合

AI 不仅能够单独展现听、看、说的能力,更重要的是,它能够将这些感知能力整合,实现更加复杂和协调的任务。例如,在自动驾驶技术中,AI 需要整合视觉、听觉和执行功能,以实现安全和有效的驾驶。

材料二 机器视觉的无限可能

机器视觉,作为数字时代的"眼睛",正逐渐展现其令人惊叹的能力和无限的应用可能性。

机器视觉通过高分辨率的相机和先进的图像处理算法，实现对物体的识别和分析。系统能不眠不休地工作，不受人类工作人员的种种局限性（如疲劳和情绪波动）的影响，展现出卓越的准确性和效率。

机器视觉的应用场景如下。

1. 自动驾驶

环境感知：自动驾驶系统通过机器视觉实时获取道路环境信息，识别道路标志和交通信号，感知周围车辆和行人的动态，为车辆提供准确的导航和控制指令。

安全驾驶：感知技术的加持使得自动驾驶汽车能够迅速做出反应，及时避免事故和碰撞，确保乘客。

2. 视觉分拣

高效分拣：在快递和仓储行业，机器视觉技术能快速识别包裹的大小、形状和目的地信息，实现自动化分拣，大幅度提高效率。

准确检测：机器视觉能准确地检测不同物品的细微差异，从而进行更精确的分类和分拣。

3. 人脸识别

支付领域：通过人脸识别技术，用户可以轻松完成支付过程，无需现金或卡片，既安全又便捷。

安检场所：机器视觉用于安检系统，能迅速识别出乘客的身份，大大加速了安检过程，同时提升了安全等级。

4. 挑战与未来

虽然机器视觉技术已取得了显著的进步，但其在不同光线、复杂背景和动态环境下的识别准确性仍有待提高。未来，通过不断的技术研发和创新，我们有理由相信机器视觉将拥有更加精准和强大的"视觉"能力，为更多行业和领域带来革命性的变革。

材料三　人脸识别：支付与安全的新纪元

人脸识别在支付和安全领域有很广泛的应用，如图 2.7.2 所示。

图 2.7.2　人脸识别技术

（1）无缝支付体验：通过人脸识别技术，用户能够实现"刷脸支付"。这种支付方式无需现金、卡片或手机，用户只需将面部对准相应的识别设备，便可轻松完成支付过程。

（2）提高交易安全：由于每个人的面部特征都是独一无二的，人脸识别支付方式相较传统方式更为安全。即使用户的卡片或手机丢失，也无法轻易被他人用于非法交易。

（3）商业智能分析：商家可通过人脸识别系统对顾客进行身份识别，进而提供个性化的服务和推荐，优化顾客的购物体验，并实现对商店客流和顾客行为的智能分析。

（4）快速通行：在机场、车站等安检场所，人脸识别系统能迅速核实乘客身份，大大缩短了安检等待时间，提高了通行效率。

（5）提升安全性：人脸识别技术能准确识别黑名单上的个体，对公共安全构成威胁的人员能被及时发现和拦截。

（6）无缝安全体验：对于参与大型活动或进入高安全级别区域的人员，人脸识别提供了一种无缝、无侵入性的安全检查方式，既便捷又安全。

材料思考

读完上面的材料，请思考以下问题。
1．机器是怎样思考的？
2．什么是机器学习与深度学习？
3．机器是怎样识别人脸的？
4．计算机看到的图像是怎样的？
5．计算机的模型是什么？
6．为什么模型能根据输入图像判断结果？
7．怎样调用 OpenCV 内置模型识别人脸？

知识结构

 知识探索

一、人工智能基础

（一）机器智能的实现

人工智能（AI）通过各种技术和方法来实现"看""听""说""思考""认知""智力""执行""感知"等能力，如图2.7.3所示。

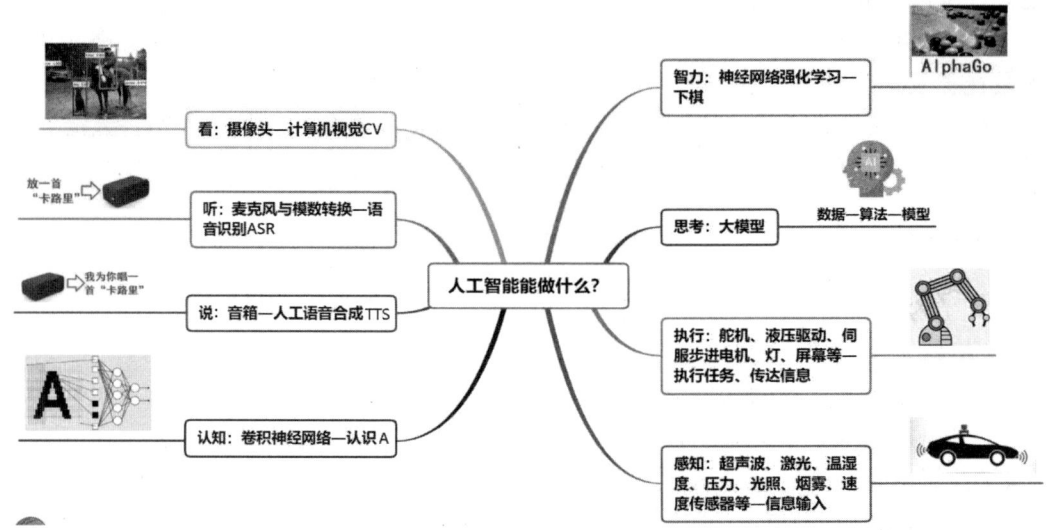

图 2.7.3　人工智能可完成的操作

（1）看（视觉识别）：AI使用计算机视觉技术实现"看"的功能。计算机视觉通过分析和解释图像和视频信息，使计算机能够"看"和识别物体、人脸、文本等内容。深度学习和卷积神经网络是实现计算机视觉的关键技术。

（2）听（语音识别）：AI通过语音识别技术实现"听"的功能。语音识别技术能将语音信号转换为文本，使计算机能理解和响应人类的口头指令。长短时记忆和递归神经网络等深度学习模型在此领域应用广泛。

（3）说（语音合成）：AI使用语音合成技术来实现"说"的功能。语音合成技术能将文本转换为语音，使计算机能"说"出文字内容。语音合成技术通常依赖深度学习和自然语言处理技术。

（4）思考（计算和分析）：AI通过机器学习和深度学习实现"思考"的功能。这些技术使计算机能学习和分析大量数据，从而进行预测和决策。

（5）认知（知识获取和理解）：认知是指计算机能够获取和理解知识的能力。这通常通过自然语言处理和知识图谱等技术实现。

（6）智力（智能决策）：AI通过强化学习和其他优化算法来实现智能决策。强化学习通过训练模型来进行决策，并通过奖励和惩罚机制来改善模型的表现。

（7）执行（动作执行）：AI可以控制硬件设备（如机器人）来执行特定动作。这通常通过控制算法和硬件接口实现。

（8）感知（感觉输入处理）：感知是指计算机能够处理和解释多种感官输入（如视觉、听觉和触觉等）。这通常通过传感器和相应的数据处理算法实现。

（二）机器学习与深度学习

机器学习和深度学习都是人工智能的关键技术。深度学习是机器学习的子集，两者有共性也有差异。

机器学习是一种 AI 技术，使计算机系统能通过学习和经验来提高性能。它包括多种算法和模型，如线性回归、逻辑回归、支持向量机、决策树等。机器学习通常需要手动进行特征选择和调整，并且更适用于处理结构化和半结构化数据，以及在较小的数据集上有效。特征工程在机器学习中占据重要地位，需要专家选择适当的特征和算法，可能需手动调整模型参数。

深度学习是机器学习的一种，基于神经网络——尤其是深层神经网络。深度学习的模型包括卷积神经网络、循环神经网络和生成对抗网络等。与传统机器学习不同，深度学习可以自动进行特征学习和提取，因此减少了手动选择和调整特征的需要。然而，深度学习通常需要大量的数据和计算资源，尤其擅长处理非结构化数据（如图像和语音）。深度学习因其深层网络结构，能在大数据集上实现复杂的学习任务，有着广泛的应用，特别是在图像识别、语音处理和自然语言处理等领域。

深度学习是机器学习的特定分支，专注于使用深层神经网络。而机器学习是一个更广泛的领域，包括深度学习和其他多种学习方法和算法。两者在数据需求、计算资源需求、特征工程重要性和应用领域等方面有显著差异。

（三）矩阵与计算机图像

计算机通过矩阵来表示和处理图像。图像的每个像素可以通过矩阵元素的值来表示，而图像的处理和分析操作则通过对这些矩阵执行各种数学运算来实现。这种表示方法为计算机提供了一种有效的方式来存储、处理和分析图像数据。

1. 灰度图像

在计算机中，一幅灰度图像可以表示为一个二维矩阵，矩阵的每个元素对应图像中的一个像素。元素的值（通常在 0~255 之间）表示像素的亮度。如图 2.7.4 所示，图像大小为 28×28，图像是一个矩阵，黑白图像维度只有一维。

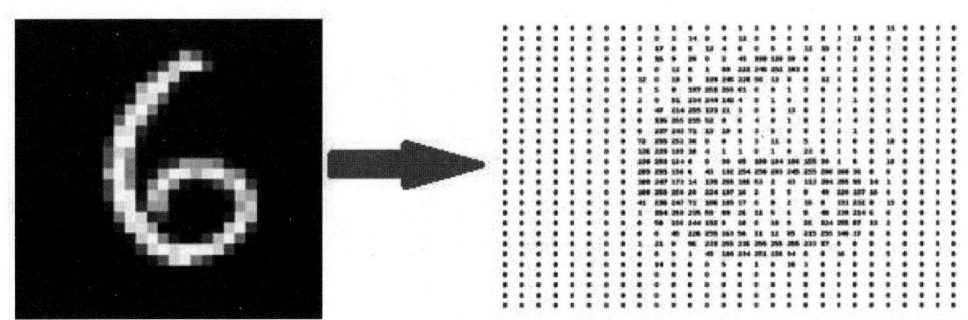

图 2.7.4　灰度图像的计算机矩阵表示

2. 彩色图像

彩色图像（RGB 图像）由三个二维矩阵组成，分别代表红色、绿色和蓝色通道。每个通道的矩阵元素值代表相应像素在该通道的亮度。如图 2.7.5 所示，每个图像可以看成一个矩阵，图像的宽度和高度对应矩阵的行和列，图像的颜色[255,255,0]可以看成矩阵的维度。彩色图片有三个维度。

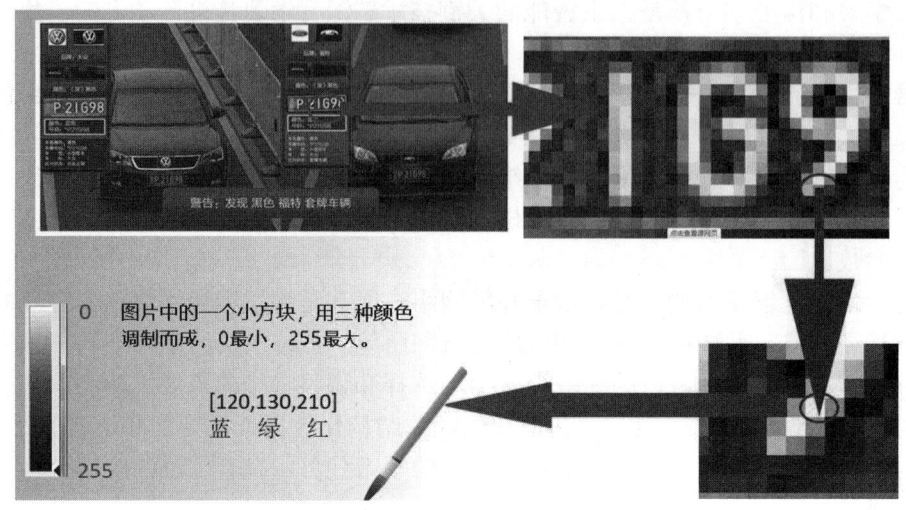

图 2.7.5　彩色图像的计算机矩阵表示

（四）计算机的图像处理与矩阵运算

计算机图像处理经常涉及简单的矩阵运算，因为图像本质上是由像素值组成的矩阵（对于灰度图像）或多维数组（对于彩色图像）。以下是一些基本和常用的矩阵运算及其在图像处理中的应用。

1. 点对点运算（元素级运算）

（1）加法与减法：用于调整图像的亮度，加法使图像变亮，减法使其变暗。

（2）乘法与除法：用于调整图像的对比度，乘法增加对比度，除法降低对比度。

2. 矩阵乘法

（1）线性变换：线性变换可以用于图像的旋转、缩放等操作。

（2）卷积：通过一个卷积核（滤波器）和图像矩阵相乘来实现的，用于模糊、锐化、边缘检测等。

3. 矩阵变换

通过简单的行列交换或倒序，可以实现图像的翻转和旋转。

（五）简单认识深度学习与图像识别

1. 深度学习的定义

想象深度学习就像是一个超级聪明的小孩。开始时，他什么都不懂，但是通过观看大量的图片，他逐渐学会了识别图中的物体，比如猫、狗或汽车。深度学习就是这样，通过学习大量的数据（比如图片），学会了从中识别有用的信息。

2. 学习过程

当给计算机展示一幅猫的图片时，它首先看到的只是一堆数字（每个数字对应图片中的一个小点或像素的颜色）。通过深度学习，计算机可以学会理解这些数字背后的结构和模式，进而识别出图中的猫。

卷积神经网络是深度学习中常用于图像识别的一种技术，它就像一张"过滤网"，可以帮助计算机聚焦于图片中重要的部分，忽略不重要的部分。

3. 有效的原因

（1）自动学习：不需要人为告诉计算机每个物体看起来是什么样的，深度学习模型会自动学习和记忆。

（2）大数据：有了大量的图片和数据，深度学习可以学得更准确、更聪明。

4. 应用

（1）识别物体：如在照片中识别出是猫还是狗。

（2）面部解锁：如手机的面部识别解锁功能。

（3）自动驾驶：有自动驾驶功能的车辆可以识别道路上的行人和其他车辆。

深度学习就像一个通过观察和学习逐渐变聪明的系统，能够自动学会识别图片中的物体和特征，被广泛用于各种图像识别的应用中。

二、计算机矩阵的数学基础

（一）矩阵的定义

矩阵是线性代数中的基础概念。简单来说，矩阵是一个矩形数组，包含数字、符号或表达式，矩阵是一个由 m 行和 n 列的数值组成的矩形数组。每个数值被称为一个元素。

（二）矩阵的作用

矩阵在数学、物理和计算机科学等领域有广泛应用。在线性代数中，矩阵常用于表示线性方程组，也可以表示线性变换。在计算机科学中，矩阵用于图像处理、计算机图形和机器学习等任务。由于其结构和性质，矩阵是数学和科学计算中非常重要和有用的工具。

（三）矩阵的运算与鸡兔同笼问题

"鸡兔同笼"是一个经典的数学问题，指的是鸡和兔子共同被关在一个笼子里，鸡有两只眼睛、两条腿，兔子有两只眼睛、四条腿，用矩阵解决鸡兔数量和眼睛腿数量之间的关系。

先学习矩阵的乘法如图 2.7.6 所示，再用计算机矩阵表达鸡兔同笼的关系。

$$\begin{bmatrix} a & b & c \\ d & e & f \\ g & h & i \end{bmatrix} \begin{bmatrix} x \\ y \\ z \end{bmatrix} = \begin{bmatrix} ax + by + cz \\ dx + ey + fz \\ gx + hy + iz \end{bmatrix}$$

图 2.7.6　矩阵的乘法

（1）鸡兔同笼的方程组解法。用 Y_1 表示腿的总数，用 Y_2 表示眼睛的总数，用 X_1 表示鸡个数和 X_2 表示兔子个数可以建立如下方程：

$$Y_1 = 2X_1 + 4X_2$$
$$Y_2 = 2X_1 + 2X_2$$

（2）计算机用矩阵解决问题。人们习惯用方程处理多因素对多因素的关系，但是现实问题的复杂程度和数据量远远超过人的处理的能力，如城市规划、股票分析、图像识别等，数学家发明了矩阵解决大量复杂方程的计算。因为计算量大，不得不依靠计算机矩阵解决问题，它能同时处理成百上千个方程组成的复杂问题。如图2.7.7所示。

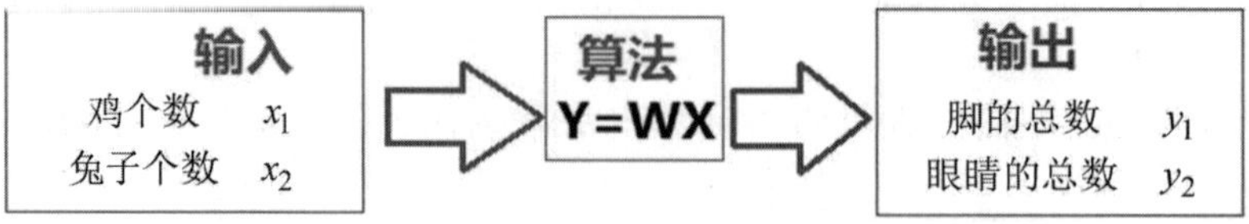

$$\text{输入} x = \begin{vmatrix} 鸡个数 \\ 兔子个数 \end{vmatrix} = \begin{vmatrix} x_1 \\ x_2 \end{vmatrix} \qquad \begin{vmatrix} y_1 \\ y_2 \end{vmatrix} = \begin{vmatrix} 2 & 4 \\ 2 & 2 \end{vmatrix} \times \begin{vmatrix} x_1 \\ x_2 \end{vmatrix} \qquad \begin{vmatrix} 脚的总数 \\ 眼睛的总数 \end{vmatrix} = \begin{vmatrix} y_1 \\ y_2 \end{vmatrix}$$

$$\text{其中} \quad w = \begin{vmatrix} 单只鸡脚 & 单只兔子脚 \\ 单只鸡眼 & 单只兔子眼 \end{vmatrix} = \begin{vmatrix} 2 & 4 \\ 2 & 2 \end{vmatrix}$$

图 2.7.7 矩阵建模

（3）矩阵与大量数据的处理。矩阵是处理大量数据的强大工具，特别是在数学和计算机科学领域，例如在机器学习、数据分析和信号处理等领域。

通过矩阵，我们可以组织和存储数据，执行复杂的数学运算，实现高效的计算和存储优化，并利用现代硬件的并行计算能力。在实践中，矩阵运算的知识和技能是数据科学家、机器学习工程师和其他计算专业人员的基础。

三、OpenCV 与人脸检测

（一）OpenCV 简介

OpenCV（Open Source Computer Vision Library）是一款专注于计算机视觉的开源库，广泛应用于图像处理、机器学习和人工智能领域。它提供了丰富的图像操作功能，如剪切、旋转、缩放和颜色转换等，同时支持特征提取和描述，方便进行图像匹配和识别。该库能有效执行面部、人体和车辆等多对象的检测任务，支持使用 Haar 或 LBP 级联分类器进行精准检测。OpenCV 不仅集成了常见的机器学习算法，还能与深度学习框架如 TensorFlow 和 PyTorch 无缝对接，极大拓展了其应用范围。

（二）OpenCV 的内置人脸级联分类器

当使用 pip install opencv-python 的开源库时，在安装 OpenCV 3.0 后，haarcascades 文件夹中有人体特征检测的 XML 文件，如图 2.7.8 所示，通过调用相应检测器识别人体特征。

haarcascade_eye.xml
haarcascade_eye_tree_eyeglasses.xml
haarcascade_frontalcatface.xml
haarcascade_frontalcatface_extended.xml
haarcascade_frontalface_alt.xml
haarcascade_frontalface_alt_tree.xml
haarcascade_frontalface_alt2.xml
haarcascade_frontalface_default.xml
haarcascade_fullbody.xml
haarcascade_lefteye_2splits.xml
haarcascade_licence_plate_rus_16stages.xml
haarcascade_lowerbody.xml
haarcascade_profileface.xml
haarcascade_righteye_2splits.xml
haarcascade_russian_plate_number.xml
haarcascade_smile.xml

图 2.7.8 人体特征检测的 XML 文件

（三）使用 OpenCV 识别人脸

（1）导入 OpenCV 库，并设置摄像头或视频源。

```
import cv2
from picamera.array import PiRGBArray
from picamera import PiCamera
camera = PiCamera()
```

```
rawCapture = PiRGBArray(camera)
face_cascade = cv2.CascadeClassifier('/path/to/lbpcascade_frontalface.xml')
```

（2）循环人脸检测：在无限循环中，从摄像头捕捉每一帧图像，并进行人脸检测。

```
for img in camera.capture_continuous(rawCapture, format="bgr", use_video_port=True):
    frame = img.array                                  #获取摄像头捕捉到的图像
    gray = cv2.cvtColor(frame, cv2.COLOR_BGR2GRAY)     #转换图像为灰度
    faces = face_cascade.detectMultiScale(gray, 1.2, 1, (70, 70))  #检测人脸
    for (x, y, w, h) in faces:                         #在检测到的人脸周围画矩形框
        cv2.rectangle(frame, (x, y), (x+w, y+h), (255, 255, 0), 2)
    cv2.imshow("video", frame)                         #显示图像
    rawCapture.truncate(0)                             #清空，以准备下一帧
    cv2.waitKey(1)                                     #等待按键，也为imshow()函数提供时间绘制窗口
```

（3）代码运行：运行代码后，设备的摄像头会被激活，屏幕上显示一个窗口，实时显示摄像头捕获的图像，检测到的人脸会被矩形框标出。

（4）结束程序：通过在 OpenCV 窗口按下 Q 或 ESC 键安全地结束程序。

四、舵机开门

（一）舵机接线

舵机接线如图 2.7.9 所示。

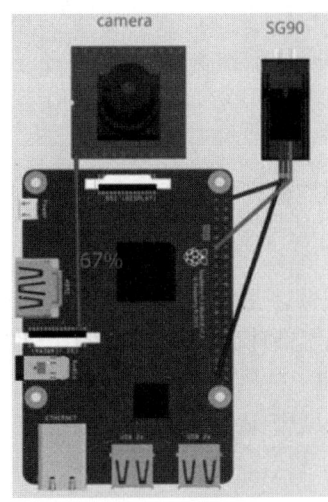

图 2.7.9　舵机接线

（二）计算舵机 PWM 占空比

舵机在三个角度的占空比计算过程如下：

（1）根据 20ms 的一个脉冲周期，确定频率：20ms=0.02s，$F=1/T=1/0.02=50Hz$。创建 50Hz 的 PWM 输出对象。

```
p_sevo=GPIO.PWM(sevo,50)
```

（2）0°时，求出然后 1ms 的高电平占 20ms 周期，占空比为 0.5ms/20ms=0.05=2.5%。

```
p_duo.ChangeDutyCycle(2.5)
```

（3）90°时，求出然后 1.5ms 的高电平占 20ms 周期，占空比为 1.5ms/20ms=0.075=7.5%。

p_duo.ChangeDutyCycle(7.5)

（4）180°时，求出然后 2.5ms 的高电平占 20ms 周期，占空比为 2ms/20ms=0.075=12.5%。

p_duo.ChangeDutyCycle(12.5)

（三）舵机程序编写

（1）定义函数 deep()，执行调整 PWM 输出。

```
def deep(x, timse):
    p_duo.ChangeDutyCycle(x)
    time.sleep(timse)
```

（2）判断是否检测到人脸，调用 PWM 输出函数改变开门角度开门，3 秒后再关门。

```
if value > 0:
    deep(7.5, 1.5)
    time.sleep(3)
    deep(2.5, 0.5)
    time.sleep(0.02)
else:
    pass
```

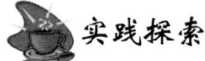 **实践探索**

一、实践项目——人脸检测舵机开关门

1. 项目背景

本项目通过树莓派控制机械臂，适用于工业自动化等领域，用户可通过手机 App 实时监控并远程控制机械臂，调整生产线动作。

人脸检测舵机开关门

2. 项目要求

使用树莓派、四个舵机、机械臂组件、电源、手机或平板、网络连接设备等材料，实现机械臂的远程控制。

3. 准备材料

树莓派、四个舵机、电源及线缆、机械臂组件、手机或平板电脑、网络连接设备。

4. 操作步骤

（1）硬件连接：连接四个舵机到树莓派的 GPIO 引脚，将机械臂组件连接到舵机，确保电源和网络连接正常。

（2）树莓派设置：安装 RPi.GPIO 或 gpiozero 库，编写 Python 脚本通过 GPIO 口控制四个舵机，驱动机械臂运动。

（3）App Inventor 创建应用：创建 App 界面，添加四个按钮控制不同动作，配置与树莓派通信的网络组件。

（4）App 测试：编译并安装 App，测试与树莓派是否连接，验证机械臂动作是否正常。

（5）调试与优化：使用调试工具定位问题，调整舵机控制脚本，优化 App 界面与交互。

5. 代码参考

```python
import cv2
import RPi.GPIO as GPIO

#设置 GPIO 模式
GPIO.setmode(GPIO.BCM)
#设置舵机的 GPIO 端口号
servo_pin = 18
GPIO.setup(servo_pin, GPIO.OUT)

#设置舵机的 PWM 参数
p = GPIO.PWM(servo_pin, 50)
p.start(7.5)

#初始化摄像头
cap = cv2.VideoCapture(0)

#加载人脸检测模型
face_cascade = cv2.CascadeClassifier('haarcascade_frontalface_default.xml')

while True:
    ret, frame = cap.read()
    if not ret:
        break

    #灰度转换
    gray = cv2.cvtColor(frame, cv2.COLOR_BGR2GRAY)

    #检测人脸
    faces = face_cascade.detectMultiScale(gray, 1.3, 5)
    for (x, y, w, h) in faces:
        #在检测到的人脸周围画一个矩形框
        cv2.rectangle(frame, (x, y), (x+w, y+h), (255, 0, 0), 2)

        #当检测到人脸时，控制舵机打开门
        p.ChangeDutyCycle(12.5)    #改变舵机角度来打开门

    #显示视频流
    cv2.imshow('Video', frame)

    if cv2.waitKey(1) & 0xFF == ord('q'):
        break

cap.release()
```

```
cv2.destroyAllWindows()
p.stop()
GPIO.cleanup()
```

二、实践项目——人脸识别消防监控杆

人脸识别消防监控杆

1. 项目背景

本项目通过树莓派与人体红外传感器结合，实时监测进入林区的人员。当传感器探测到热量时，自动触发摄像头拍照，并将信息通过 Bottle 框架发送到手机应用，以提醒有人的进入。

2. 项目要求

使用树莓派、人体红外传感器、摄像头等设备，实现人体热量检测、拍照，并通过网络发送通知到手机 App。

3. 准备材料

树莓派（含摄像头模块）、人体红外传感器、网络连接、Bottle 框架、App Inventor（或类似平台）、Python 编程环境、电源和连线。

4. 操作步骤

（1）硬件连接：连接树莓派、摄像头模块、人体红外传感器到 GPIO 端口。

（2）软件配置：在树莓派上安装 Python 和 Bottle 框架，创建 App Inventor 应用接收通知。

（3）编写代码：编写 Python 代码，在检测到人体时触发拍照并发送通知到手机 App。

（4）测试与调试：测试人体红外传感器的准确性，调试 Bottle 框架与 App Inventor 通信。

（5）完善与优化：优化代码和硬件设置，改进用户界面和功能。

5. 代码参考

```
import RPi.GPIO as GPIO
import time
import requests
from bottle import route, run, request
#设置 GPIO 模式和端口
GPIO.setmode(GPIO.BCM)
sensor_pin = 4        #选择合适的 GPIO 口
GPIO.setup(sensor_pin, GPIO.IN)

@route('/notify')
def notify():
    #此处填写 App Inventor 应用的接收通知的 API
    return 'Notification received!'

def motion_detected(channel):
    #当检测到运动时拍照并发送通知
    print("Motion Detected!")
    #拍照代码（需要调用合适的摄像头 API）
    #发送通知到手机 App
```

> requests.get('http://<your_bottle_server_ip>:<port>/notify')
>
> #设置运动检测回调函数
> GPIO.add_event_detect(sensor_pin, GPIO.RISING, callback=motion_detected)
>
> #运行 Bottle 服务器
> run(host='0.0.0.0', port=8080)

 知识检测

一、填空题

1. 人工智能尝试模拟_____的行为。
2. 机器视觉的一个重要应用是_____。
3. 人脸识别在_____和_____方面打开了新纪元。
4. 机器学习与深度学习属于_____的子领域。
5. 机器是通过_____和_____来识别人脸的。
6. 深度学习中，CNN 表示_____。
7. OpenCV 是一个专门用于_____处理的库。
8. 级联分类器在 OpenCV 中用于_____。
9. 舵机的位置是由_____决定的。
10. 在使用舵机进行人脸检测开门的程序中，首先需要对_____进行处理。

二、选择题

1. 以下属于深度学习应用的是（　　）。
   A．电子表格计算　　　　　　B．人脸识别
   C．文字处理　　　　　　　　D．云计算
2. OpenCV 主要用于（　　）领域。
   A．3D 建模　　B．音频处理　　C．数据库管理　　D．图像处理
3. 机器学习的目标是（　　）。
   A．提高存储效率　　　　　　B．从数据中学习并做出预测
   C．硬件优化　　　　　　　　D．数据加密
4. 矩阵在图像处理中的主要作用是（　　）。
   A．存储大量数据　　　　　　B．表示图像数据
   C．加速网络连接　　　　　　D．加密图像数据
5. 舵机的运动范围是由（　　）决定的。
   A．电流大小　　B．占空比　　C．电压大小　　D．电池容量
6. 人脸识别技术主要用于（　　）。
   A．视频剪辑　　B．网页设计　　C．安全验证　　D．数据存储
7. 以下不是机器视觉应用的是（　　）。
   A．图像编辑　　B．车牌识别　　C．自动驾驶　　D．虚拟现实

8. 机器是通过（　　）"看到"图像的。
   A．声音　　　　　B．温度　　　　　C．像素　　　　　D．触感
9. OpenCV 内置的人脸级联分类器主要用于（　　）。
   A．语音识别　　　　　　　　　B．文字处理
   C．图像合成　　　　　　　　　D．人脸检测
10. 鸡兔同笼方程组可以通过（　　）解决。
    A．微积分　　　　　　　　　　B．函数图像
    C．矩阵　　　　　　　　　　　D．概率统计

三、判断题

1. 人工智能尝试模拟人类思维。（　　）
2. 深度学习与机器学习是两个完全不相关的领域。（　　）
3. OpenCV 只能用于人脸检测。（　　）
4. 机器"看到"的图像是通过连续的数字组成的。（　　）
5. 人脸识别技术只能用于支付应用。（　　）
6. 舵机的占空比与其位置成正比。（　　）
7. 矩阵在计算机图像中起到关键作用。（　　）
8. 机器视觉只关注静态图像，而不涉及视频。（　　）
9. OpenCV 是一个开源库。（　　）
10. 机器智能的实现不依赖任何算法。（　　）

四、编程题

1. 使用 OpenCV 库，编写一个简单的程序来加载一张图片，并使用内置的人脸级联分类器检测图中的人脸，并在人脸周围画一个矩形。
2. 编写一个程序来控制舵机的运动。当检测到人脸时，舵机转到一个指定的位置，以模拟开门的动作。

评价与反馈

评价项目	评价内容	自评	师评
编程思维（10 分）	对问题的分析、解决策略与程序设计的逻辑性		
编程基础（20 分）	对 Python 语言的理解，代码的结构性，语法的正确性		
技能应用（10 分）	将所学知识应用于实际场景中，如项目、解决具体问题等		
创新意识（10 分）	在编程和解决问题时，表现出的创新思路和方法		
信息素养（10 分）	能够有效检索、分析、评估、使用和引用信息		

续表

评价项目	评价内容	自评	师评
终身学习（10分）	主动寻找学习资源，持续学习和自我提升的意愿和能力		
社会责任感（10分）	通过编程解决生活中、工作中出现的问题，解决社会需要的迫切问题		
批判性思维（10分）	对遇到的问题进行深入思考，不轻易接受，持有独立判断		
职业规划（10分）	对未来职业发展的方向有明确规划，了解行业动态		

项目八　DHT11 温湿度传感器

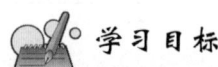 学习目标

知识目标	硬件知识	了解机器思考与人类思考的区别； 理解机器学习和深度学习的基本概念； 理解计算机视觉在机器学习中的作用和计算机如何识别图像
	软件知识	了解 DHT11 的工作原理及其主要功能； 掌握 DHT11 数据处理、传输和程序的基本知识； 学习环境监测 App 的基本构造和逻辑编程
技能目标		能够使用 DHT11 进行基本的环境监测； 能够分析、处理和输出 DHT11 的数据； 能够设计和制作简单的环境监测 App； 能够通过案例实践操作 DHT11 和环境监测 App，进行温度监测与控制
素养目标		培养学生对环境监测的重视，了解其在健康、农业和灾害预警中的作用； 激发学生对电子工程与编程的兴趣和探索欲望； 培养学生的实践能力和创新思维
思政目标		培养学生的环保意识，使其了解温室效应对环境的影响，提高学生的社会责任感； 培养学生的科学精神和探求真理的勇气

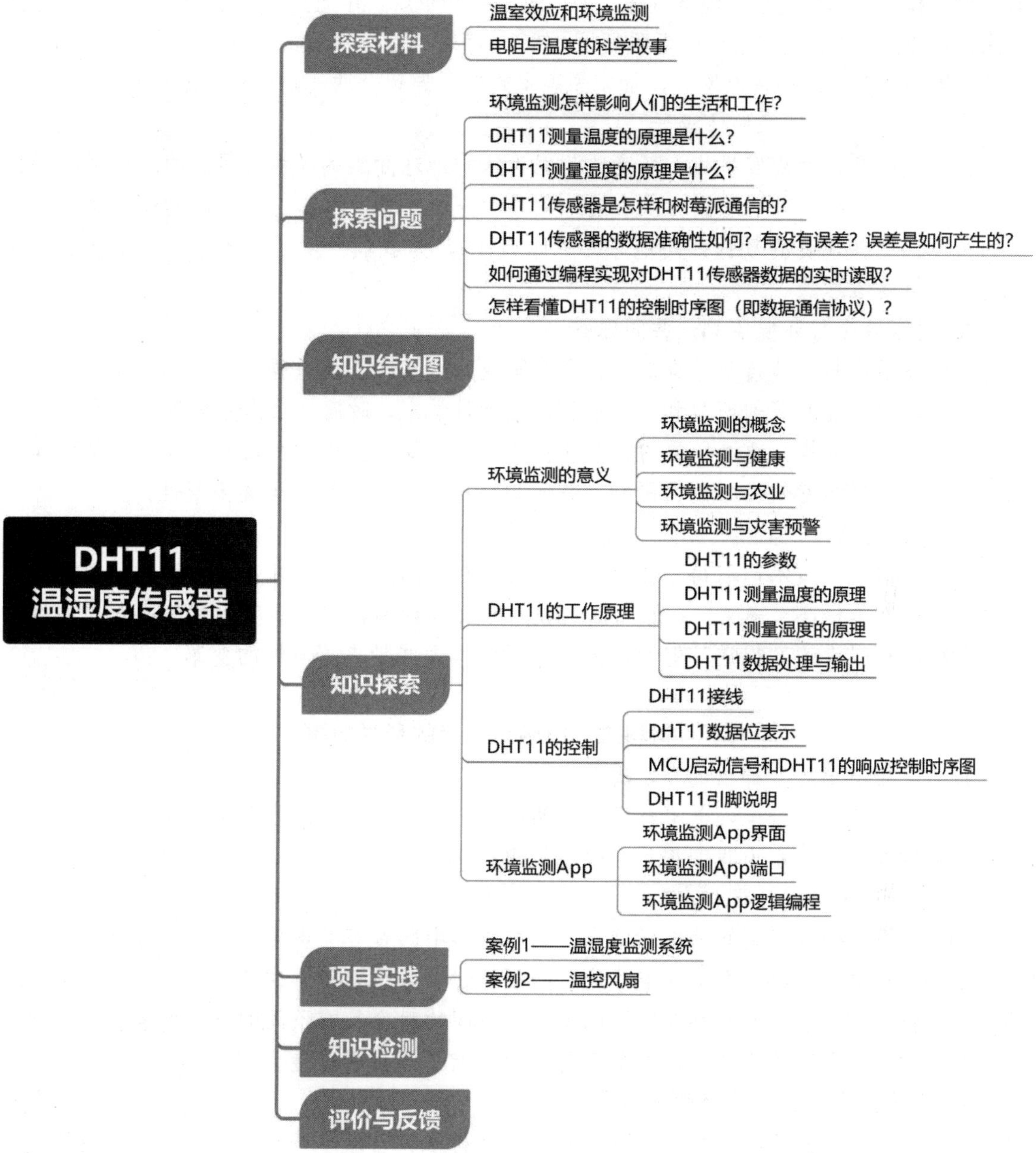

项目八　DHT11温湿度传感器

```
DHT11温湿度传感器
├── 探索材料
│   ├── 温室效应和环境监测
│   └── 电阻与温度的科学故事
├── 探索问题
│   ├── 环境监测怎样影响人们的生活和工作？
│   ├── DHT11测量温度的原理是什么？
│   ├── DHT11测量湿度的原理是什么？
│   ├── DHT11传感器是怎样和树莓派通信的？
│   ├── DHT11传感器的数据准确性如何？有没有误差？误差是如何产生的？
│   ├── 如何通过编程实现对DHT11传感器数据的实时读取？
│   └── 怎样看懂DHT11的控制时序图（即数据通信协议）？
├── 知识结构图
├── 知识探索
│   ├── 环境监测的意义
│   │   ├── 环境监测的概念
│   │   ├── 环境监测与健康
│   │   ├── 环境监测与农业
│   │   └── 环境监测与灾害预警
│   ├── DHT11的工作原理
│   │   ├── DHT11的参数
│   │   ├── DHT11测量温度的原理
│   │   ├── DHT11测量湿度的原理
│   │   └── DHT11数据处理与输出
│   ├── DHT11的控制
│   │   ├── DHT11接线
│   │   ├── DHT11数据位表示
│   │   ├── MCU启动信号和DHT11的响应控制时序图
│   │   └── DHT11引脚说明
│   └── 环境监测App
│       ├── 环境监测App界面
│       ├── 环境监测App端口
│       └── 环境监测App逻辑编程
├── 项目实践
│   ├── 案例1——温湿度监测系统
│   └── 案例2——温控风扇
├── 知识检测
└── 评价与反馈
```

材料一　温室效应和环境监测

"温室效应与环境监测：地球健康的晴雨表"

在广袤无垠的大地上，温室效应与环境监测仿佛是亲密无间的舞伴，在科学的舞台上共同演绎着一场关于地球健康的动人故事。

1. 温室效应：暖阳下的双刃剑

温室效应是一种自然而然的地球现象。当太阳的光芒穿透大气层照耀在地球表面时，地球会吸收和反射部分光能。温室气体，如二氧化碳和甲烷，作为大气层的一部分，可以捕捉并保持热能，创造出适宜居住的温暖环境。然而，随着工业化进程的加速和人类活动的增多，大气中的温室气体浓度逐渐增加，加剧了温室效应，导致全球气候逐渐升温和变化。

2. 环境监测：地球的体温计

面对气候变化的现实挑战，环境监测成为保护地球健康的关键工具。通过使用高科技的监测设备和系统，科学家们可以准确地测量和分析大气、水和土壤中的污染物和温室气体的浓度。这些珍贵的数据如同地球的"体温计"，为我们提供了关于地球健康状态和环境变化的重要信息。

3. 温室效应与环境监测：共同保护

当温室效应与环境监测结合时，它们共同成为地球保护的坚强盾牌。环境监测为我们提供了对温室效应的深刻理解和实时观测，帮助科学家、政府和公众更好地了解和应对气候变化的风险和挑战。通过科学的分析和预测，可以制定出更加有效的环境保护策略和行动计划，以减轻温室效应的负面影响，并保护地球的生态系统和生物多样性。

4. 挑战与未来：

虽然机器视觉技术已取得了显著进步，但其在不同光线、复杂背景和动态环境下的识别准确性仍有待提高。未来，通过不断的技术研发和创新，我们有理由相信机器视觉将拥有更加精准和强大的"视觉"能力，为更多行业和领域带来革命性的变革。

材料二　电阻与温度的科学故事

1. "电阻与温度：神秘的互动舞台"

在科学的庞大舞台上，电阻与温度是两位神秘而引人入胜的表演者。他们共同绘制出一幅动态的互动画面，为我们揭示了物质的奥秘。

2. 电阻：电流的"调控者"

电阻，是一个众所周知的电学概念，它在电路中起着至关重要的作用。可以把电阻想象成是一条狭窄的小路，电流（电子流）必须通过这条路前行。这条"小路"会对电子流的速度进行调控，从而影响整个电路的运作。不同的材料具有不同的电阻特性，这是因为每种材料的"小路"宽窄不同，有的容易通过，有的则困难重重。

3. 温度：微观世界的"舞者"

温度，是一个描写物质内部运动状态的测量标准。当温度升高，物质内部的粒子（如原子和分子）会跳动得更加活跃。你可以想象，温度越高，这些"微观舞者"跳得越欢快。他们的跳舞速度和方式，直接影响了物质的性质和状态。

4. 电阻与温度的"互动"

当温度与电阻相遇时，发生了一场精彩的"舞蹈"。温度的变化会影响电阻的大小。以金属为例，温度上升，金属内部的自由电子会因为"舞者"（原子）跳得更欢，而变得更难通过，导致电阻增加。而在某些特殊材料中，如超导体，升高温度并不能增加电阻，反而会出现电阻突然消失的现象。

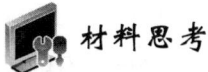 **材料思考**

读完上面的材料，请思考以下问题。
1. 环境监测怎样影响人们的生活和工作？
2. DHT11 测量温度的原理是什么？
3. DHT11 测量湿度的原理是什么？
4. DHT11 传感器是怎样和树莓派通信的？
5. DHT11 传感器的数据准确性如何？有没有误差？误差是如何产生的？
6. 如何通过编程实现对 DHT11 传感器数据的实时读取？
7. 怎样看懂 DHT11 的控制时序图（即数据通信协议）？

 **知识结构**

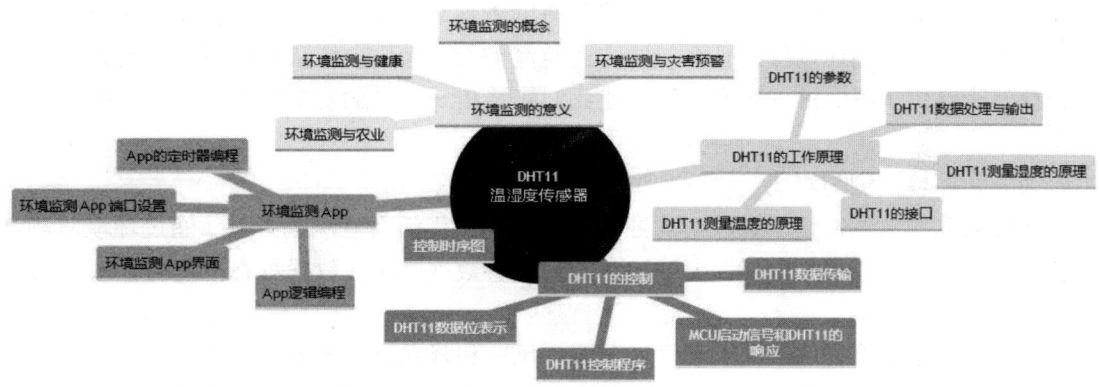

 **知识探索**

一、环境监测的意义

（一）环境监测的概念

环境监测是系统观测、记录和分析环境中各因素变化的科学活动，它包括空气质量、水质、土壤、噪声、辐射、气候和生物多样性等方面的监测。通过采集空气中的污染物、水体的化学成分、土壤的物理化学属性、环境噪声水平、辐射量和气象参数等数据，环境监测帮助评估环境质量和状况，预警环境风险，支持环保政策和规划的制定，并为公众提供宝贵的环境信息服务。

环境监测的核心目的是了解和保护环境。例如，空气质量监测可以追踪空气中有毒有害气体和颗粒物的浓度，保障人们的呼吸健康；水质监测则确保水资源的清洁安全。通过对土壤质量和生态系统的持续观测，环境监测也为农业生产和生物多样性保护提供了重要支持。

环境监测通过系统地观测和分析环境数据，为环境保护和管理提供了科学依据和工具，保障了人类的健康和生态系统的稳定，支持了可持续发展和环境保护的实践。

（二）环境监测与健康

环境监测对人们的生活和工作产生深刻影响。首先，在健康保护方面，它起着不可或缺的作用。空气质量监测实时记录各类污染物的浓度，如 PM2.5、PM10，以及有毒有害气体。这些数据不仅使市民了解当前空气质量，进而采取必要预防措施，比如佩戴口罩或避免户外运动，还为政府提供依据制定相应的环保政策和措施。

水质监测同样关键。通过检测河流、湖泊、地下水和饮用水中的化学物质和污染物，它确保我们的饮水安全和卫生，预防各种由水源引起的疾病。这对于维护公共健康和预防水源性疾病的发生具有重要作用。

此外，环境噪声也是一个不可忽视的健康因素，长期暴露于高分贝噪声的环境可能导致听力损失和其他健康问题。通过环境噪声监测，我们能了解不同区域的噪声水平，这对于居民选择住房和政府进行城市规划都至关重要。

环境监测还包括对有毒化学品和辐射的监测，这些都是影响人类健康的重要因素。通过及时发现和处理这些有害物质，环境监测有助于预防和减轻其对人类健康的影响。

总之，环境监测通过持续且系统的方式监测空气、水、土壤和噪声等环境因素，为保护公众健康提供了科学的依据和手段，使我们能够在一个更加安全和健康的环境中生活和工作。

（三）环境监测与农业

环境监测与农业密切相关，对农业生产和农民的生活有着深刻影响。通过环境监测，农业工作者可以获取关于气候、土壤和水质的重要数据，这些数据对农作物的种植和收获至关重要。

首先，气候监测提供了关于温度、湿度、风速和降水量等气象条件的实时信息。这些信息帮助农民更好地了解当前的天气条件，预测未来的气候变化，从而合理安排农作物的种植和收获时间，减少因气候不良导致的农作物损失。

其次，土壤监测则关注土壤的肥力、酸碱度和有害化学物质的含量等因素。通过对土壤条件的了解，农民可以选择适合当前土壤条件的农作物品种，同时合理施肥，保持土壤肥力，提高农作物的产量和质量。

再者，水质监测也是农业生产中不可缺少的一环。农田灌溉用水的质量直接影响到农作物的生长和食品安全。环境监测通过检测灌溉用水中的污染物和有害物质，确保农田用水的安全，防止因水污染导致的农作物受害和食品安全问题。

此外，环境监测还有助于农业病虫害的预防和控制。通过监测环境条件，农业专家可以预测病虫害的发生和传播，及时采取预防和控制措施，保护农作物，减少农业生产的损失。

（四）环境监测与灾害预警

环境监测在灾害预警方面发挥着至关重要的作用，它为防灾减灾提供科学依据，帮助社会及时应对各类自然灾害，保障人们的生命财产安全。

首先，环境监测系统通过追踪气象参数（如温度、气压、湿度、风速等）可以预测恶劣天气。当监测到台风、暴雨、暴雪、干旱等气象条件时，科学家能及时分析数据，预测灾害发生的可能性和规模，从而发布预警信息，为防灾工作赢得宝贵时间。

其次，对地质环境的实时监测有助于预测和预防地震、山体滑坡、泥石流等地质灾害。通过对地面震动、地下水位、土壤温度和湿度等参数的实时监测，环境监测系统可以及时发现地质灾害的先兆，预测灾害发生的时间和地点，从而采取预防措施，减轻灾害对人们生活和工作的影响。

此外，环境监测还包括对河流水位的监测，这对于预防洪水和水灾具有重要作用。当监测到河流水位异常上升时，环境监测系统可以及时发布洪水预警，提醒居民做好防范，确保人身安全。

综合来看，环境监测在灾害预警方面发挥着不可替代的作用，它为灾害防控提供了科学依据，帮助社会及时应对自然灾害，保护人们的生命和财产安全。通过实时监测环境中的各种参数，环境监测系统可以及时发现灾害的先兆，预测灾害的发生和影响，为防灾减灾工作提供有力支持。

二、DHT11 的工作原理

（一）DHT11 的参数

DHT11 的参数见表 2.8.1。

表 2.8.1　DHT11 参数

型号	测量范围	测湿精度	测温精度	分辨力	封装
DHT11	20%～90%（RH）0～50℃	±5%RH	±2℃	1	4 针单排直插

（1）型号。传感器的型号名称。DHT11 是一个广泛使用的温湿度传感器，适用于各种温湿度测量的应用场合。

（2）测量范围。指传感器可以测量的湿度和温度范围。DHT11 能够测量 20%～90% 的相对湿度和 0～50℃ 的温度。

（3）测湿精度：传感器测量湿度的准确度。±5%RH 意味着实际湿度值与传感器读数之间的最大差异是 5%。

（4）测温精度：是指传感器测量温度的准确度。±2℃ 意味着实际温度值与传感器读数之间的最大差异是 2℃。

（5）分辨力：是指传感器能够检测的最小湿度或温度变化。对于 DHT11，其分辨力为 1，这意味着它能够检测 1% 的湿度变化和 1℃ 的温度变化。

（6）封装：描述了传感器的物理封装和连接方式。如图 2.8.1 所示，4 针单排直插意味着 DHT11 有 4 个引脚，并且这些引脚是直立的，适用于直接插入到电路板或其他设备中。

图 2.8.1　针单排直插

（二）DHT11 测量温度的原理

DHT11 内部有一个热敏电阻或热敏二极管来测量温度。这个组件的电阻值会随着温度的变化而变化。通过测量这个电阻值，DHT11 可以计算出当前的温度。

具体过程如下：

（1）当温度发生变化时，热敏元件的电阻值发生变化。

（2）电阻值的变化会影响通过该元件的电流或电压。

（3）传感器检测到这些变化，并将其转换为温度读数。

（三）DHT11 测量湿度的原理

DHT11 的湿度测量基于电容式湿度传感器的原理。它内部有一个含有聚合物的电容式湿度传感器。聚合物是一种材料，其介电常数会随着周围环境湿度的变化而变化。通过测量传感器两端的电容值，DHT11 可以计算出当前的相对湿度。

具体过程如下：

（1）当空气中的湿度发生变化时，传感器表面的聚合物吸湿或脱湿。

（2）这导致电容的电荷量发生变化。

（3）通过电荷量的变化，传感器得出湿度的读数。

（四）DHT11 数据处理与输出

DHT11 内部有一个 8 位微控制器来处理和调整读取到的数据。微控制器将测量到的模拟信号转换成数字信号，并通过单总线协议发送出去。用户可以通过单总线协议读取 DHT11 输出的数据。

三、DHT11 的控制

（一）DHT11 接线

DHT11 与控制板的连接方式，如图 2.8.2 所示：连接线长度短于 20m 时建议用 5k 上拉电阻，大于 20m 时根据实际情况使用合适的上拉电阻。

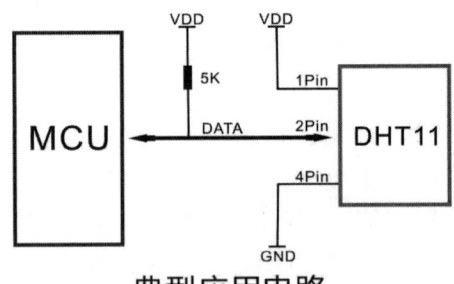

典型应用电路

图 2.8.2 DHT11 与控制板的连接方式

（二）DHT11 数据位表示

DATA 用于微处理器与 DHT11 之间的通信和同步，采用单总线数据格式，一次通信时间为 4ms 左右，数据分小数部分和整数部分，具体格式在下面说明，当前小数部分用于以后扩展，现读出为零。

操作流程：一次完整的数据传输为 40bit，高位先出。

数据格式：8bit 湿度整数数据+8bit 湿度小数数据+8bi 温度整数数据+8bit 温度小数数据+8bit 校验和。

（三）MCU 启动信号和 DHT11 的响应控制时序图

用户的微控制单元（Microcontroller Unit，MCU）发送一次开始信号后，DHT11 从低功耗模式转换到高速模式，等待主机开始信号结束后，DHT11 发送响应信号，送出 40bit 的数据，并触发一次信号采集，用户可选择读取部分数据。从模式下，DHT11 接收到开始信号触发一次温湿度采集，如果没有接收到主机发送开始信号，DHT11 不会主动进行温湿度采集.采集数据后转换到低速模式，通信过程如图 2.8.3 所示。

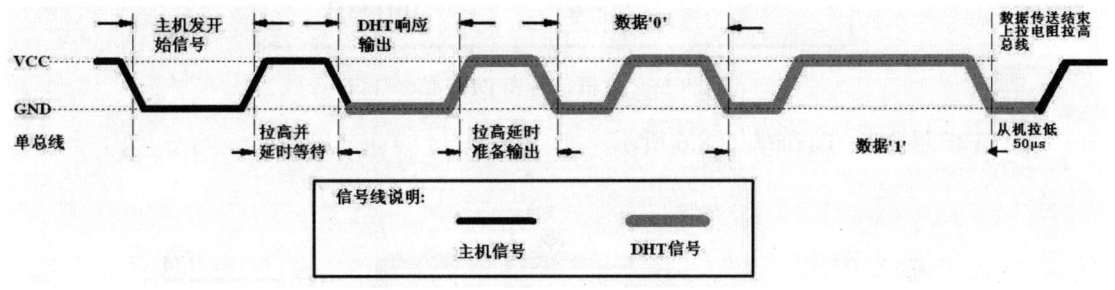

图 2.8.3　主机信号和 DHT 信号 1

总线空闲状态为高电平，主机把总线拉低等待 DHT11 响应，拉低时必须大于 18ms，保证 DHT11 能检测到起始信号。DHT11 接收到主机的开始信号后，等待主机开始信号结束，然后发送 80μs 低电平响应信号。主机发送开始信号结束后，延时等待 20~40μs 后，读取 DHT11 的响应信号，主机发送开始信号后，可以切换到输入模式，或者输出高电平均可，总线由上拉电阻拉高，如图 2.8.4 所示。

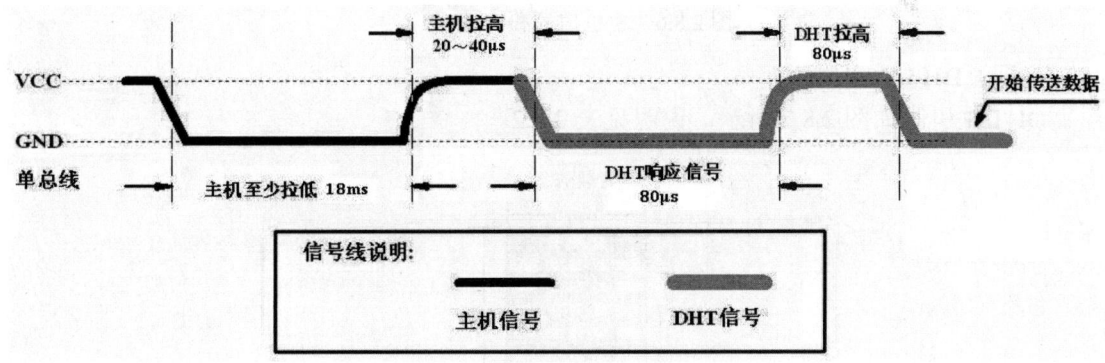

图 2.8.4　主机信号和 DHT 信号 2

总线为低电平，说明 DHT11 发送响应信号，DHT11 发送响应信号后，再把总线拉高 80μs，准备发送数据，每一 bit 数据都以 50μs 低电平时隙开始，高电平的长短决定了数据位是 0 还是 1。如果读取响应信号为高电平，则 DHT11 没有响应，请检查线路是否连接正常。当最后一 bit 数据传送完毕后，DHT11 拉低总线 50μs，随后总线由上拉电阻拉高进入空闲状态。

数字 0 信号表示方法如图 2.8.5 所示。

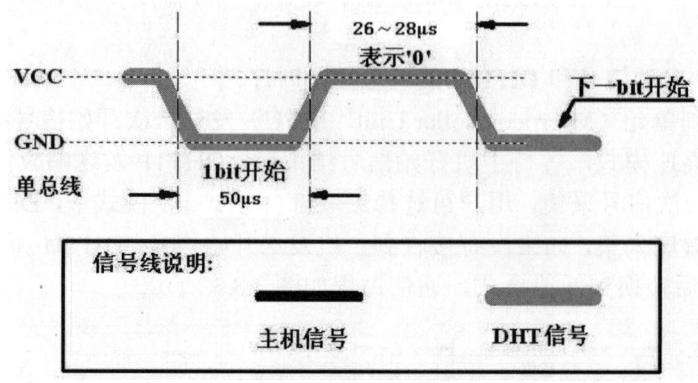

图 2.8.5　主机信号和 DHT 信号 3

数字 1 信号表示方法如图 2.8.6 所示。

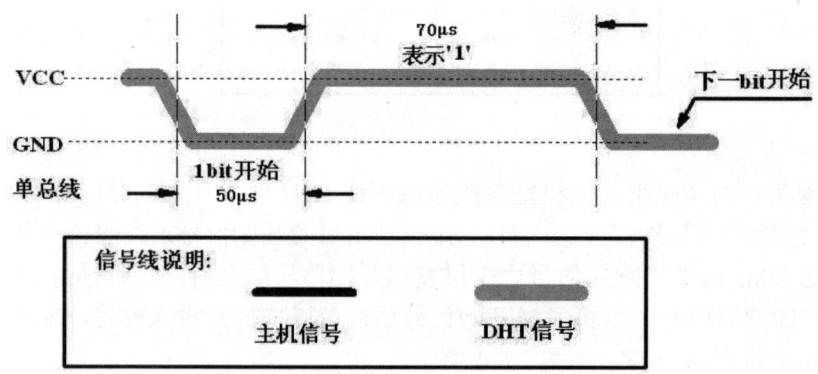

图 2.8.6　主机信号和 DHT 信号 4

（四）DHT11 引脚说明

DHT11 引脚如图 2.8.7 所示，说明见表 2.8.2。

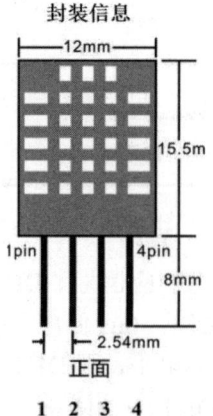

图 2.8.7　DHT11 引脚

表 2.8.2 引脚说明

Pin	名称	注释
1	VDD	供电 3～5.5V DC
2	DATA	串行数据，单总线
3	NC	空脚，请悬空
4	GND	接地，电源负极

四、环境监测 App

（一）环境监测 App 界面

环境监测 App 界面，如图 2.8.8 所示。

（二）环境监测 App 端口

设置网址为 http://192.168.3.109:5555/env，如图 2.8.9 所示，计时器属性设置如图 2.8.10 所示，界面设计如图 2.8.11 所示。

图 2.8.8 环境监测 App 界面

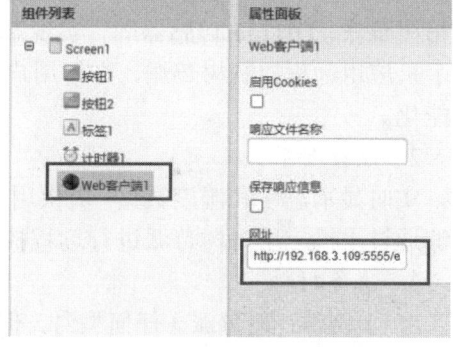

图 2.8.9 Web 客户端地址

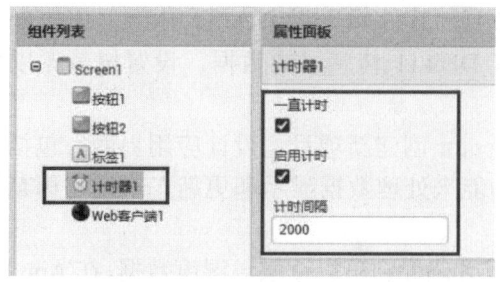

图 2.8.10 计时器计时间隔

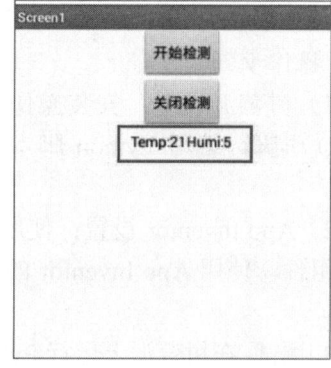

图 2.8.11 环境监测界面

（三）环境监测 App 逻辑编程

逻辑设计如图 2.8.12 所示。

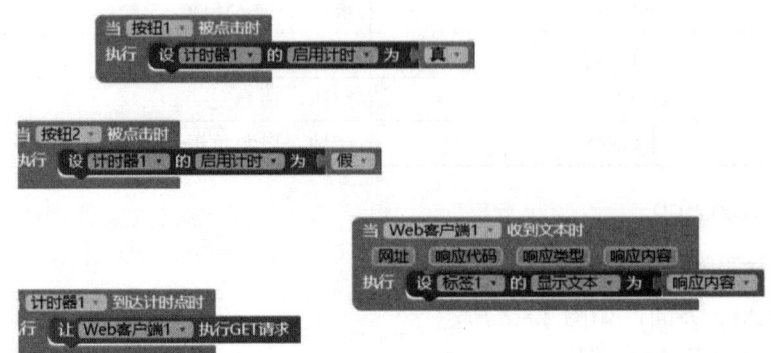

图 2.8.12　逻辑设计

温湿度监测系统

一、实践项目——温湿度监测系统

1. 项目背景

在日常生活与工业生产中，温湿度监测至关重要。本项目旨在构建温湿度监测系统，利用树莓派、DHT11 传感器等，实现温湿度数据实时显示、图表呈现及定时更新，还可通过手机应用远程控制树莓派，方便用户随时随地掌握环境温湿度状况，提升监测便利性与智能化。

2. 项目要求

实时显示温度和湿度数据，提供用户界面以显示数据图表，实现数据更新的定时功能，能够通过手机应用对树莓派进行远程控制。

3. 准备材料

（1）硬件：树莓派（任何型号，但推荐使用树莓派 3 或更新的型号）、DHT11 温湿度传感器、跳线电源适配器、网络连接（以太网或 Wi-Fi 模块）。

（2）软件：App Inventor 账户和环境设置、树莓派操作系统（如 Raspbian）及必要的库文件（如 Python、GPIO 库）。

4. 操作步骤

（1）树莓派设置：安装操作系统和必要的软件库，将 DHT11 传感器连接到树莓派的 GPIO 引脚，编写 Python 脚本用于读取 DHT11 传感器的数据，设置树莓派以允许远程访问。

（2）App Inventor 设置：使用 App Inventor 创建新项目，设计应用界面，包括显示温湿度的组件，使用 App Inventor 的块编程功能来处理数据显示和更新，实现与树莓派通信的功能。

（3）测试：在树莓派上运行 Python 脚本，并确保它可以读取温湿度数据，在 App Inventor 中测试应用程序的所有功能，调试任何问题，并确保应用程序在不同设备上稳定运行。

5. 代码参考

```python
#coding:utf-8
import RPi.GPIO as GPIO
import time
channel = 11                            #定义引脚号 11
data = []                               #温湿度值
j = 0                                   #计数器
GPIO.setmode(GPIO.BOARD)                #设置 BOARD 编码格式
time.sleep(1)                           #时延一秒
GPIO.setup(channel, GPIO.OUT)
GPIO.output(channel, GPIO.LOW)
time.sleep(0.02)                        #输入信号，提示传感器开始工作
GPIO.output(channel, GPIO.HIGH)

GPIO.setup(channel, GPIO.IN)
while GPIO.input(channel) == GPIO.LOW:  #输出低电平
    continue
while GPIO.input(channel) == GPIO.HIGH: #输出高电平
    continue
while j < 40:                           #确认高低电平输出无误之后，进入循环
    k = 0
    while GPIO.input(channel) == GPIO.LOW:
        continue
    while GPIO.input(channel) == GPIO.HIGH:  #高电平输出一次就进行一次记录，当达到
                                             # 一百次时自动退出

        k += 1
        if k > 100:
            break
    if k < 8:                           #当输出次数小于 8 以内时，列表发送低电平
        data.append(0)
    else:
        data.append(1)                  #当大于 8 时，往后统一返回高电平
    j += 1
print ("sensor is working.")
print (data)                            #输出初始数据的高低电平

humidity_bit = data[0:8]                #分组，湿度值 0～8 位数为整数
humidity_point_bit = data[8:16]         #8～16 为小数
temperature_bit = data[16:24]           #温度值 16～24 为整数
temperature_point_bit = data[24:32]     #24～32 为小数
check_bit = data[32:40]                 #校验和
humidity = 0
humidity_point = 0
temperature = 0
temperature_point = 0
check = 0
for i in range(8):
    humidity += humidity_bit[i] * 2 ** (7 - i)   #转换成十进制数据
```

```
        humidity_point += humidity_point_bit[i] * 2 ** (7 - i)
        temperature += temperature_bit[i] * 2 ** (7 - i)
        temperature_point += temperature_point_bit[i] * 2 ** (7 - i)
        check += check_bit[i] * 2 ** (7 - i)
tmp = humidity + humidity_point + temperature + temperature_point        #十进制的数据相加
if check == tmp:                                    #数据校验，相等则输出
    print ("temperature : ", temperature, ", humidity : " , humidity)
else:                                               #错误输出错误信息，和校验数据
    print ("wrong")
    print ("temperature : ", temperature, ", humidity : " , humidity, " check : ", check, " tmp : ", tmp)
GPIO.cleanup()
```

二、实践项目——温控风扇

1. 项目背景

本项目通过 DHT11 温湿度传感器实时监测环境温度，并通过继电器模块控制风扇开关。开发 App Inventor 应用来远程显示温度并控制风扇。系统在温度超出设定阈值时自动激活风扇。

2. 项目要求

设计一个自动温控风扇系统，能够根据温度传感器数据调节风扇，支持 App 远程显示和控制。

3. 准备材料

树莓派、DHT11 传感器、继电器模块、风扇、跳线、电源适配器、网络连接（Wi-Fi 或以太网）、App Inventor 环境、Python 编程环境、RPi.GPIO 库、Adafruit_DHT 库。

4. 操作步骤

（1）树莓派设置：安装操作系统并更新软件包，连接 DHT11 传感器与继电器，编写 Python 脚本监测温度并控制风扇。

（2）App Inventor 应用开发：创建 App，设计界面显示温度和风扇控制按钮，配置树莓派与 App 之间的通信。

（3）集成测试：测试温控功能和远程控制，调整系统和界面以提高性能和稳定性。

5. 代码参考

```python
import RPi.GPIO as GPIO
import dht11
import time

#设置 GPIO 模式为 BCM
GPIO.setmode(GPIO.BCM)
#设置 GPIO 18 为输出，用于控制风扇
GPIO.setup(18, GPIO.OUT)

#初始化 DHT11 传感器，连接到 GPIO 4
instance = dht11.DHT11(pin=4)

while True:
```

```
        result = instance.read()
        if result.is_valid():
            if result.temperature > 30:          #温度高于30度时开风扇
                GPIO.output(18, GPIO.HIGH)
            else:
                GPIO.output(18, GPIO.LOW)
        time.sleep(5)                            #每隔5秒读取一次温度
```

 知识检测

一、填空题

1．温室效应是指太阳辐射被大气中的_____吸收和反射导致地表温度升高的现象。

2．电阻值在温度上升时，一般会_____（增大/减小）。

3．机器学习是一种使机器能够_____学习数据的技术。

4．深度学习是机器学习的一个子集，其核心技术是_____。

5．计算机识别图像的基本单位是_____。

6．DHT11主要用于测量_____和_____。

7．在DHT11的数据处理中，数据的单位常常是_____。

8．DHT11与MCU的通信启动由_____信号开始。

9．环境监测在农业中可以用于_____。

10．控制时序图主要用于表示_____之间的通信时序。

二、选择题

1．温室效应的主要原因是（   ）。
   A．大气中的氧气增加   B．大气中的二氧化碳增加
   C．大气中的氮气增加   D．大气中的氢气增加

2．DHT11主要用于测量的是（   ）。
   A．湿度   B．光强   C．压力   D．温度

3．计算机看到的图像是由（   ）构成的。
   A．矩阵   B．文字   C．代码   D．波形

4．机器学习的目标是（   ）。
   A．让机器自主思考   B．使机器模仿人的行为
   C．使机器从数据中学习   D．让机器代替人工作

5．环境监测与健康的关系是（   ）。
   A．直接影响食物的质量   B．影响气候变化
   C．影响土壤的肥沃度   D．影响生态平衡

三、判断题

1．温室效应完全是负面的现象。   （   ）

2．DHT11 测量的湿度是绝对湿度。（   ）
3．机器学习的模型需要大量的数据进行训练。（   ）
4．环境监测对农业没有太大的影响。（   ）
5．DHT11 的数据传输是模拟信号。（   ）
6．计算机看到的图像是彩色的。（   ）
7．深度学习是一种全新的技术，与机器学习完全不同。（   ）
8．控制时序图只能用于表示数字信号的通信时序。（   ）
9．DHT11 可以直接测量光强。（   ）
10．环境监测 App 的逻辑编程是其核心部分。（   ）

四、编程题

1．编写一个简单的 Python 程序，读取 DHT11 传感器的数据，并打印温度和湿度。
2．设计一个简单的环境监测 App 界面，包含温度和湿度的显示部分，并通过单击按钮更新数据。

评价与反馈

评价项目	评价内容	自评	师评
编程思维（10 分）	对问题的分析、解决策略与程序设计的逻辑性		
编程基础（20 分）	对 Python 语言的理解，代码的结构性，语法的正确性		
技能应用（10 分）	将所学知识应用于实际场景中，如项目、解决具体问题等		
创新意识（10 分）	在编程和解决问题时，表现出的创新思路和方法		
信息素养（10 分）	能够有效检索、分析、评估、使用和引用信息		
终身学习（10 分）	主动寻找学习资源，持续学习和自我提升的意愿和能力		
社会责任感（10 分）	通过编程解决生活中、工作中出现的问题，解决社会需要的迫切问题		
批判性思维（10 分）	对遇到的问题进行深入思考，不轻易接受，持有独立判断		
职业规划（10 分）	对未来职业发展的方向有明确规划，了解行业动态		

模块三　综合实践

综合实践一　物联网鱼塘
综合实践二　物联网温室种植
综合实践三　物联网电梯

综合实践一　物联网鱼塘

 学习目标

知识目标	硬件知识	掌握树莓派及其外围设备的基本使用与配置方法； 理解 DS18B20 传感器、步进电机、供氧泵和水泵的基本工作原理； 学习硬件设备之间的连接与集成方法
	软件知识	熟悉树莓派操作系统的基本操作与配置； 掌握使用 Python 进行硬件控制的基本编程技巧； 学会使用 App Inventor 进行简单移动应用的开发； 掌握基本的数据处理与分析方法
技能目标		能熟练操作和配置树莓派及其外围设备； 能编写控制硬件的简单程序； 能设计并优化简单的系统架构； 能分析并解决项目中遇到的基本问题
素养目标		培养学生的团队协作精神； 激发学生的创新思维和实践能力； 培养学生的自主学习能力； 培养学生的工匠精神； 培养学生的持续学习意识
思政目标		培养学生的社会责任感； 激发学生的爱国心和国家自豪感； 让学生认识到科技的社会价值； 弘扬环境保护的重要性

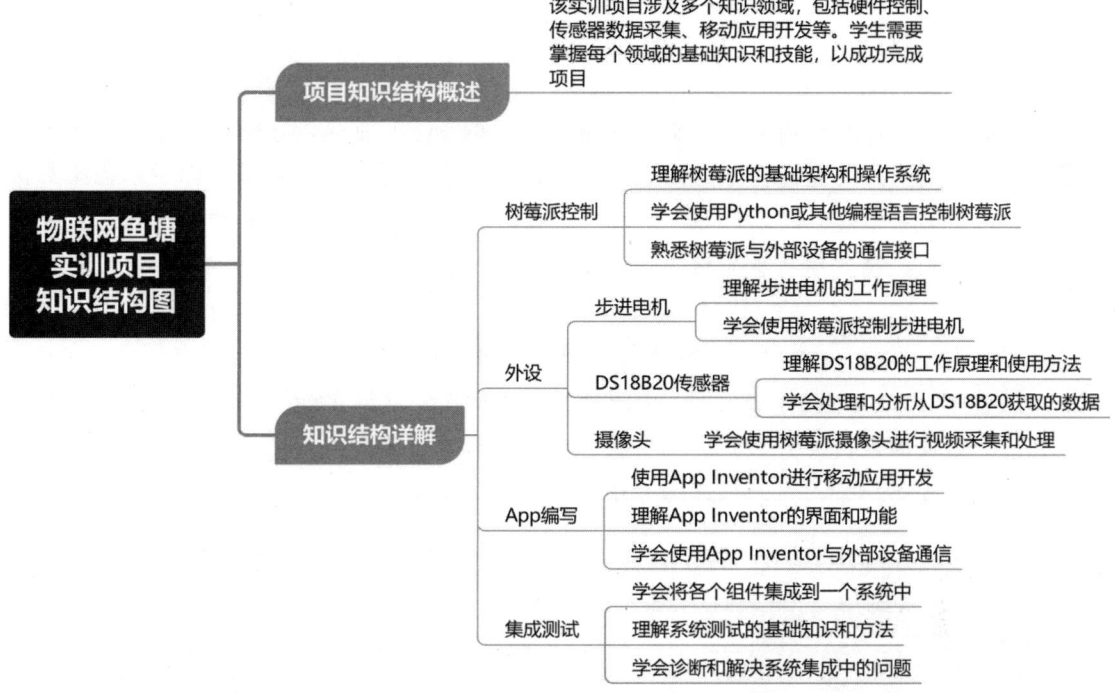

 背景材料

材料一　物联网与渔业

物联网（IoT）技术近年来已经渗透各个行业，其中渔业也受益匪浅。通过整合传感器、控制器和通信技术，物联网渔业允许监控和管理养鱼塘的实时条件，从而显著提高了渔业的效率和可持续性。通过实时监控和控制各种设备，实现智能渔业。

一、物联网渔业的优势

（1）实时监控：物联网技术使得养殖者可以实时监控鱼塘的条件，比如水温、水质、氧含量等，从而可以立即采取行动调整各种参数以保持最佳养殖环境。

（2）自动化操作：通过智能设备，如步进电机、水泵和供氧泵等，物联网渔业系统可以自动执行喂食、换水和增氧等操作，大大减轻了人工负担。

（3）远程控制：通过移动应用程序，养殖者可以远程监控和控制鱼塘的所有设备，这不仅节省了时间和劳动力，还为实时应对突发事件提供了可能。

（4）数据分析：物联网渔业系统可以收集和分析大量数据，帮助养殖者更好地了解养殖环境的变化趋势和鱼群的生长状况，从而制定更科学的养殖策略。

二、改变过去渔业问题

（1）减少人工误差：传统渔业大量依赖人工操作，易出现误差。物联网技术的引入减少了人为因素的影响，提高了养殖的精准度和可靠性。

（2）环境保护：物联网渔业有助于实现更环保的养殖方式。通过实时监控和自动控制，可以减少水资源的浪费和污染，保护水生态环境。

（3）提高效益：通过优化养殖环境和减少人工成本，物联网渔业可以帮助养殖者实现更高的经济效益。

三、深远影响

物联网渔业的广泛应用将对渔业产业带来深远的影响。首先，它将推动渔业的现代化和智能化，提高产业的整体竞争力。其次，它将有助于实现可持续养殖，保护水生生态，为人类提供更健康、安全的水产品。最后，它将改变养殖者的工作方式和生活方式，使他们可以更加轻松、高效地从事养殖工作。

材料二　物联网渔业的前景

"深蓝1号"，如图3.1.1所示，中国独立研发的全潜式深海渔业养殖装备，揭示了物联网在渔业方面的巨大潜力和开阔的前景。此设备为养殖业者提供了一种可持续、高效并环保的方式来提高产量，同时也增强了中国渔业的国际竞争力。

图3.1.1　深海养殖技术

（1）创新之处："深蓝1号"是中国首座大型全潜式深海渔业养殖装备，具有卓越的设计和创新技术。其突破性的技术包括总体设计、沉浮控制、鲨鱼防护、氧气补充、死鱼回收以及鱼群监控等，是中国水产养殖业现代化进程中的重大里程碑。

（2）物联网在渔业的应用：利用物联网技术，"深蓝1号"可以实时监控养殖环境并自动进行调整，确保鱼群生活在适宜的温度层。这种自动化和智能化的养殖方法不仅减轻了人工负担，还显著提高了养殖效率和产量。

（3）开阔的前景："深蓝1号"的成功应用标志着中国渔业进入了一个新的发展阶段。预计该技术的广泛推广将推动中国养殖技术和装备的升级换代，拓宽蓝色经济的发展空间，并促使渔业养殖从近海向深海转变，从网箱式向大型装备式转变，从传统人工向自动化智能化转变。

（4）深海养殖的潜力：深海养殖为中国提供了一个利用其丰富海洋资源的新途径。"深蓝1号"的运用将大幅提升我国的海域利用范围和养殖规模，提供更多的健康和安全的海产品。而其全潜式设计允许在更深的水域进行养殖，打开了深海养殖的新领域，也为解决全球食品安全和可持续发展问题提供了新的思路。

"深蓝1号"为中国深远海渔业养殖开启了新征程，其结合了物联网的先进技术，展现了渔业发展的广阔前景。通过持续的研发和创新，可以预见，物联网技术将在未来的渔业领域中发挥更加重要的作用，推动整个行业向着更可持续、更高效的方向发展。

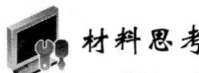 **材料思考**

读完上面的材料，请思考以下问题。

1. 如何确保树莓派控制器与各个设备（步进电机、DS18B20 传感器、摄像头、供氧泵和水泵）的稳定和有效连接？

2. 树莓派控制器如何处理和分析从 DS18B20 传感器收集的温度数据，以及这些数据如何用于实时调整鱼塘环境？

3. 实训项目的移动应用程序如何安全且实时地与树莓派控制器通信，并有效控制各个设备？

4. 如何确保摄像头有效地监控鱼塘的实时情况，并将视频数据实时传输到移动应用程序？

5. 项目的自动喂食系统如何根据鱼群的实际需要调整喂食量，并确保喂食过程的精准和高效？

6. 步进电机作为喂食开关时，如何实现精准控制和调节，以满足不同鱼群的喂食需求？

7. 在实现鱼塘水质自动控制的过程中，如何平衡和协调供氧泵和水泵的工作，以保持鱼塘水质的稳定和优良？

8. 项目如何处理和分析从各个设备（如 DS18B20 传感器和摄像头）收集的大量数据，并基于这些数据优化养殖策略和操作？

9. 实训项目的移动应用程序如何用户友好，易于操作，同时还能提供强大和实用的功能，以满足用户的不同需求和期望？

10. 整个物联网鱼塘系统如何确保持续和稳定地运行，即使在电力中断或网络连接不稳定的情况下也能有效工作？

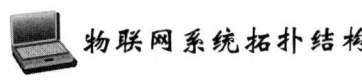 **物联网系统拓扑结构**

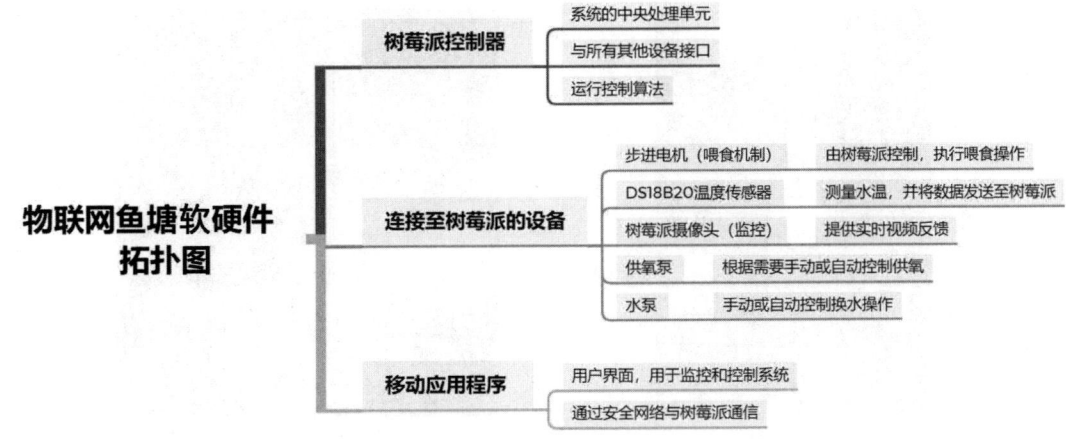

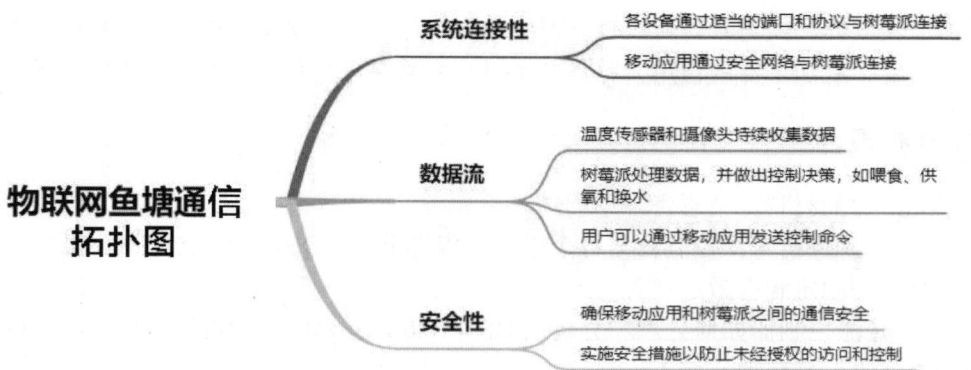

 实现方式

（1）控制设备安装于鱼塘监测小屋，用塑料箱代替鱼塘，如图 3.1.2 所示。

（2）用防水 DS18B20 实现鱼塘测温，如图 3.1.3 所示。

物联网鱼塘

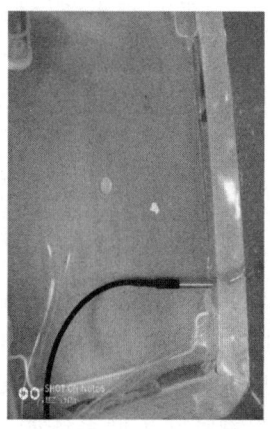

　　图 3.1.2　模拟鱼塘　　　　　　　　　图 3.1.3　鱼塘测温

（3）用水泵、过滤网给鱼塘换水，如图 3.1.4 所示。

（4）用鱼食装入漏斗和步进电机控制漏斗口开闭，实现喂食，如图 3.1.5 所示。

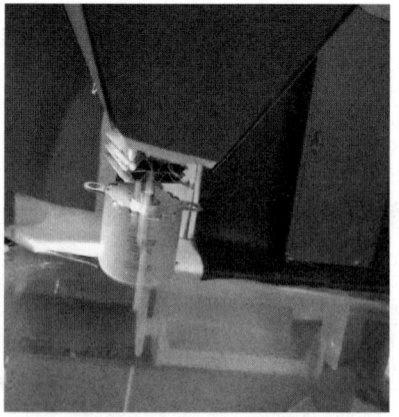

　　图 3.1.4　鱼塘换水　　　　　　　　　图 3.1.5　鱼塘喂食

（5）摄像头监控鱼塘如图 3.1.6 所示。

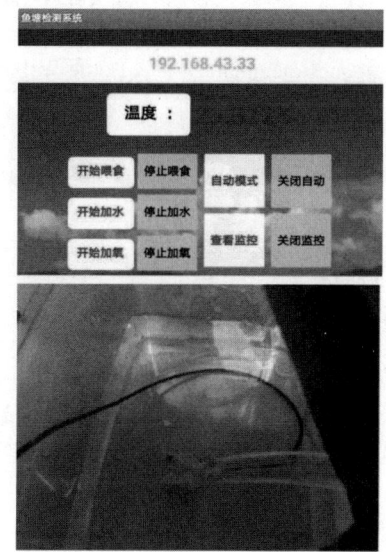

图 3.1.6　鱼塘监控

 手机端 App 程序

手机端 App 程序如图 3.1.7 所示。

图 3.1.7　手机端 App 首页效果图

 树莓派端 Python 控制程序

```
#-*-coding:utf-8 -*-
#设置编码格式为 utf-8
```

```python
#导入必需的库
import RPi.GPIO as GPIO                          #导入 RPi.GPIO 库，用于控制树莓派的 GPIO 口
import time, threading, os                       #导入时间、线程和操作系统库
from bottle import get, post, run, request, template   #从 Bottle 库中导入所需函数

#设定延时 20 秒
time.sleep(20)

#定义 GPIO 引脚编号
IN1 = 11
IN2 = 12
IN3 = 13
IN4 = 15
shui = 16                                        #水泵的 GPIO 编号
yangqi = 18                                      #氧气泵的 GPIO 编号

#设置 GPIO 模式为 BOARD 编号方式
GPIO.setmode(GPIO.BOARD)
#关闭警告信息
GPIO.setwarnings(False)
#设置水泵和氧气泵的 GPIO 模式为输出
GPIO.setup([shui, yangqi], GPIO.OUT)

@get("/bs")                                      #定义 HTTP GET 方法路由"/bs"
def bs():                                        #定义函数 bs
    return "%s" %c                               #返回变量 c 的值

@post('/cmd')                                    #定义 HTTP POST 方法路由"/cmd"
def cmd():                                       #定义函数 cmd
    a = request.body.read().decode()             #读取 POST 请求的内容并解码
    #根据 POST 请求内容，控制步进电机和设备
    if a == 'qian':
        forward(0.003, 256)
    elif a == 'hou':
        backward(0.003, 256)
    elif a == 'shui':
        GPIO.output(16, True)                    #打开水泵
    elif a == 'stopshui':
        GPIO.output(16, False)                   #关闭水泵
    elif a == 'yangqi':
        GPIO.output(18, True)                    #打开氧气泵
    elif a == 'stopyangqi':
        GPIO.output(18, False)                   #关闭氧气泵

#步进电机控制函数
def setStep(w1, w2, w3, w4):
```

```python
        GPIO.setup(IN1, GPIO.OUT)
        GPIO.setup(IN2, GPIO.OUT)
        GPIO.setup(IN3, GPIO.OUT)
        GPIO.setup(IN4, GPIO.OUT)
        GPIO.output(IN1, w1)
        GPIO.output(IN2, w2)
        GPIO.output(IN3, w3)
        GPIO.output(IN4, w4)

#停止步进电机运动函数
def stop():
        setStep(0, 0, 0, 0)

#步进电机向前转动函数
def forward(delay, steps):
        for i in range(0, steps):
                setStep(1, 0, 0, 0)
                time.sleep(delay)
                setStep(0, 1, 0, 0)
                time.sleep(delay)
                setStep(0, 0, 1, 0)
                time.sleep(delay)
                setStep(0, 0, 0, 1)
                time.sleep(delay)

#步进电机向后转动函数
def backward(delay, steps):
        for i in range(0, steps):
                setStep(0, 0, 0, 1)
                time.sleep(delay)
                setStep(0, 0, 1, 0)
                time.sleep(delay)
                setStep(0, 1, 0, 0)
                time.sleep(delay)
                setStep(1, 0, 0, 0)
                time.sleep(delay)
#读取温度传感器数据函数
def readSensor(id):
        global c                                                        #定义全局变量 c
        tfile = open("/sys/bus/w1/devices/"+id+"/w1_slave")             #打开对应设备文件
        text = tfile.read()                                             #读取文件内容
        tfile.close()                                                   #关闭文件
        secondline = text.split("\n")[1]                                #提取温度数据行
        temperaturedata = secondline.split(" ")[9]                      #提取温度数据
        temperature = float(temperaturedata[2:])                        #转换为浮点数
```

```
            temp = temperature / 1000                    #计算实际温度
            c = temp                                     #更新全局变量 c 的值
            print ("Sensor: " + id   + " - Current temperature : %0.3f C" % temp)    #输出当前温度

#循环读取温度传感器数据函数
def loop():
    while True:
        readSensors()                                    #调用 readSensors 函数
        time.sleep(1)                                    #暂停 1 秒

#创建并启动读取温度数据的线程
t = threading.Thread(target=loop)
t.start()
#启动 Web 服务，监听所有 IP 的 8888 端口
run(host="0.0.0.0", port=8888)
#清理 GPIO 口状态
GPIO.cleanup()
#退出程序
os._exit(0)
```

 评价与反馈

评价项目	评价内容	自评	师评
意识形态评价（10 分）	对项目相关知识和技能的认识程度和理解深度		
认知（10 分）	对物联网和树莓派的基础知识的掌握程度		
发现和辨别（10 分）	能否在实践中发现问题，并辨别问题的性质		
理解（5 分）	对项目整体架构和各部分功能的理解程度		
辩证（5 分）	能否辩证看待问题和矛盾，提出解决方案		
计算（10 分）	在项目中进行必要的数据计算和分析的能力		
实验验证（10 分）	通过实验验证理论知识的能力		
区分（5 分）	能否区分不同的技术和工具，并选择最合适的进行应用		
分析（5 分）	分析问题和需求，然后设计解决方案的能力		
应用（10 分）	将理论知识应用于实践的能力		
应用（技能复用）（10 分）	在不同的项目和场合复用技能和知识的能力		
实践验证（10 分）	在实践中验证和改进理论知识和技能的能力		

综合实践二　物联网温室种植

 学习目标

知识目标	硬件知识	掌握树莓派的基本操作和应用，了解其硬件接口和功能； 了解舵机、灯光、风扇、水泵等外设的工作原理和使用方法； 学习与理解摄像头的安装和调试，熟悉视频采集和传输技术
	软件知识	学习使用 App Inventor 开发应用程序，理解其设计理念和操作界面； 掌握基于 App Inventor 的应用程序和树莓派的通信与控制技术； 学习编写用于控制硬件设备（如舵机、灯光等）的软件代码； 理解物联网环境下的数据收集、处理和传输的基本原理和方法
技能目标		能够独立组装和调试硬件设备，进行简单的故障分析和排除； 能够使用 App Inventor 开发简单的应用程序，实现与树莓派的通信和控制； 掌握物联网项目的基础设计和实施流程，能够进行简单的项目规划和管理； 学会团队合作和分工，培养良好的团队合作精神和协调能力
素养目标		培养学生的创新思维和实践能力； 增强学生的自主学习和问题解决能力； 培养学生的科技道德和社会责任感； 培养学生对物联网和智能技术的兴趣和热爱； 增强学生的项目管理和团队协作能力
思政目标		通过项目实践，培养学生的集体主义精神和团队协作意识； 增强学生的社会责任感和服务社会的意识； 通过技术服务社会，理解社会主义核心价值观在现实生活中的具体体现； 培养学生的创新意识和创新精神，为培养社会主义建设者和接班人奠定基础

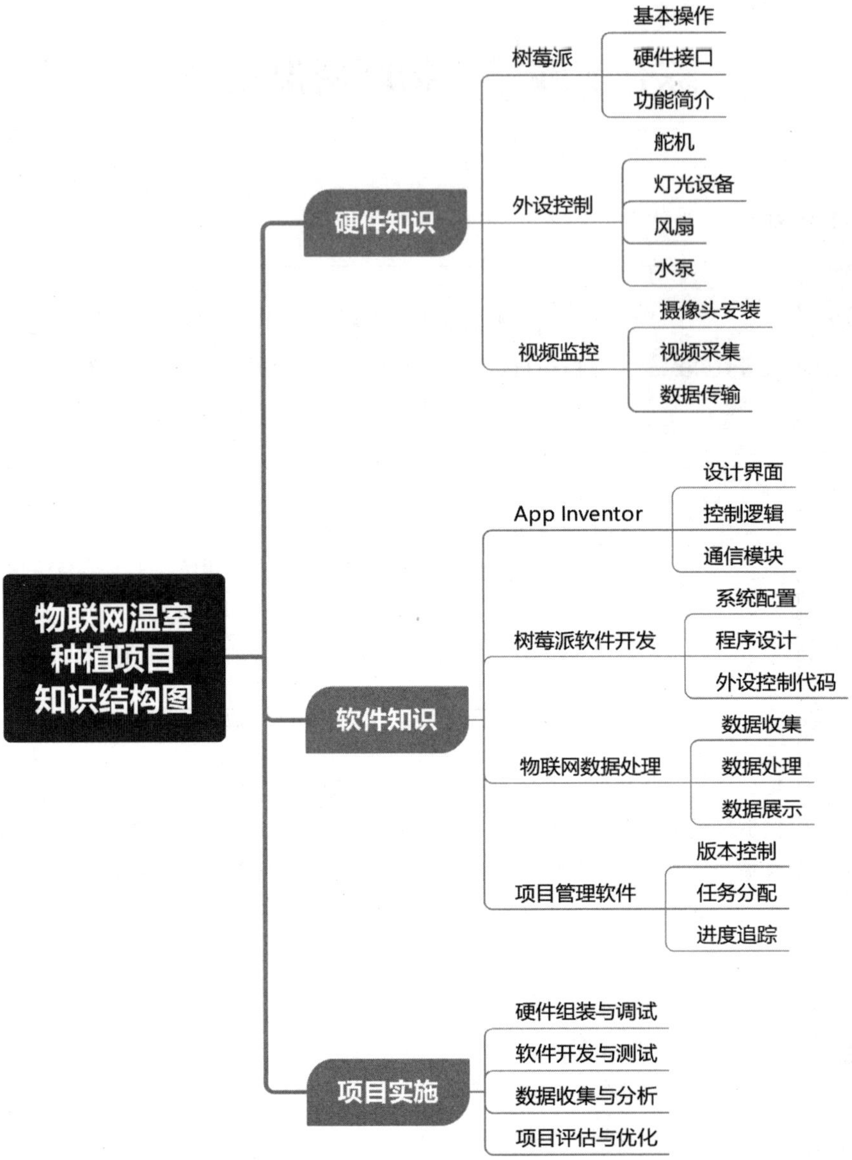

物联网温室种植项目知识结构图

- **硬件知识**
  - 树莓派
    - 基本操作
    - 硬件接口
    - 功能简介
  - 外设控制
    - 舵机
    - 灯光设备
    - 风扇
    - 水泵
  - 视频监控
    - 摄像头安装
    - 视频采集
    - 数据传输
- **软件知识**
  - App Inventor
    - 设计界面
    - 控制逻辑
    - 通信模块
  - 树莓派软件开发
    - 系统配置
    - 程序设计
    - 外设控制代码
  - 物联网数据处理
    - 数据收集
    - 数据处理
    - 数据展示
  - 项目管理软件
    - 版本控制
    - 任务分配
    - 进度追踪
- **项目实施**
  - 硬件组装与调试
  - 软件开发与测试
  - 数据收集与分析
  - 项目评估与优化

背景材料

材料一 物联网与种植业

物联网（IoT）技术已成为现代农业的助力器，逐渐推动农业走向自动化、精准化和智能化的方向。其中，智能温室种植便是物联网技术与农业融合发展的生动实例，通过集成和应用这一先进技术，农业种植不仅可以获得更高的效率，还能实现更好的品质和可持续性。

智能温室利用传感器实时收集温度、湿度、光照和土壤水分等关键数据，将这些数据通过无线网络传输至控制中心。树莓派等微型计算机可以作为控制中心，对数据进行实时分析和处理，然后通过控制器调整温室内的环境。这些控制器可以操作遮阳帘的开关，控制灯光的亮度，启停风扇和水泵等，以确保温室内的环境条件始终处于最佳状态。

此外，智能温室还可以集成摄像头进行视频监控，这不仅可以远程监测温室内的实时情况，也可以通过分析视频数据来观测作物的生长状况，及时发现和预防病虫害。而用户界面则可以由 App Inventor 轻松创建，提供友好的操作界面和丰富的功能，使得用户可以方便地通过智能手机或平板电脑远程控制和监测温室。

本项目的实施将使学生们有机会亲身参与这一创新实践，他们不仅可以学习和掌握物联网技术和智能温室种植的基础知识，还可以通过动手实践锻炼和提高自己的技能和能力。此外，项目还将激发学生们的创新精神和创造力，培养他们的团队协作和项目管理能力，为他们今后在物联网和智能农业领域的发展奠定坚实的基础。

总之，通过本项目的学习和实践，学生们将深刻理解物联网技术在农业种植中的实际应用和巨大价值，感受到科技对农业的深刻改变和影响。他们将携带这些宝贵的知识和经验，为未来的职业生涯和人生道路做好充分的准备。希望每一位学生都能从中受益，找到自己的兴趣和方向，为未来的物联网和智能农业领域作出积极和有意义的贡献。

材料二　物联网农业的前景

物联网以其独特的技术优势，正为农业领域带来革命性的改变和无限可能。

首先，物联网的精准数据采集能力为农业生产提供了强有力的支持。通过部署在农田的各类传感器，我们可以实时监测到土壤湿度、气温、光照和其他多个重要参数。这些精准的数据不仅帮助农民了解当前作物的生长状态，还能对未来的农业活动提供预测和建议，从而实现精准农业管理。

其次，物联网也促进了农业自动化的发展。通过将农业设备与互联网相连，可以实现远程控制和监测，大大减轻了农民的劳动强度，同时提高了农业生产的效率和效果。自动化的农业设备能够根据收集到的数据自主工作，减少人为干预，减少误差，确保农业生产的顺利进行。

更为重要的是，物联网为实现可持续农业提供了可能。在当前这个全球环境问题日益严重的时代，如何实现绿色、环保的农业生产已经成为一个重要议题。物联网技术通过精准管理和自动化，不仅减少了农业对水资源和化肥的依赖，也减小了农业活动对环境的影响，为实现可持续农业发展打下了基础。

物联网与农业的结合，也无疑将为农业产业带来巨大的经济价值。通过应用物联网技术，我们可以提高农产品的产量和质量，降低农业生产的成本和风险，从而实现农业产业的持续增长和发展。

为了更好地适应这个充满变革和机遇的时代，新一代的农业工作者需要具备更加丰富和多样的技能和知识。物联网技术将是未来农业发展的重要驱动力，掌握这一技术将成为农业从业者的必备技能。对于学生来说，学习和掌握物联网技术，不仅可以为他们的未来职业生涯打下坚实的基础，也可以帮助他们更好地理解和把握未来农业的发展趋势和方向。

物联网正开启农业的新篇章，带来无限的机遇和可能。通过学习和掌握物联网技术，我们将能够更好地应对未来的挑战，实现农业的创新和变革，为构建更加美好和可持续的未来做出贡献。让我们共同期待，并为之努力。

材料思考

读完上面的材料，请思考以下问题。

1．物联网在农业中的作用是什么？
2．为什么选择树莓派作为控制单元？
3．如何确保温室内环境参数的准确监测？
4．App Inventor 如何实现与树莓派的通信？
5．怎样优化温室的能源利用和消耗？
6．如何通过数据分析预测并优化作物生长？
7．视频监控在智能温室中的重要性是什么？
8．智能温室如何实现远程控制和监测？
9．怎样提高智能温室系统的安全性和稳定性？
10．未来智能温室有哪些发展趋势和方向？

物联网系统拓扑结构

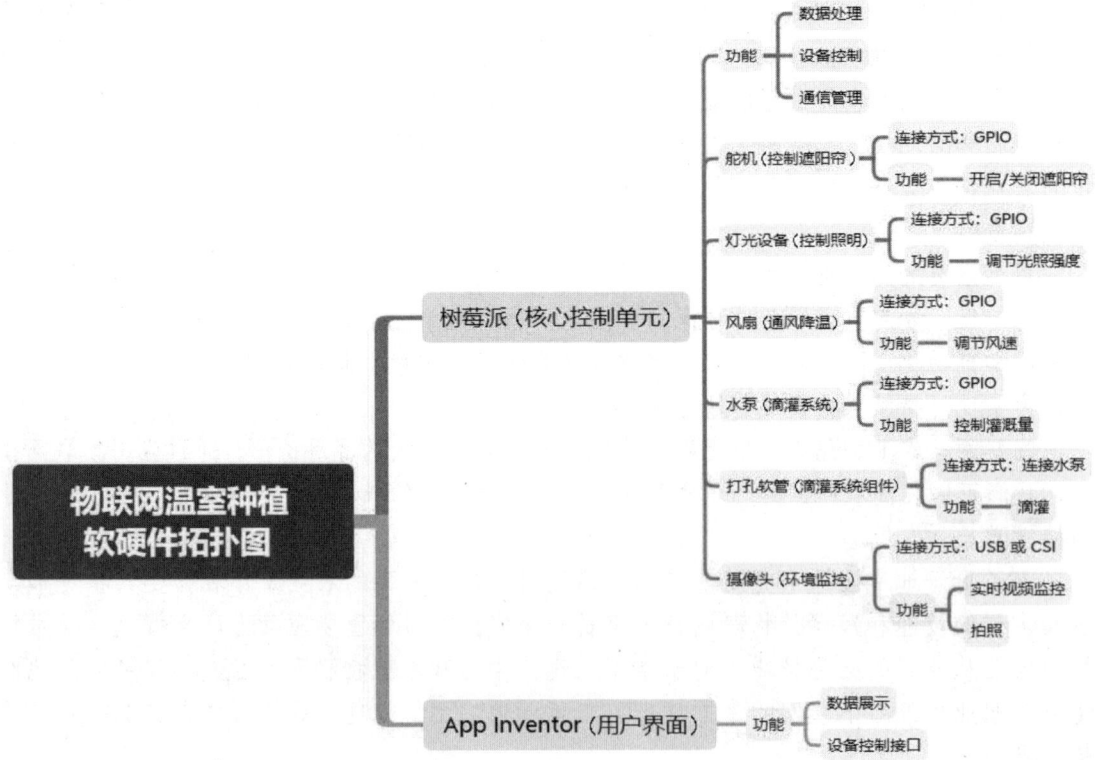

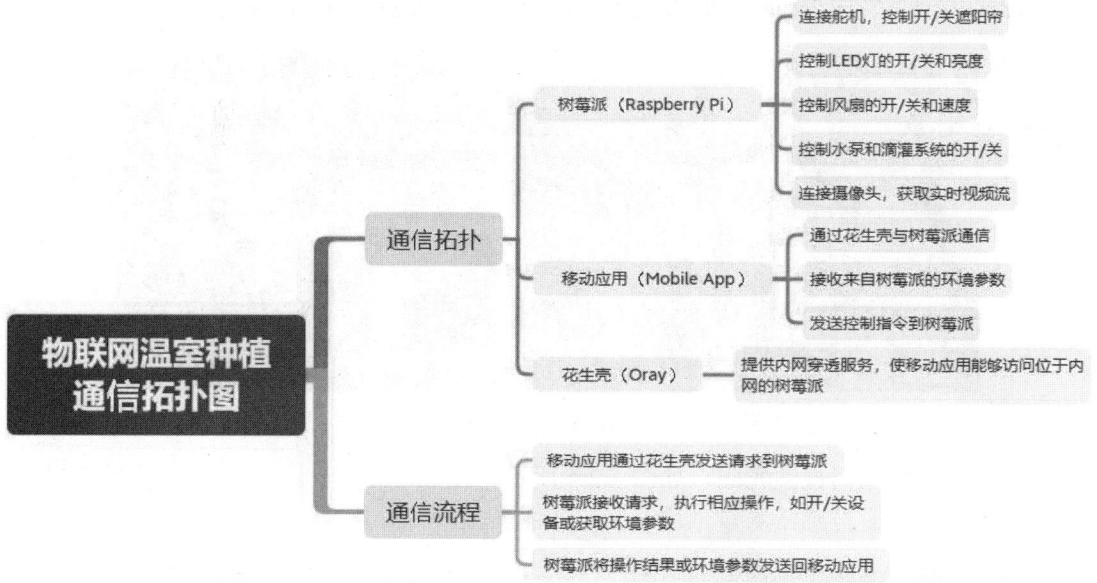

 实现方式

（1）步进电机收放遮阳帘，控制开闭程度（光照度控制），如图 3.2.1 所示。

物联网温室种植

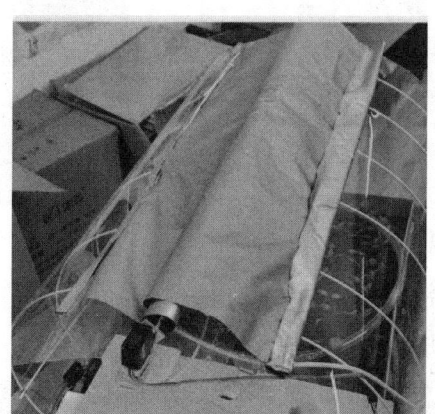

图 3.2.1　遮阳帘开闭

（2）两侧换气扇（共 6 个）控制温室内部与外部空气流通，如图 3.2.2 所示。

图 3.2.2　空气流通

（3）两个水泵与水池和水肥混合池连接控制滴灌设备，如图3.2.3所示。

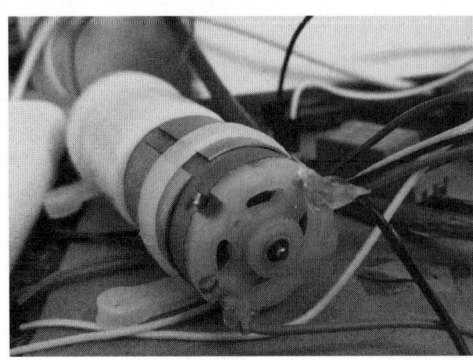

图3.2.3　滴灌控制

（4）光照传感器检测光照，如图3.2.4所示。

（5）土壤湿度传感器测量土壤湿度，如图3.2.5所示。

图3.2.4　光照检测　　　　　　　　图3.2.5　土壤湿度测量

（6）DHT11检测温室湿度和温度，如图3.2.6所示。

（7）利用摄像头做全局监控，如图3.2.7所示。

图3.2.6　温室湿度和温度检测　　　　　图3.2.7　全局监控

（8）设置温室LED照明灯带，如图3.2.8所示。

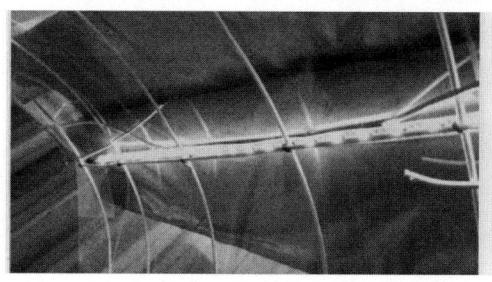 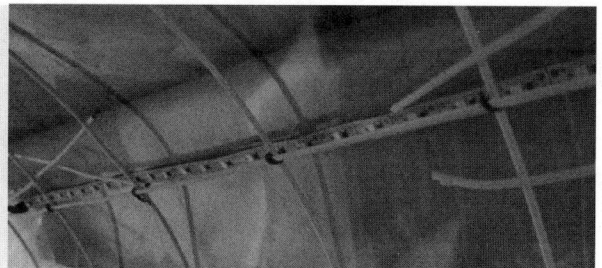

图 3.2.8　灯带开关效果

（9）传感器综合调试，如图 3.2.9 所示。

图 3.2.9　传感器综合调试

 手机端 App 程序

（1）自动调节照明温度湿度灌溉功能，如图 3.2.10 所示。

（2）手动调节照明温度湿度灌溉功能和摄像头监控功能，如图 3.2.11 所示。

图 3.2.10　自动模式　　　　　　　图 3.2.11　手动模式

（3）获取 24 小时温度湿度曲线（监测数据存入数据库，导出后生成趋势图），如图 3.2.12 所示。

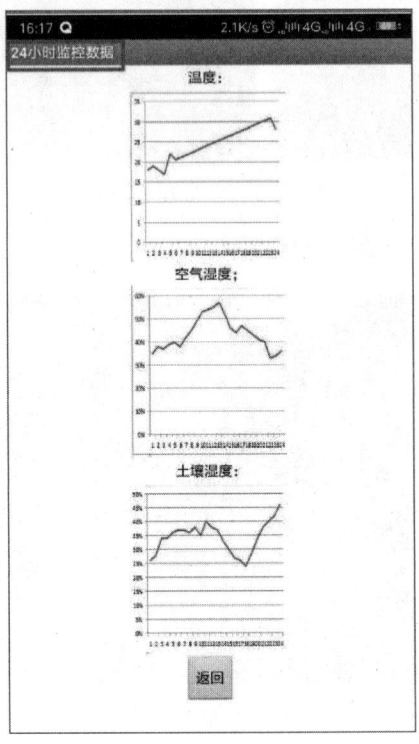

图 3.2.12　监测数据趋势图

 树莓派端 Python 控制程序

```
import time
#让系统在开始后暂停 10 秒
time.sleep(10)
import dht11                                          #导入 DHT11 库用于读取温湿度数据
import PCF8591 as ADC                                 #导入 PCF8591 模块作为 ADC
import threading                                      #导入线程模块以运行多个任务
import os                                             #导入操作系统模块
import RPi.GPIO as GPIO                               #导入 RPi.GPIO 库作为 GPIO
from bottle import get, post, run, request, template  #从 Bottle 库导入需要的函数
duoji = 11                                            #舵机设备连接的针脚
fengshan = 16                                         #风扇设备连接的针脚
water = 18                                            #水泵设备连接的针脚
led = 22                                              #LED 设备连接的针脚
GPIO.setmode(GPIO.BOARD)                              #设置针脚模式为 BOARD
GPIO.setwarnings(False)                               #关闭警告信息
ADC.setup(0x48)                                       #设置 ADC 模块的地址
```

```
@get("/")
def bs():
    global temp, hum
    val = dht11.DHT11(pin=40)              #在 40 号针脚初始化 DHT11 传感器
    result = val.read()                    #读取温湿度传感器的数据
    if result.is_valid():                  #如果数据有效
        temp = result.temperature          #获取温度
        hum = result.humidity              #获取湿度
    return "%s" % [temp, hum, tu, light]   #返回温湿度及其他数据

def loop():
    global tu, light
    while True:                            #创建一个无限循环，持续读取数据
        tu = ADC.read(0)                   #从 ADC 模块的 0 通道读取数据
        light = ADC.read(1)                #从 ADC 模块的 1 通道读取数据
        time.sleep(1)                      #暂停 1 秒

@post("/")
def cmd():
    GPIO.setmode(GPIO.BOARD)               #设置针脚模式为 BOARD
    GPIO.setup([11,16,18,22],GPIO.OUT)     #设置多个针脚为输出模式
    p = GPIO.PWM(11,50)                    #在 11 号针脚创建 PWM 实例
    p.start(0)                             #启动 PWM
    a = request.body.read().decode()       #读取并解码来自客户端的数据
    #下面是根据不同的数据执行不同的操作
    #...

t=threading.Thread(target=loop)            #创建一个线程目标是 loop 函数
t.start()                                  #启动线程
GPIO.cleanup()                             #清理 GPIO 口数据
run(host="192.168.43.18",port=9999)        #运行服务器在指定的主机和端口
os._exit(0)                                #退出程序
```

评价与反馈

评价项目	评价内容	自评	师评
认知（10 分）	对物联网和温室种植的基本概念和原理的理解程度		
发现和辨别（10 分）	在项目实施过程中发现并识别问题的能力		
理解（5 分）	对项目需求和目标的理解程度		
辩证（10 分）	能够辩证地看待问题，分析问题的多个方面		
计算（10 分）	对数据进行计算和分析的能力		
实验验证（10 分）	通过实验验证理论和实践的能力		

续表

评价项目	评价内容	自评	师评
区分（5分）	能够区分不同设备和技术的特点和用途		
分析（10分）	对项目实施过程和结果进行分析的能力		
应用（10分）	能够将所学知识应用到实践中		
应用（技能复用）（10分）	在不同环境和条件下复用技能和知识的能力		
实践验证（10分）	通过实践验证所学知识和技能的能力		

综合实践三 物联网电梯

 学习目标

知识目标	硬件知识	掌握树莓派的基础操作和配置方法，理解其作为物联网项目中枢控制的重要性； 了解人体温度传感器的工作原理； 理解 OLED 显示屏的工作方式及如何用于实时显示警报和用户信息
	软件知识	学习并掌握 App Inventor 的基础知识和操作技能，能够使用该工具开发简单的移动应用程序； 掌握 Python 编程语言的基础知识，并能够编写简单的 Python 脚本； 学习 OpenCV 的基础知识，并理解其在图像识别和人脸识别技术中的应用； 了解基础的数据可视化技巧和工具
技能目标		能够配置和操作树莓派，并通过 Python 脚本实现对硬件的控制； 能够使用 App Inventor 开发并发布简单的移动应用程序； 掌握使用 OpenCV 进行人脸识别和图像处理的基础技能； 能够根据项目需求选择和配置相应的硬件设备
素养目标		培养创新思维和动手能力； 培养对物联网和智能设备技术的兴趣； 培养合作和团队协作的能力； 培养问题解决能力和实际操作能力； 强化信息安全和隐私保护意识
思政目标		增强学生的社会责任感和公民意识； 让学生认识到技术在防疫工作中的重要作用； 培养学生的爱国情怀和奉献精神； 培养学生遵守法律法规，尊重科学的精神

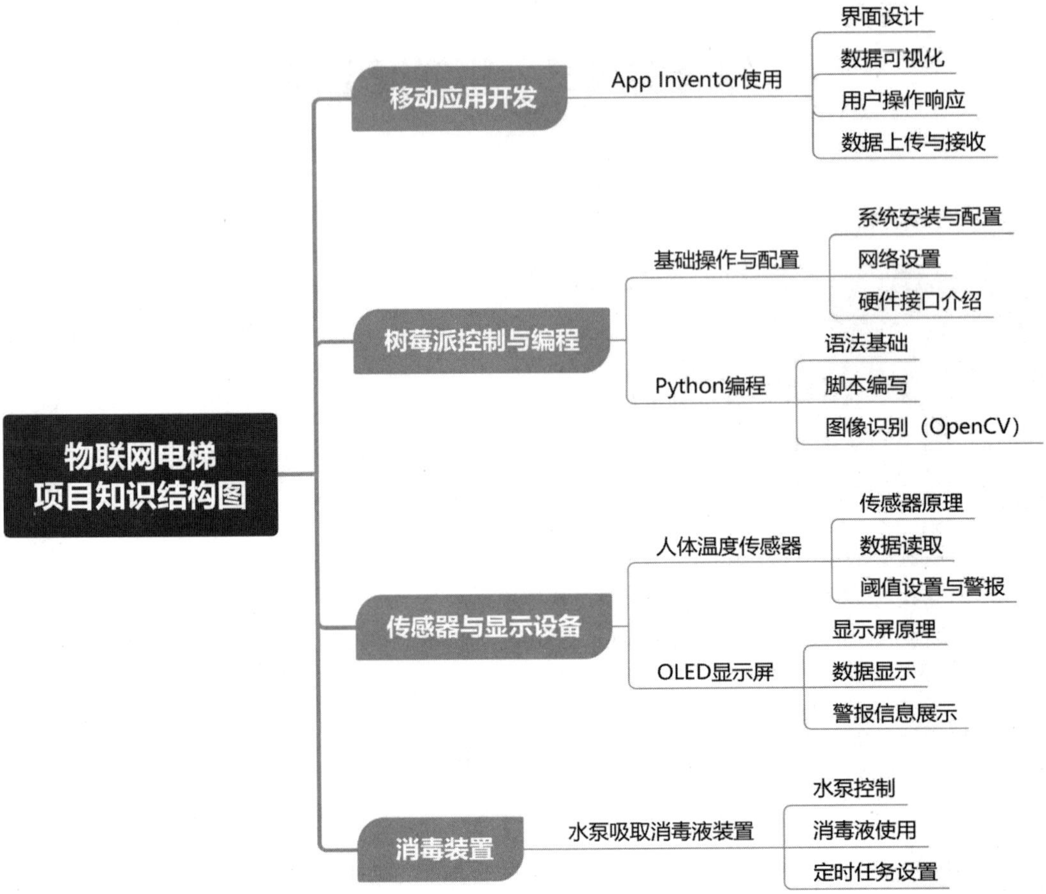

物联网电梯项目知识结构图

- 移动应用开发 — App Inventor使用
  - 界面设计
  - 数据可视化
  - 用户操作响应
  - 数据上传与接收
- 树莓派控制与编程
  - 基础操作与配置
    - 系统安装与配置
    - 网络设置
    - 硬件接口介绍
  - Python编程
    - 语法基础
    - 脚本编写
    - 图像识别（OpenCV）
- 传感器与显示设备
  - 人体温度传感器
    - 传感器原理
    - 数据读取
    - 阈值设置与警报
  - OLED显示屏
    - 显示屏原理
    - 数据显示
    - 警报信息展示
- 消毒装置 — 水泵吸取消毒液装置
  - 水泵控制
  - 消毒液使用
  - 定时任务设置

背景材料

材料一　物联网与楼宇智能

物联网与楼宇智能化之间的关系是紧密并且相辅相成的。物联网是一种网络架构，通过这个架构，互联网与传感器、控制器和其他硬件设备连接在一起，形成一个跨越不同领域的网络体系。这一架构的核心优势在于其能够使日常用品和设备智能化，并实现各设备间的互联互通，如图3.3.1所示。

在楼宇智能化的背景下，物联网技术被视为是一个重要的技术支持和基础。楼宇智能化是一个综合的概念，它涉及建筑内部多个系统和设施的集成和智能化管理。通过物联网技术，可以使建筑内部的各种设备和系统相互连接，并通过互联网进行远程控制和管理。比如，通过安装在建筑内的传感器，可以实时监测建筑的各种环境参数，如温度、湿度、光照等，并通过网络传输这些数据，供建筑管理者实时查看和分析。

物联网技术在楼宇智能化中的应用是多方面的。首先，它可以实现建筑内部设备的远程控制和管理。通过物联网，用户可以通过手机或计算机远程控制家里的空调、灯光、电视等设备，实现家居自动化。其次，物联网还可以实现建筑的安全管理。通过连接到网络的摄像头和其他安全设备，可以实时监控建筑的安全状况，并在有安全事件发生时，立即通知管理者或相关部门。此外，物联网还可以用于建筑的能源管理，通过智能化的能源管理系统，可以有效地节约能源，降低能源消耗。

在实际的应用中，物联网和楼宇智能化的结合可以体现在多个层面。通过物联网技术，可以实现对建筑内部环境的实时监测和控制，为居住者创造一个更舒适和安全的居住环境。同时，通过物联网技术，也可以实现对建筑的远程管理和维护，为建筑管理者提供一个更为便捷和高效的管理工具。

物联网共同推动着智能建筑技术的发展和应用。通过物联网技术，可以使楼宇智能化实现更高的智能水平和更广泛的应用范围，为人们创造一个更为智能和舒适的居住和工作环境。

图 3.3.1　智能楼宇

材料思考

读完上面的材料，请思考以下问题。

1．物联网电梯在智能小区物业中的作用是什么？
2．人体温度传感器的集成对防疫措施有何重要性？
3．树莓派作为控制中枢，它在电梯系统中承担哪些关键任务？
4．手机端 App 在电梯控制系统中扮演什么角色？
5．安装调试曳引电机和轿厢时，需要考虑哪些技术因素？
6．树莓派端 Python 控制程序的关键功能有哪些？
7．传感器试运行和电梯试运行（人脸识别）的测试重点是什么？

物联网系统拓扑结构

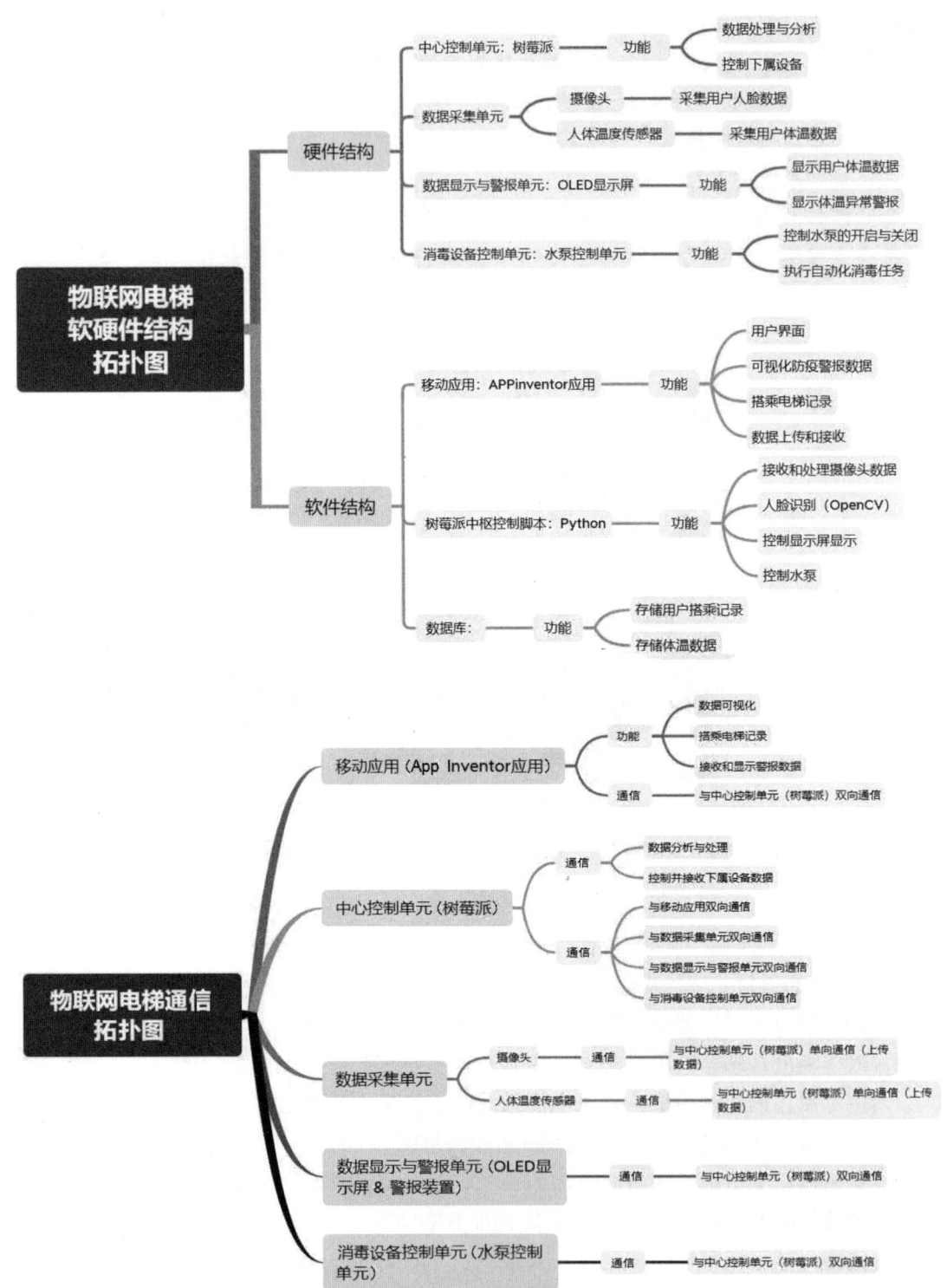

 **实现方式**

物联网电梯

（1）物联网电梯制作材料见表 3.3.1。

表 3.3.1 物联网电梯制作材料

材料名称	类型	数量
摄像头（人脸识别）	RS/E14	1
红外距离传感器	红外避障模块	3
人体温度传感器	MLX90614ESF-BAA	1
人体红外传感器	HC-SR501	1
OLED 显示屏	IIC	1
蜂鸣器	无源蜂鸣器模块	1
LED 灯珠	LED	1
控制中枢——树莓派	3B+	1
舵机	MG90	2

（2）CAD 建模（电梯的整体框架）如图 3.3.2 所示。

（3）根据建模对材料进行切割，然后搭建电梯，如图 3.3.3 所示。

图 3.3.2 电梯的整体框架

图 3.3.3 电梯搭建

（4）安装调试曳引电机和轿厢，如图 3.3.4 所示。

（5）安装人体探温传感器，如图 3.3.5 所示。

（6）安装蜂鸣器，如图 3.3.6 所示。

（7）安装摄像头，如图 3.3.7 所示。

（8）安装 OLED，如图 3.3.8 所示。

（9）安装避障传感器，如图 3.3.9 所示。

（10）安装人体红外传感器，如图 3.3.10 所示。

图 3.3.4　安装调试曳引电机和轿厢

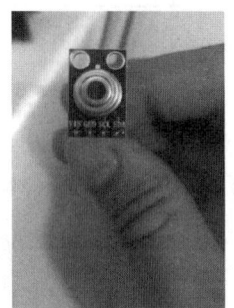

图 3.3.5　安装人体探温传感器

图 3.3.6　安装蜂鸣器

图 3.3.7　安装摄像头

图 3.3.8　安装 OLED

图 3.3.9　安装避障传感器

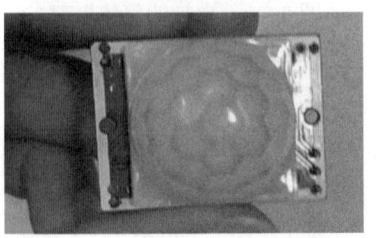

图 3.3.10　安装人体红外传感器

（11）传感器试运行，如图 3.3.11 所示。

（12）电梯试运行（人脸识别），如图 3.3.12 所示。

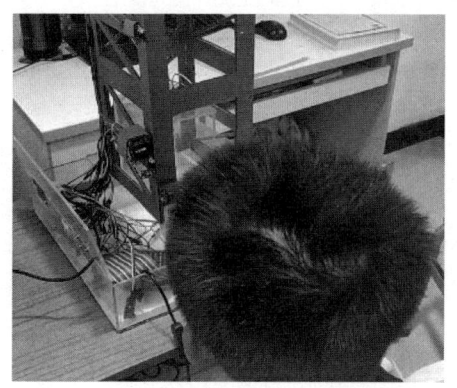

图 3.3.11　传感器组合功能调试　　　　图 3.3.12　电梯试运行（人脸识别）

 手机端 App 程序

App 登录界面如图 3.3.13 所示，控制界面如图 3.3.14 所示。

图 3.3.13　App 登录界面　　　　图 3.3.14　控制界面

 树莓派端 Python 控制程序

1. 主程序（参考）

```
import camerasever as c
import os,threading,time
```

```python
import multiprocessing
#from my_time import tt
import inspect
import ctypes
from bottle import run,post,request
import face_mask as face
import RPi.GPIO as GPIO

duoji = 40
GPIO.setmode(GPIO.BOARD)
GPIO.setwarnings(False)
GPIO.setup(duoji, GPIO.OUT)
GPIO.output(duoji,False)
p_duoji = GPIO.PWM(duoji, 50)

def _async_raise(tid, exctype):

    """raises the exception, performs cleanup if needed"""

    tid = ctypes.c_long(tid)

    if not inspect.isclass(exctype):

        exctype = type(exctype)

    res = ctypes.pythonapi.PyThreadState_SetAsyncExc(tid, ctypes.py_object(exctype))

    if res == 0:

        raise ValueError("invalid thread id")

    elif res != 1:

        #"""if it returns a number greater than one, you're in trouble,

        #and you should call it again with exc=NULL to revert the effect"""

        ctypes.pythonapi.PyThreadState_SetAsyncExc(tid, None)
        raise SystemError("PyThreadState_SetAsyncExc failed")
def stop_thread(thread):
    _async_raise(thread.ident, SystemExit)
k2 = 0
xz = []
t1 = threading.Thread(target=c.main)
xz.append(t1)
@post('/camera')
```

```python
def cam():
    global k2
    print(t1)
    app = request.body.read().decode()
    if k2 == 0:
        if app == 'on':
            t1.start()
            k2+=1
        else:
            pass
        #c.main()
        #time.sleep(5)
    elif app == 'off':
        #print('123')
        print(t1.ident,type(t1.ident))
        stop_thread(t1)
        k2 = 0
run(host='0.0.0.0',port=8570)
sb = face.facesb()
print(sb)
def faceshibie():
    if sb["success"] == "识别成功":
        lc = sb["name"]
        print(lc)
    else:
        print(sb["success"])
def duoji(lc):
    if lc == 2:
        p_duoji.start(7)
        p_duoji.ChangeDutyCycle(10)
    elif lc == 3:
        p_duoji.start(7)
        p_duoji.ChangeDutyCycle(10)
```

2. 人脸识别程序参考（百度 API 接口）

```python
import base64,cv2
from types import FrameType
from os import getpid
from aip import AipFace

App_ID ="24459381"                                      #自己的 App_ID
API_KEY ="FWYtA89j6Ow4gz6rqlt7K5yR"                     #自己的 API_KEY
SECRET_KEY ="C5uY0iLSqVS5DwumUtUDLk5Nw0lqfKbU"          #自己的 SECRET_KEY
groupIdList = "cs"
client = AipFace(App_ID, API_KEY, SECRET_KEY)

def face_check(img_data):
```

```python
    """
    人脸识别 demo
    param img_data: 二进制的图片数据
    return:
    """
    data = base64.b64encode(img_data)
    image = data.decode()
    imageType = "BASE64"
    """ 调用人脸检测 """
    client.detect(image, imageType)
    """ 如果有可选参数 """
    options = {}
    options["face_field"] = "beauty,age,faceshape,expression,gender,glasses"
    options["max_face_num"] = 10
    options["face_type"] = "LIVE"

    """ 带参数调用人脸检测 """
    result = client.search(image, imageType, groupIdList)
    if result["error_msg"] in "SUCCESS":
        score=result["result"]["user_list"][0]["score"]
        user_id=result["result"]["user_list"][0]["user_id"]
        if score>85:
            print(user_id,"识别成功")
        else:
            print("人脸库无此人")
    #res = client.detect(image, imageType, options)
    #print('res:',res)
    #face_token = res['result']['face_list'][0]['face_token']
    #face_probability = res['result']['face_list'][0]['face_probability']
    #print(face_token)
#print(face_probability)
    #if (face_token != 'NONE'):
        #print("识别到人脸" +"\n"+ "人脸可能性:", face_probability)
    #else:
        #print("未能识别到人脸")
    try:
        res_list = res['result']
    except Exception as e:
        res_list = None
    return res_list
def getPicture():
    cap = cv2.VideoCapture(0)
    ret, frame = cap.read()
    #cv2.imshow('teswell', frame)            #显示画面
    cv2.imwrite('temp.jpg',frame)
    cap.release()#关闭摄像头
```

```python
        cv2.destroyAllWindows()                              #释放所有显示图像窗口
if __name__ == "__main__":
    getPicture()
    with open("temp.jpg", "rb") as f:
        data = f.read()
    res = face_check(data)
    print(res)
```

3. OLED 显示程序（参考）

```python
#!/usr/bin/python
#-*- coding: utf-8 -*-
import RPi.GPIO as GPIO
import time
import Adafruit_GPIO.SPI as SPI
import Adafruit_SSD1306
from PIL import Image
from PIL import ImageDraw
from PIL import ImageFont

#树莓派引脚配置：
RST = 24                                                     #复位引脚

#初始化 128x32 的 OLED 显示屏（硬件 I2C）：
disp = Adafruit_SSD1306.SSD1306_128_32(rst=RST)

#初始化显示屏库
disp.begin()

#清空显示屏
disp.clear()
disp.display()

#创建空白图像用于绘图（1 位色深模式）
width = disp.width                                           #显示屏宽度
height = disp.height                                         #显示屏高度
image = Image.new('1', (width, height))

#获取绘图对象
draw = ImageDraw.Draw(image)

#加载字体（默认字体或 TTF 字体）
#font = ImageFont.load_default()                             #使用默认字体
font = ImageFont.truetype('kaiti.ttf', 30)                   #使用楷体字体，字号 30

#定义绘图常量
padding = 0                                                  #边距
top = padding                                                #文本顶部位置
```

```
bottom = height - padding                    #文本底部位置

#初始化 x 坐标（从左侧开始）
x = 0

#在指定位置绘制文本（字段前加 u 表示 Unicode 字符串）
draw.text((x, top), u'测试', font=font, fill=255)        #fill=255 表示白色

#更新显示屏内容
disp.image(image)
disp.display()
```

 评价与反馈

评价项目	评价内容	自评	师评
意识形态评价（10 分）	理解和认同科学技术服务社会的理念		
认知（10 分）	掌握相关的基础理论知识； 了解物联网防疫电梯的工作原理和构成		
发现和辨别（10 分）	能发现并辨别问题所在； 能独立思考和提出合理的解决方案		
理解（5 分）	对项目需求有深刻的理解； 对技术实现有清晰的理解		
辩证（5 分）	能辩证看待技术和实际需求的关系； 能从多个角度看待问题和解决方案		
计算（10 分）	掌握相关计算和数据分析方法		
实验验证（10 分）	能通过实验验证理论和技术实现的可行性		
区分（5 分）	能区分不同技术方案的优缺点		
分析（5 分）	具备较强的问题分析和解决能力		
应用（10 分）	能将理论知识应用于实际项目中		
应用（技能复用）（10 分）	能在不同项目中复用和扩展已学技能		
实践验证（10 分）	能在实践中验证和改进理论和技术方案		

参 考 文 献

[1] 树莓派基金会. Raspberry Pi 文档[EB/OL].（2024-01-17）[2024-031-28]. https://www.raspberrypi.org/documentation/.

[2] Python 软件基金会. Python 文档[EB/OL].（2022-06-01）[2025-01-22]. https://docs.python.org/3/.

[3] Hellkamp M. Bottle: Python Web 框架[EB/OL].（2021-07-17）[2024-06-27]. https://bottlepy.org/docs/dev/.

[4] OpenCV 团队. OpenCV 文档[EB/OL].（2024-02-01）[2024-08-18]. https://docs.opencv.org/master/.

[5] MIT App Inventor 团队. App Inventor 2：构建您自己的应用程序[EB/OL].（2023-08-01）[2025-02-28]. https://appinventor.mit.edu/explore/.

读书笔记